国家级实验教学示范中心联席会
计算机学科组规划教材

数据库原理及应用

第3版 · 微课视频 · 题库版

叶文珺 冯莉 杜海舟 徐菲菲 殷脂 编著

清华大学出版社

北京

内 容 简 介

本书是上海市精品课程"数据库原理及应用"配套教材的第 3 版。

本书系统、全面地阐述了数据库系统的基础理论、基本关系和基本方法。全书共 11 章,具体内容包括数据库的基本概念、关系数据库、结构化查询语言、数据库编程和存储程序、触发器和数据完整性、索引及查询优化、关系数据库设计理论、数据库设计、数据库安全、数据库保护、非关系数据库系统。附录内容为MySQL 8.0、SQL Server 2012 的安装与使用以及对应的实验指导。

本书可作为高等院校计算机、软件工程、信息安全、信息管理与信息系统、信息与计算科学、电气工程等相关专业学生数据库相关课程的教材。

图书在版编目(CIP)数据

数据库原理及应用:微课视频·题库版/叶文珺等编著. —3 版. —北京:清华大学出版社,2024.2
国家级实验教学示范中心联席会计算机学科组规划教材
ISBN 978-7-302-65559-6

Ⅰ. ①数… Ⅱ. ①叶… Ⅲ. ①数据库系统—高等学校—教材 Ⅳ. ①TP311.13

中国国家版本馆 CIP 数据核字(2024)第 020942 号

策划编辑:魏江江
责任编辑:王冰飞 吴彤云
封面设计:刘 键
责任校对:韩天竹
责任印制:杨 艳

出版发行:清华大学出版社
　网　　址:https://www.tup.com.cn,https://www.wqxuetang.com
　地　　址:北京清华大学学研大厦 A 座　　邮　编:100084
　社 总 机:010-83470000　　　　　　　　邮　购:010-62786544
　投稿与读者服务:010-62776969,c-service@tup.tsinghua.edu.cn
　质量反馈:010-62772015,zhiliang@tup.tsinghua.edu.cn
　课件下载:https://www.tup.com.cn,010-83470236
印 装 者:三河市龙大印装有限公司
经　　销:全国新华书店
开　　本:185mm×260mm　印　张:18.75　　　字　数:457 千字
版　　次:2012 年 1 月第 1 版　2024 年 3 月第 3 版　印　次:2024 年 3 月第 1 次印刷
印　　数:52501~54000
定　　价:59.80 元

产品编号:080660-01

党的二十大报告指出：教育、科技、人才是全面建设社会主义现代化国家的基础性、战略性支撑。必须坚持科技是第一生产力、人才是第一资源、创新是第一动力，深入实施科教兴国战略、人才强国战略、创新驱动发展战略，这三大战略共同服务于创新型国家的建设。高等教育与经济社会发展紧密相连，对促进就业创业、助力经济社会发展、增进人民福祉具有重要意义。

数据库技术是计算机科学技术中发展最快的技术之一，它已成为计算机信息系统与应用系统的核心技术和重要基础。数据库技术已在当代的社会生活中得到广泛的应用，并形成一个巨大的软件产业。

数据库技术始于 20 世纪 60 年代末，经过 50 多年的发展，经历 3 次演变，形成以数据建模和 DBMS 核心技术为主，具有相当规模的理论体系和实用技术的一门学科，目前已成为计算机软件领域的一个重要分支。通常，人们把早期的层次数据库系统与网状数据库系统称为第一代数据库系统，把当今流行的关系数据库系统称为第二代数据库系统，当前正在发展的热点是新型的第三代乃至第四代数据库系统。数据库技术的发展方兴未艾，新原理、新技术不断出现，然而，这些新型数据库系统大多建立在基本的数据库技术基础之上。

本书是上海市精品课程"数据库原理及应用"配套教材的第 3 版。本书共 11 章，结合电力企业数据库应用案例，较为详细地介绍了数据库系统的基本概念、原理、方法和应用技术。

第 1 章介绍数据库系统的几个重要概念，回顾数据管理技术的发展过程，并在此基础上介绍数据库系统结构和数据库管理系统的体系结构。

第 2 章介绍关系数据库的基本概念、关系模型的运算理论——关系代数和关系演算。

第 3 章介绍结构化查询语言的应用，提供了很多有实际应用价值的实例。

第 4 章介绍数据库编程和存储程序，详细介绍了数据库的流程控制语句和存储过程。

第 5 章基于 MySQL 和 SQL Server 两个不同的 DBMS 介绍触发器的应用，并进一步介绍数据完整性的概念。

第 6 章介绍索引的概念及基于索引的查询优化。

第 7 章介绍关系数据库设计理论，包括函数依赖、规范化、公理系统和模式分解等内容。

第 8 章介绍一些常用的数据库设计方法，主要介绍数据库的概念设计、逻辑设计以及物理设计，并给出一个电力系统数据库应用的实例。

第 9 章介绍数据库安全的概念，以及 MySQL 和 SQL Server 系统的安全机制。

第 10 章介绍数据库保护，包括事务、并发控制和数据库的恢复，并介绍 MySQL 和 SQL Server 中的数据库备份与恢复。

第 11 章介绍非关系数据库的概念及大数据应用。

附录 A 和附录 B 分别介绍 MySQL 8.0 和 SQL Server 2012 的安装与使用。

附录 C 和附录 D 基于 MySQL 和 SQL Server 的实验，紧密结合本书内容分别提供 8 个上机实验，力求使实验内容详细、实用。

每章结尾均配有适量的习题，以加强读者对数据库系统概念、方法的理解和掌握。

本书的最大特点是理论和应用并重，在系统介绍关系数据库基本原理的基础上，给出了非常多的应用实例，并且给出了 MySQL 和 SQL Server 两种 DBMS 的实现。

为便于教学，本书提供丰富的配套资源，包括教学大纲、教学课件、电子教案、程序源码、教学进度表、在线作业、习题答案和 600 分钟的微课视频。

资源下载提示

课件等资源：扫描封底的"课件下载"二维码，在公众号"书圈"下载。

素材（源码）等资源：扫描目录上方的二维码下载。

在线作业：扫描封底的作业系统二维码，再扫描自测题二维码在线做题及查看答案。

微课视频：扫描封底的文泉云盘防盗码，再扫描书中相应章节的视频讲解二维码，可以在线学习。

本书可作为高等院校计算机、软件工程、信息安全、信息管理与信息系统、信息与计算科学、电气工程等相关专业学生数据库相关课程的教材。在具体讲授时应根据需要对内容进行适当取舍。

本书由上海电力大学叶文珺老师负责内容的取材、组织和统稿，参与本书编写的老师有叶文珺、冯莉、杜海舟、徐菲菲、殷脂。还有很多老师为本书提供了资料或提出了宝贵意见，在此一并表示感谢。

在本书的编写过程中，编者尽可能引入新的技术和方法，力求反映当前的技术水平和未来的发展方向。由于编者水平有限，书中难免存在不足之处，敬请广大读者批评指正。

编　者

2024 年 3 月

源码下载

目录 CONTENTS

第 **1** 章

绪　　论

数据库由一个互相关联的数据的集合和一组用于访问这些数据的程序组成。在人们的日常工作中,经常需要把某些相关的数据放进这样的"仓库",并根据管理的需要进行相应的处理。例如,大学通常要把学生的基本信息(学号、姓名、籍贯等)存放在表中,这张表就可以看作一个数据库,有了这个"数据库",就可以根据需要随时查询某学生的基本情况。这些工作如果都能在计算机上自动进行,那么信息管理就可以达到极高的水平。

扫一扫

视频讲解

1.1 数据库系统概述

1.1.1 数据库的发展历史 ▶

"数据库"一词起源于 20 世纪 50 年代初,当时美国为了战争的需要把各种情报集中在一起,存储在计算机中,称为 Information Base 或 Database。在 20 世纪 60 年代的"软件危机"中,数据库技术作为软件学科的一个分支应运而生。

1968 年,IBM 公司推出层次模型的 IMS(Information Management System)数据库系统;1969 年,美国数据系统语言协会(Conference on Data System Language,CODASYL)的数据库任务小组(Database Task Group,DBTG)发表的一系列报告中提出了网状模型;1970 年,IBM 研究中心的 E. F. Codd 博士发表了关于关系模型的著名论文。这 3 件事奠定了现代数据库技术的基础。由于 C. M. Bachman 在网状模型和 DBTG 报告中的贡献,他在1973 年荣获美国计算机学会(Association for Computing Machinery,ACM)授予的图灵奖。E. F. Codd 在关系模型上做出了杰出的开拓性贡献,在 1981 年获得了图灵奖。

20 世纪 70—80 年代是数据库蓬勃发展的时期,不仅推出了一些网状系统和层次系统,还围绕关系数据库进行了大量的研究和开发工作,使关系数据库的理论和系统日趋完善。随着计算机硬件性能的改善,关系系统由于具有使用简便等优点,逐步代替网状系统和层次系统占领了市场。迄今为止,在数据库产品市场中,关系数据库占据了绝大部分份额,如 Oracle、DB2、Sybase、Informix、SQL Server 等。

20世纪90年代，在关系数据库技术和系统备受赞誉的同时，由于受到计算机应用领域以及其他分支学科的影响，数据库技术与面向对象技术、网络技术相互渗透，出现了对象数据库和网络数据库。进入21世纪后，对象数据库和网络数据库技术日趋成熟，得到了广泛的应用。

经过几十年的发展，数据库技术已经历3次演变，形成了以数据建模和数据库管理系统（Database Management System，DBMS）核心技术为主具有相当规模的理论体系和实用技术的一门学科，成为计算机软件领域的一个重要分支。通常，人们把早期的层次数据库系统与网状数据库系统称为第一代数据库系统，把当今流行的关系数据库系统称为第二代数据库系统，当前正在发展的热点是新型的第三代乃至第四代数据库系统。数据库技术的发展方兴未艾，新原理、新技术不断出现，然而，这些新型数据库系统大多建立在基本的数据库技术基础之上。

数据库系统的出现使信息系统从以加工数据的程序为中心转向围绕共享的数据为中心的新阶段。这样既便于数据的集中管理，又有利于应用程序的研制和维护，提高了数据的利用率和相容性。20世纪80年代后，不仅在大型机上，在多数微机上也配置了DBMS，使数据库技术得到更加广泛的应用和普及。从小型事务处理到大型信息系统，从联机事务处理到联机分析处理，从一般企业管理到计算机辅助设计/制造（Computer Aided Design/Computer Aided Manufacturing，CAD/CAM），乃至地理信息系统（Geographic Information System，GIS）等都应用了数据库技术。数据库的建设规模、数据库中信息量的大小以及使用程度已经成为衡量企业信息化程度的重要标志。

在国内，从20世纪70年代开始使用数据库的单位主要集中在国家部委、国防、气象和石油等一些特殊行业和部门。而数据库技术真正得到广泛的应用是从20世纪80年代初的dBASE Ⅱ开始，尽管dBASE Ⅱ以及随后的xBASE系列都不能称为一个完备的数据库管理系统，但是它们都支持基本的关系数据模型，使用起来非常方便，加之该系统是在微机上实现的，一般也能满足中、小规模的信息管理系统的应用，为数据库技术的普及和广泛应用奠定了基础。

1.1.2　数据库技术的基本术语　▶

数据、数据库、数据库管理系统和数据库系统是与数据库技术密切相关的4个基本概念。

1. 数据

数据（Data）是数据库中存储的基本对象。在计算机领域，数据这个概念已经不局限于普通意义上的数字，还包括文字、图形、图像、声音等。凡是计算机中用来描述事物特征的记录都可以统称为数据。例如，在用学号、姓名、性别、出生年、系别这几个特征描述学生时，（9900021，张三，男，1982，计算机系）这一记录就是一个学生的数据，人们可以从中得到张三同学的有关信息。数据有一定的格式，如姓名一般是长度不超过4个汉字的字符（假设没有少数民族），性别是一个汉字的字符。这些格式的规定就是数据的语法，而数据的含义就是数据的语义。人们通过解释、推理、归纳、分析和综合等方法从数据中获得的有意义的内容称为信息。因此，数据是信息存在的一种形式，只有通过解释或处理的数据才能成为有用的信息。

2. 数据库

数据库（Database）有时也简称为DB，通俗地讲，可以把数据库比作仓库。仓库是保存和管理物资的，并能根据其服务对象的要求随时提供所需物资。数据库是存储和管理数据并负责向用户提供所需数据的"机构"。只不过这个仓库是在计算机存储设备上,同时数据是按一定的格式存放的。

所谓数据库,是指长期存储在计算机内的、有组织的、可共享的数据集合。数据库中的数据按一定的数据模型描述、组织和存储,具有较小的冗余度、较高的数据独立性和易扩展性,并可为用户共享。例如,一个部门可能同时有职工文件(职工号、姓名、地址、部门、工资等)和业务档案文件(职工号、姓名、部门、完成项目、评价等),在这两个文件中存在着一定的冗余(重复)数据(如职工号、姓名、部门)。在构造数据库时,就可以消除这3项数据的冗余,只存储一套数据,因为数据库中的数据可为用户共享。

数据库中的数据要求具有以下两个特性。

(1) 整体性:数据库中的数据是从全局观点出发建立的,按一定的数据模型进行组织、描述和存储。

(2) 共享性:数据库中的数据是为众多用户共享其信息而建立的,已经摆脱了具体程序的限制和制约,不同的用户可以按各自的用法使用数据库中的数据。

3. 数据库管理系统

数据库管理系统(DBMS)是专门用于建立和管理数据库的一套软件,介于应用程序和操作系统之间。它为用户或应用程序提供访问数据库的方法,包括数据库的定义、查询、更新和各种数据控制。也就是说,DBMS不仅具有最基本的数据管理功能,还能保证数据的完整性、安全性,提供多用户的并发控制,当数据库出现故障时对系统进行恢复。

4. 数据库系统

数据库系统(Database System,DBS)包括和数据库有关的整个系统,一般由数据库、数据库管理系统、应用程序、数据库管理员和用户等构成,如图1.1所示。当然,人们也常把除人以外与数据库有关的硬件和软件系统称为数据库系统。

应当指出的是,数据库的设计、建立、管理、维护和协调各用户对数据库的要求等工作只靠一个DBMS远远不够,还要有专门的人员来完成,这些人被称为数据库管理员(Database Administrators,DBA)。DBA应该对程序语言和系统软件(如OS、DBMS等)都比较熟悉,还要了解各应用部门的所有业务工作。DBA不一定只是一个人,尤其对于一些大型数据库系统,它往往是一个工作小组。

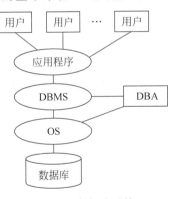

图 1.1 数据库系统

用户是数据库系统的服务对象。通常,一个数据库系统有程序员和终端用户两类用户。程序员用高级语言和数据库语言编写数据库应用程序,应用程序根据需要向DBMS发出适当的请求,由DBMS对数据库执行相应的操作。终端用户则是从联机终端或客户机上以交互方式向系统提出各种操作请求,由DBMS响应执行,访问数据库中的数据。在不引起混淆的情况下,常常把数据库系统简称为数据库。

5. 数据库技术和其他课程的关系

数据库技术是研究数据库的结构、存储、设计、管理和应用的基本理论和实现方法。

数据库技术是在操作系统的文件系统的基础上发展起来的,而且DBMS本身要在操作系统的支持下才能工作。数据库与数据结构之间的联系也很紧密,数据库技术不仅要涉及数据结构中链表、树、图等知识,而且还丰富了数据结构的内容。应用程序是使用数据库系统最基本的方式,因为系统中大量的应用程序都是用高级语言加上数据库的操纵语言联合编制的。离散数学中的集合论、数理逻辑是关系数据库的理论基础,很多概念、术语、思想都直接用到关系数据库中。

1.1.3 数据管理技术的发展 ▶

数据管理技术的发展共经历了人工管理、文件系统和数据库管理 3 个阶段。

1. 人工管理阶段

20 世纪 50 年代的计算机主要用于科学计算,数据处理都是通过手工方式进行的。当时外存没有磁盘等直接存取的存储设备,数据只能存储在卡片或纸带上;软件方面,只有汇编语言,没有操作系统(Operating System,OS),数据的处理是批处理,程序运行结束后数据不保存。这些决定了当时的数据管理主要依赖于人工。

该阶段的主要特点如下。

1) 数据不保存

由于计算机软件和硬件的发展水平有限,当时计算机主要应用于科学计算,存储设备有限且可靠性低,通常一组数据对应一个程序,数据随程序一起输入计算机,处理结束后将结果输出,数据空间随着程序空间一起被释放。

2) 只有程序概念,没有文件概念

由于当时没有专门的数据管理软件,应用程序的数据由程序自行负责,因此数据的组织方式必须由程序员自行设计与安排。所有数据库设计,包括逻辑结构、物理结构、存取方法及输入方式等,都由应用程序完成。程序员的负担很重,而且也造成不同程序之间数据无法共享,数据的独立性差。

3) 数据面向应用

一组数据对应一个程序,如果多个程序需要使用相同的数据,必须在多个程序中重复建立相同的数据,程序之间的数据不能共享,造成数据的大量冗余,从而有可能导致数据的不一致性。

人工管理阶段应用和数据之间的关系如图 1.2 所示。

图 1.2 人工管理阶段应用和数据之间的关系

2. 文件系统阶段

20 世纪 50 年代末到 60 年代中期,计算机技术有了很大的发展,计算机的应用也从科学计算发展到了文档、工程管理。这时计算机在硬件方面有了大容量的磁盘、磁鼓等外存设备;在软件方面有了操作系统、高级语言,出现了专门管理数据的文件系统;在处理方式上,不仅有批处理,还增加了联机处理方式。

这一时期的数据管理方式主要体现出以下特点。

1) 数据可以长期存储

由于磁盘、磁鼓等外存设备的出现,数据可以长期存储在外存设备上,用户可以反复查询、修改、添加、删除这些数据。

2) 数据由文件系统管理

数据由文件系统管理,文件系统把数据组织成相互独立的数据文件,文件系统实现了记录内的结构性,但整体无结构。应用程序可以通过文件系统提供的访问控制接口完成对数据文件的访问和读/写,从而使应用程序和数据之间具有一定的独立性,这样程序员可以集中精力考虑软件功能的实现,而不需要考虑文件的物理结构及相应的操作。

3)数据冗余、不一致、联系差

在文件系统中,文件依然是面向应用的,一个文件基本上对应一个应用程序的状况并未得到改变。因此,当有多个程序需要使用相同的数据时,依然需要在各自的文件中建立相同的文件,数据的冗余度大。同时,由于相同数据重复存储,容易造成数据的不一致。

由于文件依然面向应用,一旦文件的逻辑结构改变,也将导致应用程序的修改;反之,应用程序的改变也有可能导致文件的逻辑结构相应发生变化,因此数据和程序之间仍缺乏相应的独立性。可见,在文件系统中文件之间是孤立的。

文件系统阶段应用和数据之间的关系如图 1.3 所示。

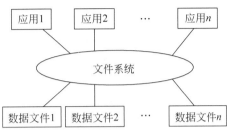

图 1.3 文件系统阶段应用和数据之间的关系

3. 数据库管理阶段

20 世纪 60 年代后期,随着计算机应用越来越广泛,需要管理的数据规模日益增长。这时硬件上已有大容量的硬盘出现,在处理数据的方式上,联机实时处理的需求也越来越多。在这种背景下,原先的以文件系统管理数据的方式已经不再适应发展的需要,于是人们对文件系统进行了扩充,研制了一种结构化的数据组织和处理方式,这才出现了真正的数据库系统。数据库为统一管理与共享数据提供了有力支撑,在这个时期,数据库系统蓬勃发展,形成了著名的"数据库时代"。数据库系统建立了数据与数据之间的有机联系,实现了统一、集中、独立地管理数据,使数据的存取独立于使用数据的程序,实现了数据的共享。

数据库系统的特点如下。

1)数据结构化

在文件系统阶段只考虑同一文件内部各数据项之间的联系,文件之间没有联系。例如,图 1.4 中课程文件 Course 的记录是由课程编号、课程名称、学分、教师编号、教师姓名组成;教师文件 Teacher 的记录是由教师编号、教师姓名、性别、系组成。这两个数据文件的记录是有内在联系的,即课程文件中出现的教师编号和姓名必须在教师文件中存在。由于数据文件之间的无关性,无法保证两个数据文件之间的参照完整性,只能由程序员编写程序实现。

图 1.4 文件系统阶段的课程文件、教师文件结构

而在数据库系统中,数据记录保存在关系(二维表格)中,关系之间的参照完整性是由数据库系统实现的,也就是说,数据库系统不仅考虑某个应用的数据结构完整性,还要考虑整个组织的完整性。如图 1.5 所示,课程文件和教师文件存在共同的列(属性),数据库系统会要求课程文件中的教师编号必须在教师文件中存在,而不像在文件系统中必须通过程序来约束。

数据库系统实现了整体数据的结构化,这是数据库的主要特征,也是数据库系统和文件系统的本质区别。

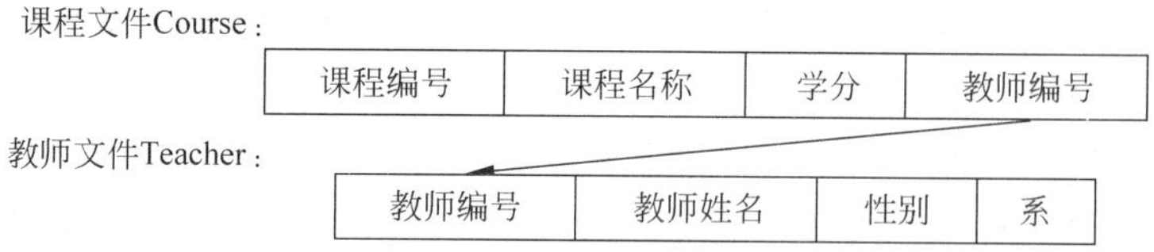

课程文件Course：

课程编号	课程名称	学分	教师编号

教师文件Teacher：

教师编号	教师姓名	性别	系

图 1.5　结构化的课程、教师关系

2）数据共享性高

数据库系统从整体角度看待和描述数据，数据不再面向某个应用，而是面向整个系统，因此，数据可以被多个用户、多个应用共享使用，极大地降低了数据的冗余度，节约了存储空间，又避免了数据之间的不相容性和不一致性，尤其是数据库技术与网络技术的结合扩大了数据库系统的应用范围。

3）数据独立性高

数据独立性包括两方面，即数据的物理独立性与数据的逻辑独立性。

物理独立性是指用户的应用程序与存储在磁盘上的数据库中的数据是相互独立的。即数据在磁盘上怎样存储由 DBMS 管理，应用程序不需要了解，它要处理的只是数据的逻辑结构，这样当数据的物理存储改变时，应用程序不用改变。

逻辑独立性是指用户的应用程序与数据库的逻辑结构是相互独立的。即当数据的逻辑结构改变时，应用程序也可以不变。

数据独立性是由 DBMS 通过用户程序与数据的全局逻辑结构及数据的存储结构之间的二级映像得到的，具体方法将在后面介绍。

4）数据由数据库管理系统(DBMS)统一管理和控制

数据库为多用户共享资源，允许多个用户同时访问，但为了保证数据的安全性和完整性，数据由数据库系统统一管理和控制。

数据库系统对访问数据库的用户进行身份及其操作的合法性检查，以防止不合法地使用数据，造成数据的丢失和信息泄露。

数据库系统自动检查数据的一致性、相容性，保证数据应符合完整性约束条件。例如，规定性别只能是男、女，考试成绩只能为 0～100 分等。

数据库系统提供并发控制手段，能有效地控制多个用户程序同时对数据库中数据的操作，保证共享及并发操作，防止多用户并发访问数据时所产生的数据不一致性。

数据库系统具有恢复功能，即当数据库遭到破坏时能自动从错误状态恢复到正确状态的功能，保证数据库能够从错误状态恢复到某个一致的正确状态。

数据库管理阶段应用和数据之间的关系如图 1.6 所示。

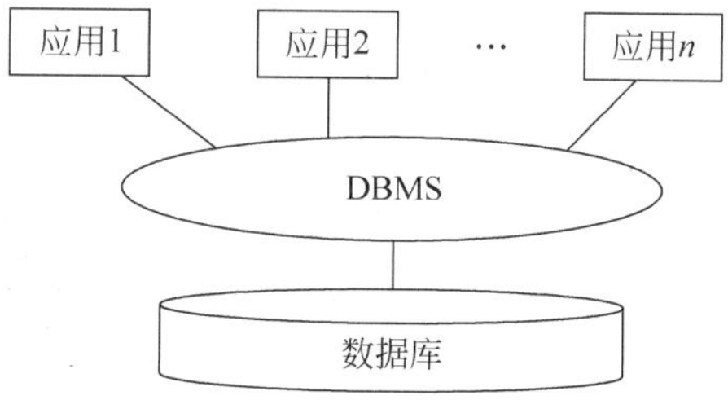

图 1.6　数据库管理阶段应用和数据之间的关系

5）为用户提供了友好的接口

用户可以使用交互式的命令语言（如将在第 2 章介绍的 SQL）对数据库进行操作，也可以把 SQL 嵌入高级语言（如 Java 语言等）中使用，从而把对数据库的访问和对数据的处理有机地结合在一起。总而言之，用户可以很方便地对数据进行管理。

1.2 数据模型

模型是对现实世界中某个对象特征的模拟和抽取。数据模型也是一种模型，它是对现实世界数据特征的抽取。具体来说，数据模型是一个描述数据、数据联系、数据语义以及一致性约束的概念工具的集合。

1.2.1 数据的3个范畴 ▶

数据需要经过人们的认识、理解、整理、规范和加工，然后才能存储到数据库中。也就是说，数据从现实生活进入数据库实际上经历了若干个阶段。一般分为3个阶段，即现实世界阶段、信息世界阶段和机器世界阶段，也称为数据的3个范畴。

为了把现实世界中的具体事物抽象、组织为某个DBMS支持的数据模型，人们常常首先把现实世界抽象为信息世界，然后将信息世界转换为机器世界。也就是说，首先把现实世界中的客观对象抽象为某种信息结构，这种信息结构并不依赖于具体的计算机系统，不是某个DBMS支持的数据模型，而是概念级的模型；然后再把概念模型转换为计算机上某个DBMS支持的数据模型，过程如图1.7所示。

1. 现实世界

现实世界即客观存在的世界。在现实世界中

图 1.7　现实世界中客观对象的抽象过程

客观存在着各种运动的物质，即各种事物及事物之间的联系。客观世界中的事物都有一些特征，人们正是利用这些特征区分事物的。一个事物可以有许多特征，通常都是选用有意义的和最能表征该事物的若干特征来描述。以人为例，常选用姓名、性别、年龄、籍贯等描述一个人的特征，有了这些特征，就能很容易地把不同的人区分开来。

世界上的各种事物虽然千差万别，但都息息相关，也就是说，它们之间都是相互联系的。事物间的关联也是多方面的，人们选择感兴趣的关联，而没有必要选择所有关联。例如，在教学管理系统中，教师与学生之间仅选择"教学"这种有意义的联系。

2. 信息世界

现实世界中的事物及其联系由人们的感官感知，经过大脑的分析、归纳和抽象形成信息。对这些信息进行记录、整理、归纳和格式化后，它们就构成了信息世界。为了正确、直观地反映客观事物及其联系，有必要对所研究的信息世界建立一个抽象模型，称为信息模型（或概念模型）。在信息世界中，数据库技术用到下列一些术语。

（1）实体（Entity）：客观存在的、可以相互区别的事物称为实体。实体可以是具体的对象，如一个学生、一辆汽车等；也可以是抽象的事件，如一次借书、一场足球赛等。

（2）实体集（Entity Set）：性质相同的同类实体的集合称为实体集，如所有学生、全国足球联赛的所有比赛等。

（3）属性（Attribute）：实体有很多特性，每个特性称为一个属性。每个属性有一个值域，其值可以是整数、实数或字符串等。例如，学生有姓名、年龄、性别等属性，相应的值域为字符串、整数、字符串。

（4）码（Key）：能唯一标识每个实体的属性或属性集称为码。

3．机器世界

早期的计算机只能处理数据化的信息（即只能用字母、数字或符号表示），所以用计算机管理信息，必须对信息进行数据化，即将信息用字符和数值表示。数据化后的信息称为数据，数据是能够被机器识别并处理的。当前多媒体技术的发展使计算机还能直接识别和处理图形、图像、声音等数据。数据化了的信息世界称为机器世界。从现实世界到机器世界的转换，为数据管理的计算机化打下了基础。信息世界的信息在机器世界中以数据形式存储。机器世界中数据描述的术语有以下4个。

（1）字段（Field）：标记实体属性的命名单位称为字段或数据项。它是可以命名的最小信息单位。字段的命名往往和属性名相同，如学生有学号、姓名、年龄、性别等字段。

（2）记录（Record）：字段的有序集合称为记录。一般用一个记录描述一个实体。例如，一个学生记录由有序的字段集组成，即（学号，姓名，年龄，性别）。

（3）文件（File）：同一类记录的汇集称为文件。文件是描述实体集的。例如，所有学生记录组成了一个学生文件。

（4）码（Key）：能唯一标识文件中每个记录的字段或字段集，称为记录的码。这个概念与实体的码相对应。例如，学生的学号可以作为学生记录的码。

机器世界和信息世界术语的对应关系如图1.8所示。

```
信息世界        机器世界
实体......................记录
属性......................字段（数据项）
实体集......................文件
码......................码
```

图1.8　机器世界和信息世界术语的对应关系

在数据库中，每个概念都有类型（Type）和值（Value）的区分。例如，"学生"是一个实体类型，而具体的人"张三""李四"是实体值；又如，"姓名"是属性类型，而"张三"是属性值。记录也有记录类型和记录值之分。

类型是概念的内涵，而值是概念的外延。有时在不引起误解的情况下，不用仔细区分类型和值。

为了便于理解，以学生数据为例，信息在3个世界中的有关术语及其联系如图1.9所

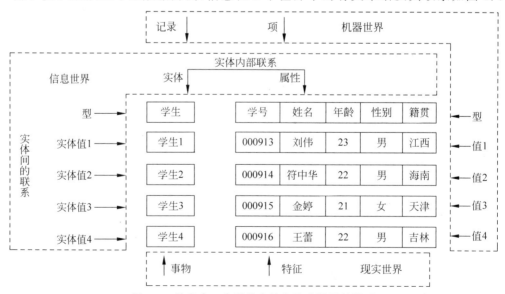

图1.9　信息在3个世界中的有关术语及其联系

示。读者要特别注意实体与属性、型与值的区分,以及3个世界中各术语的对应关系。

数据模型的所有术语都用在"型"级,整个模型就像一个框架,给它添上具体的数据值就得到了数据模型的一个实例(Instance)。为了简单起见,在以后的讨论中对于实体、属性等不再加上后缀"型"或"值",同一个术语在"型"与"值"中平行使用。对于它们的具体含义,可根据上下文的含义来判断。

1.2.2　数据模型的组成要素及分类 ▶

一个部门或单位涉及的数据很多,而且数据之间的联系错综复杂,应组织好这些数据,以方便用户使用。

为了用计算机处理现实世界中的具体问题,往往要对问题加以抽象,提取主要特征,归纳形成一个简单、清晰的轮廓,从而使复杂的问题变得易于处理,这个过程称为建立模型。在数据库技术中,用数据模型(Data Model)的概念描述数据库的结构与语义,对现实世界进行抽象。

数据模型通常由数据结构、数据操作和完整性约束三要素组成。

数据结构描述的是系统的静态特性,即数据对象的数据类型、内容、属性,以及数据对象之间的联系。由于数据结构反映了数据模型最基本的特征,因此人们通常按照数据结构的类型命名数据模型。传统的数据模型有层次模型、网状模型和关系模型。近年来,面向对象模型也得到了广泛应用。

数据操作描述的是系统的动态特性,是对各种对象的实例允许执行的操作集合。数据操作主要分为更新和检索两大类,其中更新包括插入、删除和修改。数据模型必须定义这些操作的确切含义、操作符号、操作规则(如优先级),以及实现操作的语言。

完整性约束是一组完整性规则的集合,它是对数据模型中的数据及其联系所具有的制约和依赖性规则,用来保证数据的正确性、有效性和相容性。例如,在关系模型中,任何关系都必须满足实体完整性和引用完整性两个条件。

不同的数据模型实际上是提供给用户模型化数据和信息的不同工具。根据模型应用的不同目的,可以将这些模型划分为两类,它们分属于两个不同的层次。

第1类模型是概念模型,也称为信息模型,它是按用户的观点对数据和信息建模,主要用于数据库设计。其中最具影响力和代表性的是P. P. S. Chen于1976年提出的实体-联系方法(Entity-Relationship Approach),即通常所说的E-R方法或E-R图;另外还有面向对象的数据模型,如UML对象模型。

第2类模型是结构化数据模型,主要是对数据最底层的抽象,它直接面向数据库的逻辑结构,是现实世界的第2层次抽象,它描述数据在系统内部的表示方法和存取方法、在磁盘或磁带上的存储方式和存取方法。面向计算机系统的常用结构化数据模型有层次模型、网状模型、关系模型和面向对象模型,目前使用最普遍的是关系模型。

数据模型是数据库系统的核心和基础,在各种计算机上实现的DBMS软件都是基于某种数据模型的。

1.2.3　常用的数据模型 ▶

目前,数据库中最常用的逻辑数据模型是层次模型、网状模型、关系模型、面向对象模型和对象关系模型。本节简要介绍前3种模型。

数据结构、数据操作和完整性约束条件这3方面的内容完整地描述了一个数据模型，其中数据结构是刻画模型性质的最基本的方面。因此，下面着重介绍3种模型的数据结构。

1. 层次模型

美国IBM公司于1968年开发的IMS系统就是基于层次模型的数据库，也是最早研制成功的数据库。层次模型实际上是一个树状结构，它是以记录为节点，以记录之间的联系为边的有向树。在层次模型中，最高层只有一个记录，该记录称为根记录，根记录以下的记录称为从属记录。一般来说，根记录可以有多个从属记录，每个从属记录又可以有任意多个低一级的从属记录等。

一个教学管理数据库的层次模型如图1.10所示。可以看出，层次模型具有两个较为突出的问题。首先，在层次模型中具有一定的存取路径，它仅允许自顶向下的单项查询。例如，该模型比较适合回答以下查询：查询某课程的情况；查询讲授某课程的教师情况；查询选修某课程的学生情况等。但不能直接回答"某教师所教的学生情况"这样的查询，因为教师与学生之间没有自顶向下的路径。这时需要把查询拆分为两个子查询，即先查询某教师讲授的课，当得到所讲授的课程名时，再查询选修这些课程的学生情况。因此，在设计层次模型时要仔细考虑存取路径问题，因为路径一经确定就不能改变。由于路径问题的存在，给用户带来了不必要的复杂性，尤其是要用户花费时间和精力去解决那些由层次结构产生的问题。在层次结构中引入的记录越多，层次变得越复杂，问题会变得越糟糕，从而使应用程序变得比问题要求的更加复杂，其结果是程序员在编制、调试和维护程序上花费的时间将比查询问题本身需要的时间更多。

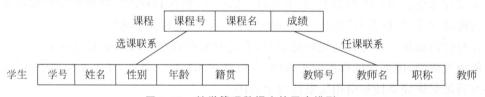

图 1.10　教学管理数据库的层次模型

其次，层次模型比较适用于表示数据记录之间的一对多联系，而对于多对多、多对一的联系，会出现较多的时间冗余。如图1.10所示，由于一个学生可能选修多门课程，因此针对某一门具体课程，该学生的信息就要被存储一次，从而造成学生信息的大量重复存储。此外，层次模型还有以下问题：数据依赖性强，当上层记录不存在时，下层记录无法存储；语义完整性差，某些数据项只有从上下层关系查看时才能显示出它的全部含义。例如，对于图1.10，学生记录中的"成绩"数据项只有从根记录查看时才能知道它是选修哪门课程的分数；从同一实体-联系模型出发可以构造出许多层次模型，而对于不同的层次模型，统一查询的表达式不同。

当然，不能否认层次模型是模拟现实世界中具有层次结构的一种很自然的方法。

2. 网状模型

为了克服层次模型的局限性，美国数据系统语言协会（CODASYL）的数据库任务小组（DBTG）在其发表的一个报告中首先提出了网状模型。在网状模型中用节点表示实体，用系（Set）表示两个实体之间的联系。网状模型是一种较为通用的模型，从图论的观点看，它是一个不加任何条件的无向图。网状模型与层次模型的根本区别如下。

（1）一个子节点可以有多个父节点。

（2）在两个节点之间可以有两种或多种联系。

显然,层次模型是网状模型的特殊形式,网状模型是层次模型的一般形式。

图 1.11 所示为选课数据库的网状模型。为了简化,只取 000913、000914、000915 这 3 名学生和 C1、C2、C3 这 3 门课程。从图 1.11 可以看出,所有实体记录都具有一个以其为始点和终点的循环链表,而每个系都处于两个链表中,一个是课程链,另一个是学生链,从而使根据学生查询课程和根据课程查询学生都很方便。这种以两个节点和一个系构成的结构是网状模型中的基本结构,一个节点可以处于几个基本结构之中,这样就形成了网状结构。

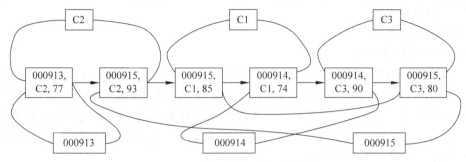

图 1.11 选课数据库的网状模型

网状模型在结构上比层次模型复杂,因而它在查询方式上要比层次模型优越。在网状模型中,对数据的查询可以用以下两种方式。

（1）从网络中的任意节点开始查询。

（2）沿着网络中的路径按任意方向查询。

可以看出网状结构是一种对称结构,对于根据学生查询课程和根据课程查询学生这种对称的查询,在网状模型中所使用的查询语句格式是相同的。尽管网状模型比层次模型更具有对称性,也不能使其查询变得简单,因为它支持的数据结构种类较多,这就势必造成其操作的复杂性。因此,网状模型的主要缺点是数据结构本身及其相应的数据操纵语言都极为复杂。一般来说,结构越复杂,其功能越强,所要处理的操作也就越复杂,因此相应的数据操纵语言也更加复杂。而且,由于结构复杂,给数据库设计也带来了困难。

3. 关系模型

关系模型是完全不同于前两种模型的一种新的模型,它的基础不是图或树,而是表格。若把实体-联系模型中的实体和联系均用二维表表示,其数据模型就称为关系模型。

1970 年,美国 IBM 公司 San Jose 研究室的研究员 E. F. Codd 首次提出了数据库系统的关系模型,开创了数据库关系方法和关系数据理论的研究,为数据库技术奠定了基础。

自 20 世纪 80 年代以来,计算机厂商新推出的数据库管理系统绝大多数支持关系模型,非关系系统的产品也大多加上了关系接口,数据库领域当前的研究工作也都是以关系方法为基础,因此本书的重点也是关系数据库。

在关系模型中,通常把二维表称为关系,数据的关系模型是由若干个关系模式(记录型)组成的集合。如表 1.1 所示,表中的每行称为一个元组,相当于通常的记录值。每列称为一个属性,相当于记录中的一个数据项。一个关系若有 k 个属性,则称之为 k 元关系。

表 1.1　学生选课关系

学　　号	课　程　号	成　　绩
000913	1024	85
000914	1028	73
000915	1121	90
...	...	...

对于一个关系,它具有以下性质。

(1) 没有两个元组在各个属性上的值是完全相同的。

(2) 行的次序无关。

(3) 列的次序无关。

关系模型具有以下特点。

(1) 描述的一致性：无论实体还是联系都用一个关系来描述,保证了数据操纵语言相应的一致性。对于每种基本操作功能(插入、删除、查询等),都只需要一种操作运算即可。

(2) 利用公共属性连接：关系模型中各个关系之间都是通过公共属性发生联系的。例如,学生关系和选课关系是通过"学号"公共属性连接在一起,而选课关系又可以通过"课程号"公共属性与课程关系发生联系。

(3) 结构简单直观：采用表结构,用户容易理解,有利于与用户进行交流,并且在计算机中实现也极为方便。

(4) 有严格的理论基础：二维表的数学基础是关系数据理论,对二维表进行的数据操作相当于在关系理论中对关系进行运算。这样,在关系模型中整个模型的定义与操作均建立在严格的数学理论基础之上。

(5) 语言表达简练：在进行数据库查询时,不必像前两种模型那样需要事先规定路径,而用严密的关系运算表达式描述查询,从而使查询语句的表达非常简单、直观。

关系模型的缺点是在执行查询操作时需要执行一系列的查表、拆表、并表操作,故执行时间较长,采用查询优化技术的当代关系数据库系统的查询操作基本上克服了速度慢的缺陷。

正由于上述特点,关系数据库系统已成为当代数据库技术的主流。关系模型将在第 2 章中进行详细讨论。

1.3　数据库系统结构

扫一扫

视频讲解

在文件系统中,用户程序员对于其所使用的物理组织、存储细节等都要自行处理,很不方便。数据库系统的一个目标就是解决这个问题,它把一切琐碎事务都交给 DBMS 来处理。DBMS 的主要功能就是允许用户逻辑地处理数据,而不必考虑这些数据在计算机中是如何存储的。为了达到这个目标,在数据库技术中采用了分级方法,即将数据库的结构划分为多个层次。ANSI/SPARC 数据库管理系统研究组在 1975 年公布的研究报告中把数据库分为 3 级：用户级、概念级、物理级,并获得举世公认。

1.3.1　三级模式结构 ▶

数据库系统的三级模式结构由模式(概念级)、外模式(用户级)和内模式(物理级)组成,如图 1.12 所示。

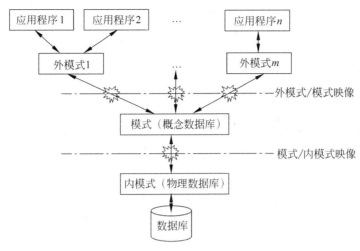

图 1.12　数据库系统的三级模式结构

1. 模式

模式(Schema)也称为逻辑模式或概念模式,是对数据库中全体数据逻辑结构和特征的描述,描述现实世界中的实体及其性质与联系,是所有用户的公共数据视图。

模式实际上是数据库数据在逻辑级上的视图。一个数据库只有一个模式。在定义模式时,不仅要定义数据的逻辑结构,而且要定义数据之间的联系,定义与数据有关的安全性、完整性要求。

数据库按外模式的描述向用户提供数据,按内模式的描述存储数据,而模式是这两者的中间级,它既不涉及数据的物理存储细节和硬件环境,也与具体的应用程序、所使用的应用开发工具及高级程序设计语言无关,这样使外模式与内模式相互独立,且通过模式相互联系。

随着时间的推移,信息总会发生变化,数据库也随之发生改变。特定时刻存储在数据库中信息的集合称为数据的一个实例,而数据库的总体设计称为数据库模式。数据库模式是对现实世界的抽象,是对数据库中全体数据逻辑结构和特征的描述,它是相对稳定的,即使发生变化,也是不频繁的。

2. 外模式

外模式(External Schema)也称为子模式或用户模式,它是用于描述用户看到或使用数据的局部逻辑结构和特性的,用户根据外模式用数据操作语句或应用程序操作数据库中的数据。外模式主要描述用户视图的各个记录的组成、相互关系、数据项的特征、数据的安全性和完整性约束条件。

外模式是数据库用户(包括程序员和最终用户)能够看见和使用的局部数据的逻辑结构和特征的描述,是数据库用户的数据视图,是与某一应用有关的数据的逻辑表示。一个数据库可以有多个外模式,一个应用程序只能使用一个外模式。例如,对于一个学校的管理信息系统,人事处用户只能看到部门记录和职工记录,教务处用户只能看到教师开课、学生的选课及考试记录,学生处用户只能看到学生的信息记录,而实际上数据库中存储的是这些信息记录的总集合。因此,外模式是保证数据库安全的重要措施,每个用户只能看见和访问所对应的外模式中的数据,而数据库中的其他数据均不可见。

3. 内模式

内模式(Internal Schema)也称为存储模式,是整个数据库的最底层表示,不同于物理层,它假设外存是一个无限的线性地址空间。一个数据库只有一个内模式。它是数据物理结构和存储方式的描述,是数据在数据库内部的表示方式。

内模式定义的是存储记录的类型、存储域的表示、存储记录的物理顺序、指引元、索引和存储路径等数据的存储组织。例如,记录的存储方式是顺序结构存储还是 B 树结构存储;索引按什么方式组织;数据是否压缩、是否加密;数据的存储记录结构有何规定等。内模式并不涉及物理记录,也不涉及设备的约束。比内模式更接近于物理存储和访问的那些软件机制是操作系统的一部分(即文件系统),如从磁盘读取数据或写数据到磁盘上的操作等。

三级模式的特点如表 1.2 所示。

表 1.2　三级模式的特点

外　模　式	模　　式	内　模　式
数据库用户所看到的数据视图,它是用户和数据库的接口	所有用户的公共视图	数据在数据库内部的表示方式
可以有多个外模式	只有一个模式	只有一个内模式
每个用户只关心与他有关的外模式,屏蔽大量无关的信息,有利于数据保护	以某种数据模型为基础,统一综合考虑所有用户的需求,并将这些需求有机地结合成一个逻辑实体	
面向应用程序和最终用户	由数据库管理员(DBA)决定	由 DBMS 决定

1.3.2　数据库系统的二级独立性

数据库系统的二级独立性是指物理独立性和逻辑独立性。3 个抽象级间通过二级映像(外模式/模式映像、模式/内模式映像)进行相互转换,使数据库的 3 级形成一个统一的整体。

1. 物理独立性

物理独立性是指用户的应用程序与存储在磁盘上数据库中的数据是相互独立的。当数据库的存储结构改变了(如选用了另一种存储结构),如从链表存储改为哈希表存储,由数据库管理员对模式/内模式映像作相应改变,可以使模式保持不变,这样应用程序也不必改变,从而保证了数据与程序的物理独立性,简称数据的物理独立性。

2. 逻辑独立性

逻辑独立性是指用户的应用程序与数据库的逻辑结构是相互独立的。当数据库的逻辑结构改变时,应用程序不需要改变。

当数据库的逻辑结构(模式)改变时,如增加一些列、删除无用列,由数据库管理员对各个外模式/模式映像作相应改变,可以使外模式保持不变。应用程序是依据数据的外模式编写的,从而应用程序不必修改,保证了数据与程序的逻辑独立性,简称数据的逻辑独立性。

随着科学技术的进步以及应用业务的变化,有时需要改变数据的物理表示和访问技术以适应技术发展及需求变化,如用哈希表重建数据的索引、添加新的数据项、改变数据项的类型或更换新类型的存储设备等。如果应用程序是数据依赖的,则这些改变都会要求应用程序作相应改变,这种改变的代价有时是很大的。因此,数据独立性是一种客观应用的要求。

1.3.3　数据库系统的二级映像

数据库系统的三级模式是对数据库中数据的三级抽象,用户可以不必考虑数据的物理存储细节,而把具体的数据组织留给 DBMS 管理。为了能够在内部实现数据库的 3 个抽象层次的联系和转换,数据库管理系统在这三级模式之间提供了两层映像,即外模式/模式映像和模式/内模式映像。

1. 外模式/模式映像

对于同一个模式,可以有任意多个外模式,数据具有较高的逻辑独立性。对于每个外模式,数据库系统都有一个外模式/模式映像,它定义了该外模式与模式之间的对应关系。这些映像定义通常包含在各自外模式的描述中。当模式改变时,DBA 要对相关的外模式/模式映像作相应改变,以使外模式保持不变。应用程序是依据数据的外模式编写的,外模式不变,应用程序就没必要修改。所以,外模式/模式映像功能保证了数据与程序的逻辑独立性。

2. 模式/内模式映像

在数据库中只有一个模式,也只有一个内模式,所以模式/内模式映像是唯一的,它定义了数据库全局逻辑结构与存储结构之间的对应关系。该映像定义通常包含在模式描述中。当数据库的存储结构改变时,数据库管理员要对模式/内模式映像作相应改变,以使模式保持不变。模式不变,与模式没有直接联系的应用程序也不会改变,所以模式/内模式映像功能保证了数据与程序的物理独立性。

1.4 数据库管理系统

扫一扫

视频讲解

数据库管理系统(DBMS)是指数据库系统中管理数据的软件系统。DBMS 是数据库系统的核心组成部分。对数据库的一切操作,包括定义、查询、更新及各种控制,都是通过 DBMS 进行的。DBMS 总是基于某种数据模型,也可以把 DBMS 看作某种数据模型在计算机上的具体实现。根据数据模型不同,DBMS 可以分为层次型、网状型、关系型和面向对象型等类型。

在不同的计算机系统中,由于缺乏统一的标准,即使同种数据模型的 DBMS,它们在用户接口、系统功能等方面也通常是不同的。

用户对数据库进行操作,是由 DBMS 把操作从应用程序的外部级、概念级导向内部级,进而操作存储器中的数据。DBMS 的主要目标是使数据作为一种可管理的资源进行处理。

下面首先介绍 DBMS 的功能和组成,然后通过用户访问数据的过程剖析 DBMS 在数据库系统中所起的核心作用。

1.4.1 DBMS 的主要功能 ▶

1. 数据库的定义功能

DBMS 提供数据定义语言(Data Definition Language,DDL)定义数据库的三级结构,包括外模式、模式、内模式及其相互之间的映像,定义数据的完整性、安全性等约束。因此,在 DBMS 中应包括 DDL 的编译程序。

2. 数据库的操纵功能

DBMS 提供数据操纵语言(Data Manipulation Language,DML)实现对数据库中数据的操作。基本的数据操作分成两类:检索和更新(包括插入、删除、修改)。在 DBMS 中应包括 DML 的编译程序或解释程序。

3. 数据库的控制功能

数据库的共享是并发的（Concurrency）共享，即多个用户可以同时存取数据库中的数据，甚至可以同时存取数据库中的同一个数据。DBMS不仅要有最基本的数据管理功能，还要有以下控制功能。

1）数据的完整性控制

数据的完整性是指数据的正确性、有效性和相容性。完整性检查保证数据的正确性，要求数据在一定的取值范围内或相互之间满足一定的关系。例如，规定考试的成绩为0～100分；血型只能是A型、B型、AB型和O型中的一种等。

2）数据的安全性控制

数据的安全性是指保护数据，防止不合法的使用造成的数据泄密和破坏。让每个用户只能按指定的权限访问数据，防止不合法地使用数据，造成数据的破坏和丢失。例如，学生对于课程的成绩只能进行查询，不能修改。

3）并发控制

当多个用户的并发进程同时存取、修改数据库时，可能会发生相互干扰而得到错误的结果或使得数据库的完整性遭到破坏，因此必须对多用户的并发操作加以控制和协调。例如，在学生选课系统中，某门课只剩下最后一个名额，但有两个学生在两台选课终端上同时发出了选这门课的请求，必须采取某种措施，确保两名学生不能同时拥有这最后的一个名额。

4）数据库的恢复

当数据库系统出现硬件/软件的故障或遇到误操作时，DBMS应该有能力把数据库恢复到最近某个时刻的正确状态，这就是数据库的恢复功能。

4. 数据库的存储功能

DBMS的存储管理子系统提供了数据库中数据和应用程序的一个界面，而与存储器中的数据"打交道"的是操作系统的文件系统。DBMS存储管理子系统的职责是把各种DML语句转换为低层的文件系统命令，起到数据的存储、检索和更新作用。

5. 数据的维护功能

DBMS还有许多实用程序提供给数据库管理员（DBA），DBA通过这些程序对数据库进行维护，主要的实用程序有以下4个。

（1）数据装载程序（Loading）：把文件中的数据转换为数据库中的格式，并装入数据库中。

（2）备份程序（Backup）：把数据库完整地转储到另外一个存储器上，产生一个备份副本。在系统发生灾难性故障时，可以利用备份的数据库恢复系统。

（3）文件重组织程序：把数据库中的文件重新组织成其他不同形式的文件，以改善系统的性能。

（4）性能监控程序：监控用户使用数据库的方式是否符合要求，收集数据库运行的统计数据。DBA根据这些统计数据作出判断，决定采用何种重组织方式改善数据库运行的性能。

其他实用程序还有文件排序、数据压缩、监控用户访问等程序。

6. 数据字典

数据库系统中存放三级结构定义的数据库称为数据字典（Data Dictionary，DD）。对数据库的操作都要通过访问数据字典才能实现。通常，数据字典中还存放数据库运行时的统计信息，如记录个数、访问次数等。

管理数据字典的实用程序称为"数据字典系统",访问数据字典中的数据是由数据字典系统实现的。在现有的大型系统中,把数据字典系统单独抽出来成为一个软件工具。

以上是一般的 DBMS 所应具备的功能,通常在大、中型机上实现的 DBMS 功能较强、较全,在微机上实现的 DBMS 功能较弱。

用户还应该注意,应用程序并不属于 DBMS 范围。应用程序是用宿主语言和 DML 编写的。程序中的 DML 语句由 DBMS 执行,而其余部分仍由宿主语言编译完成。

1.4.2　DBMS 的组成概述

DBMS 主要由查询处理程序、存储管理程序和事务管理程序组成,如图 1.13 所示。其中查询、更新和模式更新是 3 种类型的 DBMS 输入。

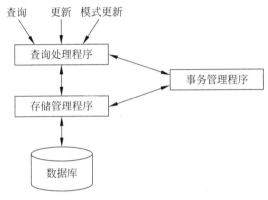

图 1.13　DBMS 的主要组成部分

1. 查询

对数据的查询有两种生成方式:一是通过通用的查询接口,如关系数据库管理系统允许用户输入 SQL 查询语句,然后将查询传给查询处理程序,并给出答案;二是通过应用程序的接口,典型的 DBMS 允许程序员通过应用程序调用 DBMS 查询数据库。

2. 更新

对数据的插入、修改和删除等操作统称为更新。对数据的更新和对数据的查询一样,也可以通过接口或应用程序接口来处理。

3. 模式更新

数据库的模式是指数据的逻辑结构。模式更新命令一般只能由数据库管理员使用。例如,学生选课系统要求能提供课程的上课地点,就要在课程关系中加入一个新的属性——上课地点,这就是对模式的更新。

查询处理程序的任务是把输入的数据库操作(包括查询、更新等)转换为一系列对数据库的请求。查询处理最复杂、最重要的部分是查询优化。当查询处理程序接收到一个操作请求后,为了尽可能减少开销,使用户的操作尽快完成,需要找到一个最优的执行方式,即查询优化,然后向存储管理程序发出命令,使其执行。

存储管理程序的功能是从数据库中获得上层想要查询的数据,并根据上层的更新请求更新相应的信息。在简单的数据库系统中,存储管理程序可能就是底层操作系统的文件系统,但有时为了提高效率,DBMS 往往直接控制磁盘存储器。存储管理程序包括两部分——文件管理程序和缓冲区管理程序。文件管理程序跟踪文件在磁盘上的位置,并负责取出一个或几个数据块,数据块中含有缓冲区管理程序所要求的文件。缓冲区管理程序控制着主存的使用。它通过文件管理系统从磁盘取得数据块,并选择主存的一个页面来保存它。

事务管理程序负责系统的完整性。它必须保证同时运行的若干个数据库操作不相互冲突,保证系统在出现故障时不丢失数据。事务管理程序和查询处理程序相互配合,因为它必须知道当前将要操作的数据,以免出现冲突。为了避免发生冲突,还可能需要延迟某些操作。事务管理程序也要和存储管理程序相互配合,因为数据库恢复一般需要一个日志文件记录每次数据的更新,这样即使系统出现故障,也能有效、可靠地进行恢复。

1.4.3 DBMS 的工作过程

数据库建立后,即数据库的各级目标模式已建立,初始数据已装入后,用户就可以通过终端操作命令或应用程序在 DBMS 的支持下使用数据库了。那么,在执行用户存取数据的请求时,DBMS 是怎样工作的呢? 下面通过介绍应用程序查询数据库的全过程让读者大致了解 DBMS 工作的过程。

在应用程序运行时,DBMS 将开辟一个缓冲区,用于数据的传输和格式的转换。数据库系统的三级模式结构的描述存放在数据字典中。

查询语句的执行过程如下。

(1) 当计算机执行该语句时启动 DBMS。

(2) DBMS 首先对查询语句进行语法检查,然后从数据字典中找出该应用程序对应的外模式(相当于关系数据库中的视图),检查是否存在所要查询的关系,并进行权限检查,即检查该操作是否在合法的授权范围内。如有问题,则返回出错信息。

(3) 在决定执行该语句后,DBMS 从数据字典中调出相应的模式描述,并从外模式映像到模式,从而确定所需要的逻辑数据。

(4) DBMS 从数据字典中调出相应的内模式描述,并从模式映像到内模式,从而确定应读入的物理数据和具体的地址信息。在查询过程中,DBMS 的查询处理程序将根据数据字典中的信息进行查询优化,并把查询命令转换为一串单记录的序列。随后,DBMS 执行读出操作序列。

(5) DBMS 在查看内模式决定从哪个文件、用什么方式读取哪个物理记录之后,向操作系统(OS)发出从指定地址读取物理记录的命令,同时在系统缓冲区记下运行记录。当物理记录全部读完时,转到步骤(12)。

(6) OS 执行读出的命令,按指定地址从数据库中把记录读入 OS 的系统缓冲区,随后读入数据库的缓冲区。

(7) DBMS 根据查询命令和数据字典的内容把系统缓冲区中的记录转换为应用程序所要求的记录格式。

(8) DBMS 把数据记录从系统缓冲区传输到应用程序的用户工作区。

(9) DBMS 把是否执行成功的状态信息返回给应用程序。

(10) DBMS 把系统缓冲区中的运行记录记入运行日志,以备以后查阅或发生意外时用于系统恢复。

(11) DBMS 在系统缓冲区中查找下一记录,若找到则转到步骤(7),否则转到步骤(5)。

(12) 查询语句执行完毕,应用程序进行后续处理。

应用程序查询数据库中数据的大致过程如图 1.14 所示。

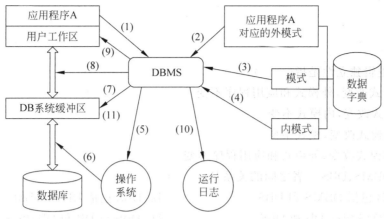

图 1.14 应用程序查询数据库中数据的大致过程

从上述执行过程可以看出,在数据库系统中,DBMS 处于中心地位,而对数据库的操作则要以数据字典中的内容为依据。

小结

利用计算机系统进行数据管理经历了人工管理、文件系统管理和数据库系统管理 3 个阶段。数据是数据库中存储的基本对象,是描述事物的符号记录。数据库是长期存储在计算机内、有组织的、统一管理的、可共享的大量数据的集合。在数据库中,数据按一定的数据模型组织、描述和存储,具有较小的冗余度、较高的数据独立性和易扩展性,并且可以被多用户共享。数据由数据库管理系统统一管理和控制,数据库管理系统是介于用户和操作系统之间的一层数据管理软件,为用户或应用程序提供访问数据库的方法,包括数据库的建立、查询、更新及各种数据控制。数据库系统一般是由数据库、硬件平台、软件系统和人员组成。数据库系统不仅仅是一个计算机系统,而是一个人机系统,人的作用(特别是 DBA 的作用)值得重视。数据库系统的三级模式结构以及由此引入的二级映像机制使数据库系统具有较高的数据独立性。

学习完本章之后,读者应该理解有关数据库的基本概念和基本方法,并初步了解数据库系统的三级模式结构和数据独立性。

(1) 数据库系统(DBS)的主要特点:数据结构化;数据共享性好,冗余度小;数据独立性好;数据由 DBMS 统一管理和控制,从而保证多个用户能并发、安全、可靠地访问,而一旦出现故障,也能有效地恢复。

(2) 数据库系统的三级模式结构:定义了数据库的 3 个抽象级,即用户级、概念级、物理级;用户级数据库对应于外模式,概念级数据库对应于模式,物理级数据库对应于内模式;这三级模式之间通过一定的对应规则相互映射,从而保证了数据库系统具有较高的逻辑独立性和物理独立性。

(3) 数据库管理系统(DBMS)是数据库系统的核心,用户开发的数据库系统都是建立在特定的 DBMS 之上;数据库管理系统的主要职能有数据库的定义和建立、数据库的操作、数据库的控制、数据库的维护、故障恢复和数据通信。

扫一扫

自测题

习题 1

一、选择题

1. 数据逻辑独立性是指（　　　）。

    A. 模式改变,外模式和应用程序不变

    B. 模式改变,内模式不变

    C. 内模式改变,模式不变

    D. 内模式改变,外模式和应用程序不变

2. DB、DBMS、DBS 三者之间的关系是（　　　）。

    A. DB 包括 DBMS 和 DBS　　　　　　B. DBS 包括 DB 和 DBMS

    C. DBMS 包括 DB 和 DBS　　　　　　D. DBS 与 DB 和 DBMS 无关

3. 下列选项中不属于数据库系统特点的是（　　　）。

    A. 数据共享　　　B. 数据完整性　　　C. 数据冗余度高　　　D. 数据独立性高

4. 位于用户和数据库之间的一层数据管理软件是（　　　）。

    A. DBS　　　　　　B. DB　　　　　　C. DBMS　　　　　　D. MIS

5. 在数据库系统的组织结构中,（　　　）映像把概念数据库与物理数据库联系起来。

    A. 外模式/模式　　　　　　　　　　B. 内模式/外模式

    C. 模式/内模式　　　　　　　　　　D. 模式/外模式

6. 数据物理独立性是指（　　　）。

    A. 概念模式改变,外模式和应用程序不变

    B. 概念模式改变,内模式不变

    C. 内模式改变,概念模式不变

    D. 内模式改变,外模式和应用程序不变

7. 在数据库系统中,用（　　　）描述全部数据的整体逻辑结构。

    A. 外模式　　　　B. 存储模式　　　　C. 内模式　　　　D. 概念模式

8. 在数据库系统中,用户使用的数据视图用（　　　）来描述,它是用户与数据库系统之间的接口。

    A. 外模式　　　　B. 存储模式　　　　C. 内模式　　　　D. 概念模式

9. 在数据库系统中,物理存储视图用（　　　）描述。

    A. 外模式　　　　B. 用户模式　　　　C. 内模式　　　　D. 概念模式

10. 数据库系统达到了数据独立性是因为采用了（　　　）。

    A. 层次模型　　　B. 网状模型　　　C. 关系模型　　　D. 三级模式结构

二、简答题

1. 简述数据管理技术的发展历程。

2. 简述数据、数据库、数据库管理系统、数据库系统的概念。

3. 简述数据库系统的三级模式和二级映像的含义。

4. 什么是数据独立性?简述数据库系统如何实现数据独立性。

5. 数据库管理系统的主要功能有哪些?

第**2**章

关系数据库

关系数据库系统使用关系数据模型组织数据,这种思想源于数学。1970 年,IBM 公司的 E. F. Codd 在美国计算机学会会刊 *Communications of the ACM* 上发表了题为 *A Relational Model of Data for Shared Data Banks* 的论文,系统、严格地提出了关系模型,开创了数据库系统的新纪元。之后,他连续发表了多篇论文,奠定了关系数据库的理论基础。

由于受到当时计算机硬件环境、软件环境及其技术的制约,直到 20 世纪 70 年代末,关系方法的理论研究和软件系统的研制才取得了重大突破,其中最具代表性的是 IBM 公司的 San Jose 实验室成功地在 IBM 370 系列计算机上研制出了关系数据库实验系统 System R,并于 1981 年宣布具有 System R 全部特征的数据库管理系统 SQL/DS 问世。

30 多年来,关系数据库系统的研究取得了辉煌的成就。目前,关系数据库系统早已从实验室走向了社会,出现了很多性能良好、功能卓越的数据库管理系统,在国内使用比较普遍的数据库管理系统有 IBM DB2、Sybase、Oracle 和 MS SQL Server 等,还有在个人计算机(Personal Computer,PC)上广泛使用的 FoxPro、Access 等。

早期的数据库管理系统建立在网状模型或层次模型的基础之上,而在商用数据库管理系统中,关系模型现在已经成为主要的数据模型。和关系模型相比,前两种较早的模型与底层实现的结合更加紧密,而关系模型具有坚实的理论基础,在实践中得到了广泛的应用。

本章是关系数据库的基础,从关系数据库的基本概念开始介绍,逐步深入介绍关系代数。

2.1 关系数据模型

扫一扫

视频讲解

2.1.1 关系数据模型概述 ▶

关系数据库系统是支持关系模型的数据库系统。关系数据模型由关系数据结构、关系操作集合和关系完整性约束 3 部分组成。

1. 关系数据结构

关系模型的数据结构非常简单。在关系数据模型中,现实世界的实体以及实体间的各种联系均用关系来表示。在用户看来,关系模型中数据的逻辑结构是一张二维表。

关系模型是建立在集合代数的基础上的,这里从集合论角度给出关系数据结构的形式化定义。

(1) 域。域是一组具有相同数据类型的值的集合。例如,大于 0 且小于 100 的整数、{'男','女'}、长度为 8 的数字组成的字符串集合等都可以是域。

(2) 笛卡儿积。笛卡儿积(Cartesian Product)是域上的一种集合运算。

定义 2.1 给定一组域 $D_1, D_2, \cdots, D_n$,这些域可以相同。$D_1, D_2, \cdots, D_n$ 的笛卡儿积为

$$D_1 \times D_2 \times \cdots \times D_n = \{(d_1, d_2, \cdots, d_n) \mid d_i \in D_i, i = 1, 2, \cdots, n\}$$

其中,每个元素 $(d_1, d_2, \cdots, d_n)$ 称为一个 n 元组或简称为元组(Tuple);元组中的每个值 d_i 称为一个分量(Component)。

若 D_i 为有限集,其基数(Cardinal Number)为 m_i,则 $D_1 \times D_2 \times \cdots \times D_n$ 的基数为

$$M = \prod m_i, \quad i = 1, 2, \cdots, n$$

笛卡儿积可表示为一张二维表。表中的每行对应一个元组,表中的每列的值来自一个域。例如,有

$$D_1 = 班级集合, class = \{计算机 01 班, 计算机 02 班\}$$

$$D_2 = 学生集合, student = \{王力, 张茜, 李莉\}$$

则 D_1 与 D_2 的笛卡儿积为

$D_1 \times D_2 = \{(计算机 01 班, 王力), (计算机 01 班, 张茜), (计算机 01 班, 李莉), (计算机 02 班, 王力), (计算机 02 班, 张茜), (计算机 02 班, 李莉)\}$

该笛卡儿积的基数为 $2 \times 3 = 6$,即共有 6 个元组,用二维表形式表示,如表 2.1 所示。

表 2.1 D_1 与 D_2 的笛卡儿积(二维表形式)

班　　级	学　　生	班　　级	学　　生
计算机 01 班	王力	计算机 02 班	王力
计算机 01 班	张茜	计算机 02 班	张茜
计算机 01 班	李莉	计算机 02 班	李莉

(3) 关系。

定义 2.2 $D_1 \times D_2 \times \cdots \times D_n$ 的子集称为在域 $D_1, D_2, \cdots, D_n$ 上的关系,表示为

$$R(D_1, D_2, \cdots, D_n)$$

其中,R 表示关系的名字;n 为关系的度或目(Degree)。

关系是笛卡儿积的有限子集,所以关系也是一张二维表,表的每行对应一个元组,表的每列对应一个域。由于域可以相同,为了加以区分,必须为每列取一个名字,称为属性(Attribute)。

2. 关系操作集合

关系模型给出了关系操作的能力,但不对 RDBMS 语言给出具体的语法要求。也就是说,不同的 RDBMS 可以定义和开发不同的语言实现这些操作。

关系模型中常用的关系操作包括选择(Select)、投影(Project)、连接(Join)、除(Divide)、并(Union)、交(Intersection)、差(Difference)等运算,以及相关的查询(Query)、增加(Insert)、删除(Delete)、修改(Update)等数据操作。查询的表达能力是其中最主要的部分。

关系操作的特点是集合操作方式,即操作的对象和结果都是集合。这种操作方式也称为一次一集合(Set-at-a-Time)的方式。相应地,非关系数据模型的数据操作方式则为一次一记录(Record-at-a-Time)的方式。

早期的关系操作能力通常用代数方式或逻辑方式来表示,分别称为关系代数和关系演算。关系代数是用对关系的运算表达查询要求的方式。关系演算是用谓词表达查询要求的方式。关系演算又可按谓词变元的基本对象是元组变量还是域变量分为元组关系演算和域关系演算。关系代数、元组关系演算和域关系演算3种语言在表达能力上是完全等价的。

关系代数、元组关系演算和域关系演算都是抽象的查询语言,这些抽象的语言与具体的DBMS中实现的实际语言并不完全一样,但它们能用作评估实际系统中查询语言能力的标准或基础。实际的查询语言除了提供关系代数或关系演算的功能外,还提供了许多附加功能,如集合函数、关系赋值、算术运算等。

关系语言是一种高度非过程化的语言,用户不必请求DBA为其建立特殊的存取路径,存取路径的选择由DBMS的优化机制来完成。此外,用户不必求助于循环结构就可以完成数据操作。

另外,还有一种介于关系代数和关系演算之间的语言——结构化查询语言(Structured Query Language,SQL)。SQL不仅具有丰富的查询功能,而且具有数据定义和数据控制功能,是集查询、DDL、DML和DCL于一体的关系数据语言。它充分体现了关系数据语言的特点和优点,是关系数据库的标准语言。

3. 关系完整性约束

关系模型允许定义3类完整性约束,即实体完整性、参照完整性和用户定义的完整性。其中,实体完整性和参照完整性是关系模型必须满足的完整性约束条件,应该由关系系统自动支持;用户定义的完整性是应用领域需要遵循的约束条件,体现了具体领域中的语义约束。

2.1.2 基本术语 ▶

用二维表格表示实体集,用主键进行数据导航的数据模型称为关系模型(Relational Model)。这里的数据导航(Data Navigation)是指从已知数据中查找未知数据的过程和方法。下面以如表2.2所示的二维表为例,介绍关系数据库的基本术语。

表 2.2 职工表

职 工 号	姓 名	年 龄	性 别	工 资	补 贴
4001	张焕之	50	M	5000	500
4002	刘晋	40	F	4500	300
4124	黎明	35	M	3000	450

(1) 关系(Relation):通俗地讲,关系就是二维表(稍后给出关系的严格形式化定义),二维表名就是关系名,表2.2中的关系名是"职工"。

(2) 属性(Attribute):二维表中的列称为属性(字段);每个属性有一个名称,称为属性名；二维表中对应某一列的值称为属性值；二维表中列的个数称为关系的元数；一张二维表如果有 n 列，则称为 n 元关系。表 2.2 中的"职工"关系有职工号、姓名、年龄、性别、工资以及补贴 6 个属性，它是一个六元关系。

（3）值域（Domain）：二维表中属性的取值范围称为值域，每个属性都有一个取值范围，每个属性对应一个值域，不同的属性可对应于同一值域。表 2.2 中年龄属性的取值规定为大于 0 且小于 100 的整数；工资属性和补贴属性的值域相同，都是大于 0 的整数。

（4）元组（Tuple）：二维表中的行称为元组（记录值）。

（5）分量（Component）：元组中的每个属性值称为元组的一个分量，n 元关系的每个元组有 n 个分量。例如，在元组（4001，张焕之，50，M，5000，500）中，对应于工资属性的分量是 5000，对应于姓名属性的分量是张焕之。

（6）关系模式（Relation Schema）：二维表的结构称为关系模式，或者说关系模式就是二维表的表框架或结构，它相当于文件结构或记录结构。设关系名为 REL，其属性为 $A_1, A_2, \cdots, A_n$，则关系模式可以表示为

$$REL(A_1, A_2, \cdots, A_n)$$

每个 $A_i(i=1, 2, \cdots, n)$ 还包括该属性到值域的映像，即属性的取值范围。表 2.2 的关系模式可以表示为

$$职工（职工号，姓名，年龄，性别，工资，补贴）$$

如果将关系模式理解为数据类型，则关系就是一个具体的值。

（7）关系模型（Relation Model）：关系模型是所有关系模式、属性名和主键的汇集，是模式描述的对象。

（8）关系数据库（Relation Database）：对应于一个关系模型的所有关系的集合称为关系数据库。

当谈论数据库时，必须区分数据库模式和数据库实例。数据库模式是数据库的逻辑设计，而数据库实例是给定时刻数据库中数据的一个快照。关系模型是"型"，而关系数据库是"值"。数据模型是相对稳定的，而数据库在随时间不断变化（因为数据库中的记录在不断被更新）。

（9）候选码（Candidate Key）：如果一个属性集的值能唯一标识一个关系的元组而又不含有多余的属性，则称该属性集为候选码。在一个关系上可以有多个候选码。

（10）主键（Primary Key，又称为主码）：有时一个关系中有多个候选码，这时可以选择其中一个作为主键。每个关系都有一个并且只有一个主键。

（11）主属性（Primary Attribute）：包含在任意候选码中的属性称为主属性。

（12）非主属性（Nonprimary Attribute）：不包含在任意候选码中的属性称为非主属性。

（13）外键（Foreign Key，又称为外码）：如果关系模式 R 中的属性 K 是其他关系模式的主键，那么 K 在关系模式 R 中称为外键。

【例 2.1】 电力抢修工程数据库中有以下 3 个关系。

（1）抢修工程计划表 Salvaging(prj_no, prj_name, start_date, end_date, prj_status)，各属性列的含义分别为工程项目编号、工程项目名称、工程开始日期、工程结束日期、是否按期完成。表中记录如表 2.3 所示。

（2）配电物资库存记录表 Stock(mat_no, mat_name, speci, warehouse, amount, unit, total)，各属性列的含义分别为物资编号、物资名称、规格、仓库名称、库存数量、单价、总金额。表中记录如表 2.4 所示。

表 2.3 Salvaging 关系

prj_no	prj_name	start_date	end_date	prj_status
20100015	220kV 清经线接地箱及接地线被盗抢修	2010-10-12	2010-10-13	1
20100016	沙河站 2♯公变出线电缆老化烧毁抢修	2010-11-05	2010-11-05	1
20110001	西丽站电缆短路烧毁抢修工程	2011-01-03	2011-01-03	1
20110002	西丽站电缆接地抢修	2011-01-03	2011-01-05	1
20110003	观澜站光缆抢修	2011-02-10	2011-02-11	1
20110004	小径墩低压线被盗抢修	2011-02-15	2011-02-15	1
20110005	明珠立交电缆沟盖板破损抢修	2011-03-02	2011-03-05	0
20110010	朝阳围公变低压线被盗抢修	2011-03-08	2011-03-10	0

表 2.4 Stock 关系

mat_no	mat_name	speci	warehouse	amount	unit	total
m001	护套绝缘电线	BVV-120	供电局1♯仓库	220	89.80	19756.00
m002	架空绝缘导线	10KV-150	供电局1♯仓库	30	17.00	510.00
m003	护套绝缘电线	BVV-35	供电局2♯仓库	80	22.80	1824.00
m004	护套绝缘电线	BVV-50	供电局2♯仓库	283	32.00	9056.00
m005	护套绝缘电线	BVV-70	供电局2♯仓库	130	40.00	5200.00
m006	护套绝缘电线	BVV-150	供电局3♯仓库	46	NULL	NULL
m007	架空绝缘导线	10KV-120	供电局3♯仓库	85	14.08	1196.80
m009	护套绝缘电线	BVV-16	供电局3♯仓库	90	NULL	NULL
m011	护套绝缘电线	BVV-95	供电局3♯仓库	164	NULL	NULL
m012	交联聚乙烯绝缘电缆	YJV22-15KV	供电局4♯仓库	45	719.80	32391.00
m013	户外真空断路器	ZW12-12	供电局4♯仓库	1	13600.00	13600.00

（3）配电抢修物资领料出库表 Out_stock（prj_no，mat_no，amount，get_date，department），各属性列的含义分别为工程项目编号、物资编号、领取数量、领料日期、领料部门。表中记录如表 2.5 所示。

表 2.5 Out_stock 关系

prj_no	mat_no	amount	get_date	department
20100015	m001	2	2010-10-12	工程1部
20100015	m002	1	2010-10-12	工程1部
20100016	m001	3	2010-11-05	工程1部
20100016	m003	10	2010-11-05	工程1部
20110001	m001	2	2011-01-03	工程2部
20110002	m001	1	2011-01-03	工程2部
20110002	m013	1	2011-01-03	工程2部
20110003	m001	5	2011-02-11	工程3部
20110003	m012	1	2011-02-11	工程3部
20110004	m001	3	2011-02-15	工程3部
20110004	m004	20	2011-02-15	工程3部
20110005	m001	2	2011-03-02	工程2部
20110005	m003	10	2011-03-02	工程2部
20110005	m006	3	2011-03-02	工程2部
20110010	m001	5	2011-03-09	工程1部

在这个数据库中,3 个关系模式如下。

Salvaging(prj_no,prj_name,start_date,end_date,prj_status)

Stock(mat_no,mat_name,speci,warehouse,amount,unit,total)

Out_stock(prj_no,mat_no,amount,get_date,department)

这 3 个关系模式组成了电力抢修工程数据库的数据库模式,3 个关系模式对应的关系实例分别如表 2.3～表 2.5 所示,这 3 个关系组成了电力抢修工程关系数据库;Salvaging 关系的主键是 prj_no(工程项目编号),Stock 关系的主键是 mat_no(物资编号),Out_stock 关系的主键是 prj_no、mat_no 两个属性的联合;Salvaging 关系和 Out_stock 关系有一个共同属性 prj_no,在 Out_stock 关系中,prj_no 是外键;Stock 关系和 Out_stock 关系有一个共同属性 mat_no,在 Out_stock 关系中,mat_no 是外键,正是这些外键将 3 个独立的关系联系起来。

2.1.3 关系的性质 ▶

如果一个关系的元组数目是无限的,则称为无限关系,否则称为有限关系。由于计算机存储系统的限制,无限关系是无意义的,所以只限于研究有限关系。

尽管关系与二维表格和传统的数据文件有类似之处,但它们又有区别。严格地讲,关系是一种规范化了的二维表格。在关系模型中,对关系做了以下规范的限制。

(1) 关系中的每个属性值都是不可分解的。

例如,将表 2.2 扩展,如表 2.6 所示。

表 2.6　扩展的职工登记表

职　工　号	姓　　　名	年　　龄	性　　别	工　　资	补　　贴	联系方式	
						手　　机	固　　话
4001	张焕之	50	M	2000	500	13312345678	54020000
4002	刘晋	40	F	1500	300	15000003456	65683456
4124	黎明	35	M	2000	450	18977658090	68909876

这种表在日常生活中经常出现,但"联系方式"属性出现了两个分量,或者说"表中还有小表"(如表 2.6 中阴影部分所示),这在关系数据库中是不允许的,因此表 2.6 不是一个关系。

(2) 列是同质的,即每列中的分量是同一个性质的数据,来自同一个域。

(3) 不同的列可出自同一个域,但要有不同的列名。例如,关系模式:员工(职工号、姓名、出生日期、性别、家庭住址、经理工号、部门号),因为经理也是员工,所以"职工号"和"经理工号"属性列的值域相同。

(4) 列的顺序无所谓,即列的顺序可以任意交换。

(5) 关系中不允许出现重复元组(即不允许出现完全相同的元组)。

(6) 由于关系是一个集合,因此不考虑元组间的顺序,即没有行序。

虽然元组中的属性在理论上是无序的,但使用时要按习惯考虑列的顺序。

2.2　关系的完整性

扫一扫

视频讲解

为了维护数据库中数据与现实世界的一致性,关系数据库的数据与更新操作必须遵循以下 3 类完整性规则。

1. 实体完整性规则

实体完整性规则(Entity Integrity Rule)要求关系中元组在组成主键的属性上不能取空值。所谓空值(NULL),就是"不知道"或"不确定",它既不是数值0,也不是空字符串,而是一个未知的量。例如,例2.1的电力抢修工程数据库中,Salvaging关系中的主键prj_no不能为空,因为它是每个工程项目的唯一性标识;Out_stock关系中的主属性prj_no和mat_no均不能为空。如果出现空值,那么主键值就起不了唯一标识元组的作用。

一个关系对应现实世界中的一个实体集,现实世界的实体是可区分的,它们具有某种标识特征;相应地,关系中的元组也是可区分的,主关键字是唯一标识,如果主关键字取空值,则意味着某个元组是不可标识的,即存在不可区分的实体,这与实体的定义是相矛盾的。

实体完整性是关系模型必须满足的完整性约束条件,也称为关系的不变性。

2. 参照完整性规则

定义2.3　参照完整性规则(Reference Integrity Rule)的形式定义如下。

如果属性集 K 是关系模式 R 的主键,同时 K 也是关系模式 S 的属性,但不是 S 的主键,那么称 K 为 S 的外键。在 S 的关系中,K 的取值只允许两种可能:空值或等于关系 R 中某个主键值。

这条规则的实质是不允许引用不存在的实体。在具体使用时,有以下3点变通。

(1) 外键和相应的主键可以不同名,只要定义在相同值域上即可。

(2) R 和 S 也可以是同一个关系模式,此时表示同一个关系中不同属性之间的联系。

(3) 外键值是否允许为空,应视具体问题而定。

在上述形式定义中,关系模式 R 的关系称为"被参照关系",关系模式 S 的关系称为"参照关系"。

【例2.2】　以下各种情况说明了参照完整性规则在关系中是如何实现的。

(1) 在例2.1的电力抢修工程数据库中,按照参照完整性规则,Out_stock关系中prj_no属性的值应该在Salvaging关系中出现,即不允许Out_stock关系中引用一个不存在的工程项目;同理,mat_no属性的值应该在Stock关系中出现。

另外,在Out_stock关系中prj_no和mat_no属性不仅是外键,还是主键的一部分,因此prj_no和mat_no不允许为空。

(2) 设公司数据库中有两个关系模式:

```
DEPT(Dept_no, Dept_name)
EMP(Emp_no, Emp_name, salary,Dept_no,Manager_no)
```

部门关系模式DEPT的属性为部门编号、部门名称,职工关系模式EMP的属性为员工编号、姓名、工资、所在部门的编号、部门主管编号(假设每个员工只能有一名部门主管)。每个关系模式的主键已用下画线标出。在关系模式EMP中,Dept_no不是主键,可以为空,但是Dept_no是被参照关系DEPT的主键,因此Dept_no是关系模式EMP的外键;关系模式EMP中的Manager_no可以为空(还未确定主管),但是Manager_no如果不为空,其取值必须是主键Emp_no中的一个值(部门主管也是一个员工),因此Manager_no也是外键,被参照的主键是同一个关系中的Emp_no。

3. 用户定义完整性规则

在建立关系模式时对属性定义了数据类型,即使这样可能还满足不了用户的需求。此时,用户可以针对具体的数据约束设置完整性规则,由系统来检验实施,以使用统一的方法处理它们,不再由应用程序承担这项工作。

例如,在电力抢修工程数据库中,Stock 关系中的 amount、unit、total 取值必须大于 0;Salvaging 关系中的 prj_status 取值只能为 0 或 1。

4. 完整性约束的作用

完整性约束的作用就是要保证数据库中的数据是正确的,这种保证是相对的。例如,在完整性中规定了某属性的取值范围为 15～30,如果将 20 误写为 28,这种错误靠数据模型或关系系统是无法拒绝的。

但是,通过数据完整性规则还是大大提高了数据库的正确度,通过在数据模型中定义实体完整性规则、参照完整性规则和用户定义完整性规则,数据库管理系统将检查和维护数据库中数据的完整性。

(1) 执行插入操作时检查完整性。执行插入操作时需要分别检查实体完整性规则、参照完整性规则和用户定义完整性规则。

首先检查实体完整性规则,如果插入元组的主键的属性不为空值,并且相应的属性值在关系中不存在(即保持唯一性),则可以执行插入操作,否则不可以执行插入操作。

接着检查参照完整性规则,如果是向被参照关系插入元组,则无须检查参照完整性;如果是向参照关系插入元组,则要检查外键属性上的值是否在被参照关系中存在对应的主键的值,如果存在,则可以执行插入操作,否则不允许执行插入操作。另外,如果插入元组的外键允许为空值,则当外键是空值时也允许执行插入操作。

例如,在电力抢修工程数据库中,Out_stock 和 Stock 关系之间存在外键关系。当向 Stock 表(被参照关系)中插入数据时,无须检查参照完整性;当向 Out_stock 表中插入数据时,必须保证插入的 mat_no 值在 Stock 表中存在。

最后检查用户定义完整性规则,如果插入的元组在相应的属性值上遵守了用户定义完整性规则,则可以执行插入操作,否则不可以执行插入操作。

综上所述,在插入一个元组时,只有满足了所有数据完整性规则,插入操作才能成功,否则插入操作不成功。

(2) 执行删除操作时检查完整性。执行删除操作时一般只需要检查参照完整性规则。

如果删除的是参照关系的元组,则不需要进行参照完整性检查,可以执行删除操作。

如果删除的是被参照关系的元组,则检查被删除元组的主键属性的值是否被参照关系中某个元组的外键引用,如果未被引用则可以执行删除操作,否则可能有以下 3 种情况。

① 不可以执行删除操作,即拒绝删除。

② 可以删除,但需要同时将参照关系中引用了该元组的对应元组一起删除,即执行级联删除。

③ 可以删除,但需要同时将参照关系中引用了该元组的对应元组的外键置为空值,即空值删除。

采用以上哪种方法进行删除,用户是可以定义的。还以电力抢修工程数据库中的 Out_stock 和 Stock 关系为例,若要从 Stock 表中删除 mat_no 为 m001 的物资记录,因为参照关系 Out_stock 中存在 mat_no 为 m001 的记录,因此用户可以选择:①拒绝删除;②级联删除,即将 Out_stock 表中的 mat_no 为 m001 的记录一并删除;③删除 Stock 表中的记录,同时将 Out_stock 表中对应记录的 mat_no 置为空值。

(3) 执行更新操作时检查完整性。执行更新操作可以看作先删除旧的元组,然后再插入新的元组,所以执行更新操作时的完整性检查综合了上述两种情况。

2.3 关系代数

扫一扫

视频讲解

扫一扫

视频讲解

关系代数是以关系为运算对象的一组高级运算的集合。若参加运算的关系定义为属性个数相同的元组的集合,则集合代数的操作也可以引入关系代数中。关系代数中的操作可以分为以下两类。

(1) 传统的集合操作:并、差、交、笛卡儿积。

(2) 专门的关系运算:投影(对关系进行垂直分割)、选择(水平分割)、连接(关系的结合)、除法(笛卡儿积的逆运算)等。

关系代数中的运算符可以分为4类:传统的集合运算符、专门的关系运算符、比较运算符和逻辑运算符。表2.7列出了这些运算符,其中比较运算符和逻辑运算符是用于配合专门的关系运算构造表达式的。

表 2.7 关系代数用到的运算符

运 算 符		含 义
传统的集合运算符	$\cup$	并
	$\cap$	交
	$\times$	笛卡儿积
	$-$	差
专门的关系运算符	σ	选择
	π	投影
	$\bowtie$	连接
	$\div$	除
比较运算符	$>$	大于
	$<$	小于
	$=$	等于
	$\neq$	不等于
	$\geqslant$	大于或等于
	$\leqslant$	小于或等于
逻辑运算符	$\neg$	非
	$\wedge$	与
	$\vee$	或

2.3.1 传统的集合运算 ▶

传统的集合运算是二目运算,包括并、差、交、笛卡儿积4种运算。

(1) 并(Union):设关系 R 和 S 具有相同的关系模式, R 和 S 的并是由属于 R 或属于 S 的元组构成的集合,记为 $R \cup S$,形式定义如下。

$$R \cup S = \{t \mid t \in R \vee t \in S\}$$

其中, t 为元组变量, R 和 S 的元数相同。

(2) 差(Difference):关系 R 和 S 具有相同的关系模式且元数相同, R 和 S 的差是由属于 R 但不属于 S 的元组构成的集合,记为 $R - S$,形式定义如下。

$$R - S = \{t \mid t \in R \wedge t \notin S\}$$

（3）交（Intersection）：关系 R 和 S 的交是由属于 R 又属于 S 的元组构成的集合，记为 $R \cap S$，这里要求 R 和 S 定义在相同的关系模式上且元数相同。形式定义如下。

$$R \cap S = \{t \mid t \in R \wedge t \in S\}$$

由于 $R \cap S = R - (R - S)$，或 $R \cap S = S - (S - R)$，因此交操作不是一个独立的操作。

（4）笛卡儿积：设关系 R 和 S 的元数分别为 r 和 s，定义 R 和 S 的笛卡儿积是一个 $(r+s)$ 元的元组集合，每个元组的前 r 个分量（属性值）来自 R 的一个元组，后 s 个分量来自 S 的一个元组，记为 $R \times S$。形式定义如下。

$$R \times S = \{t \mid t = <t^r,\ t^s> \wedge t^r \in R \wedge t^s \in S\}$$

此处 t^r 和 t^s 中的 r 和 s 为上标，不表示乘方。若 R 有 m 个元组，S 有 n 个元组，则 $R \times S$ 有 $m \times n$ 个元组。

【例 2.3】 设有关系 R 和 S，分别对关系 R 和 S 进行并、差、交、笛卡儿积运算，如图 2.1 所示此处 R 和 S 的属性名相同，应在属性名前注上相应的关系名，如 $R.A$、$S.A$ 等。

A	B	C
a	b	c
d	a	f
c	b	d

(a) 关系 R

A	B	C
b	g	a
d	a	f

(b) 关系 S

A	B	C
a	b	c
d	a	f
c	b	d
b	g	a

（c）$R \cup S$

A	B	C
a	b	c
c	b	d

（d）$R - S$

A	B	C
d	a	f

（e）$R \cap S$

$R.A$	$R.B$	$R.C$	$S.A$	$S.B$	$S.C$
a	b	c	b	g	a
a	b	c	d	a	f
d	a	f	b	g	a
d	a	f	d	a	f
c	b	d	b	g	a
c	b	d	d	a	f

（f）$R \times S$

图 2.1 关系代数操作的基本运算结果示例

2.3.2 专门的关系运算

专门的关系运算包括选择、投影、连接、除运算。

1. 选择

选择（Selection）操作是根据某些条件对关系进行水平切割，即选取符合条件的元组。

条件可用命题公式(即计算机语言中的条件表达式)F 表示,F 中有以下两种成分。

(1) 运算对象:常数(用引号括起来),元组分量(属性名或列的序号)。

(2) 运算符:算术比较运算符($<$、$\leqslant$、$>$、$\geqslant$、$=$、$\neq$,也称为 θ 符)、逻辑运算符($\wedge$、$\vee$、$\neg$)。

关系 R 关于公式 F 的选择操作用 $\sigma_F(R)$ 表示,形式定义如下。

$$\sigma_F(R) = \{t \mid t \in R \wedge F(t) = \text{TRUE}\}$$

其中,σ 为选择运算符,$\sigma_F(R)$ 表示从 R 中挑选满足公式 F 为真(TRUE)的元组所构成的关系。

例如,$\sigma_{2>'3'}(R)$ 表示从 R 中挑选第 2 个分量大于 3 的元组所构成的关系。在书写时,为了与属性序列号相区别,常量用引号括起来,而属性序号或属性名不用引号括起来。

2. 投影

投影(Projection)操作是对一个关系进行垂直分割,消去某些列,并重新安排列的顺序。

设关系 R 是 k 元关系,R 在其分量 A_{i_1},A_{i_2},$\cdots$,A_{i_m}($m \leqslant k$,i_1,i_2,$\cdots$,i_m 为 $1 \sim k$ 的整数)上的投影用 $\pi_{i_1,i_2,\cdots,i_m}(R)$ 表示,它是一个 m 元元组集合。形式定义如下。

$$\pi_{i_1,i_2,\cdots,i_m}(R) = \{t \mid t = <t_{i_1}, t_{i_2}, \cdots, t_{i_m}> \wedge <t_{i_1}, t_{i_2}, \cdots, t_{i_k}> \in R\}$$

例如,$\pi_{3,1}(R)$ 表示关系 R 中的第 1 列、第 3 列组成新的关系,新关系中第 1 列为 R 的第 3 列,新关系的第 2 列为 R 的第 1 列。如果 R 的每列标上属性名,那么操作符的下标处也可以用属性名表示,如关系 $R(A,B,C)$,那么 $\pi_{C,A}(R)$ 与 $\pi_{3,1}(R)$ 是等价的。

3. 连接

连接(Join)也称为 θ 连接。θ 连接是从关系 R 和 S 的笛卡儿积中选取属性值满足一定条件的元组,记为 $R \underset{i\theta j}{\bowtie} S$,这里 i 和 j 分别是关系 R 和 S 中的第 i 个和第 j 个属性的序号。形式定义如下。

$$R \underset{i\theta j}{\bowtie} S \equiv \{t \mid t < t^r, t^s > \wedge t^r \in R \wedge t^s \in S \wedge t_i^r \theta t_j^s\}$$

其中,t_i^r、t_j^s 分别表示 t^r 元组的第 i 个分量、t^s 元组的第 j 个分量;$t_i^r \theta t_j^s$ 表示这两个分量值满足 θ 操作。

显然,θ 连接是由笛卡儿积和选择操作组合而成。设关系 R 的元数为 r,那么 θ 连接操作的定义等价于

$$R \underset{i\theta j}{\bowtie} S = \sigma_{i\theta(r+j)}(R \times S)$$

该式表示 θ 是在关系 R 和 S 的笛卡儿积中挑选第 i 个分量和第 $(r+j)$ 个分量满足 θ 操作的元组。如果 θ 是等号($=$),该连接操作称为等值连接。

自然连接(Natural Join)是一种特殊的等值连接,两个关系 R 和 S 的自然连接操作用 $R \bowtie S$ 表示,设 R 和 S 的公共属性为 A_1,A_2,$\cdots$,A_k,具体计算过程如下。

(1) 计算 $R \times S$。

(2) 挑选 R 和 S 中满足 $R.A_1 = S.A_1$,$R.A_2 = S.A_2$,$\cdots$,$R.A_k = S.A_k$ 的元组。

(3) 去掉 $S.A_1$,$S.A_2$,$\cdots$,$S.A_k$ 这些列。

因此,$R \bowtie S$ 的形式化定义为

$$R \bowtie S = \pi_{i_1,i_2,\cdots,i_m}(\sigma_{R.A_1=S.A_1 \wedge R.A_2=S.A_2 \wedge \cdots \wedge R.A_k=S.A_k}(R \times S))$$

其中,i_1,i_2,$\cdots$,i_m 为 R 和 S 的全部属性,但公共属性只出现一次。

【例 2.4】 设有关系 R 和 S,对 R 和 S 进行投影和选择运算,以及 $R \underset{2<1}{\bowtie} S$(也可以写成 $R \underset{B<D}{\bowtie} S$,但是要注意 $R \underset{2<1}{\bowtie} S = \sigma_{2<1}(R \times S)$)和等值连接 $R \underset{3=1}{\bowtie} S$(也可以写成 $R \underset{C=D}{\bowtie} S$)运算,

如图 2.2 所示。

A	B	C
1	2	3
4	5	6
7	8	9

(a) 关系 R

D	E
3	1
6	2

(b) 关系 S

C	A
3	1
6	4
9	7

(c) $\pi_{C,A}(R)$

A	B	C
4	5	6

(d) $\sigma_{B='5'}(R)$

A	B	C	D	E
1	2	3	3	1
1	2	3	6	2
4	5	6	6	2

(e) $R \underset{2<1}{\bowtie} S$

A	B	C	D	E
1	2	3	3	1
4	5	6	6	2

(f) $R \underset{3=1}{\bowtie} S$

图 2.2　专门的关系运算示例

【例 2.5】　设有关系 DepartmentA、DepartmentB 和 Employee，进行关系的投影、差、选择、并、笛卡儿积运算，以及等值连接和自然连接，如图 2.3 所示。请比较图 2.3 中等值连接和自然连接结果的区别。

Dept_no	Dept_name
D01	销售部
D02	市场部
D03	行政部

DepartmentA

Dept_no	Dept_name
D01	销售部
D05	财务部
D06	人力资源部

DepartmentB

Emp_no	Emp_name	Dept_no
E0001	张林	D01
E0002	钱红	D01
E0003	王小利	D02

Employee

(a) 关系

Emp_no	Emp_name
E0001	张林
E0002	钱红
E0003	王小利

(b) $\pi_{Emp\_no,Emp\_name}(Employee)$

Dept_no	Dept_name
D02	市场部
D03	行政部

(c) DepartmentA−DepartmentB

Emp_no	Emp_name	Dept_no
E0001	张林	D01
E0002	钱红	D01

(d) $\sigma_{Dept\_no='D01'}(Employee)$

Dept_no	Dept_name
D01	销售部
D02	市场部
D03	行政部
D05	财务部
D06	人力资源部

(e) DepartmentA ∪ DepartmentB

Dept_no	Dept_name	Emp_no	Emp_name
D01	销售部	E0001	张林
D01	销售部	E0002	钱红
D01	销售部	E0003	王小利
D02	市场部	E0001	张林
D02	市场部	E0002	钱红
D02	市场部	E0003	王小利
D03	行政部	E0001	张林
D03	行政部	E0002	钱红
D03	行政部	E0003	王小利

(f) DepartmentA×($\pi_{Emp\_no,Emp\_name}(Employee)$)

图 2.3　关系代数运算示例

Dept_no	Dept_name
D01	销售部

(g) DepartmentA∩DepartmentB

DepartmentA.Dept_no	Dept_name	Emp_no	Emp_name	Employee.Dept_no
D01	销售部	E0001	张林	D01
D01	销售部	E0002	钱红	D01
D02	市场部	E0003	王小利	D02

(h) DepartmentA ⋈(1=3) Employee

Dept_no	Dept_name	Emp_no	Emp_name
D01	销售部	E0001	张林
D01	销售部	E0002	钱红
D02	市场部	E0003	王小利

(i) DepartmentA ⋈ Employee

图 2.3 （续）

4. 除

除(Division)运算是同时从关系的水平方向和垂直方向进行运算。给定关系 $R(X,Y)$ 和 $S(Y,Z)$，其中 X、Y、Z 为属性组。$R÷S$ 应当满足元组在 X 上的分量值 x 的像集 Y_x 包含关系 S 在属性组 Y 上的投影的集合。形式定义如下。

$$R÷S = \{t[X] \mid t \in R \land \pi_Y(S) \subseteq Y_x\}$$

这个定义非常抽象，下面用一个例子说明除运算的过程。

【例 2.6】 如图 2.4 所示，设有关系 R 和 S，求 $R÷S$ 的结果。

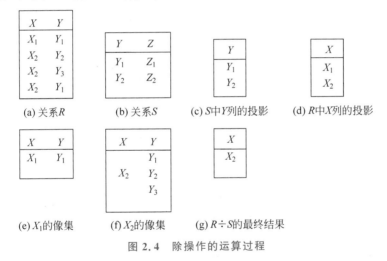

图 2.4 除操作的运算过程

求解步骤如下。

（1）找出关系 R 和关系 S 中相同的属性，即 Y。在关系 S 中对 Y 作投影（即将 Y 列取出），结果如图 2.4(c)所示。

（2）被除关系 R 中与 S 中不相同的属性列为 X，关系 R 在属性 X 上作取消重复值的投影为 $\{X_1, X_2\}$，如图 2.4(d)所示。

（3）求关系 R 中属性 X 对应的像集 Y。

根据关系 R 的记录，可以得到与 X_1 有关的记录，如图 2.4(e)所示；还可以得到与 X_2 有关的记录，如图 2.4(f)所示。

（4）判断包含关系。

$R \div S$ 其实就是判断关系 R 中 X 各个值的像集 Y 是否包含关系 S 中属性 Y 的所有值。对比即可发现：X_1 的像集只有 Y_1，不能包含关系 S 中属性 Y 的所有值，所以排除 X_1；而 X_2 的像集包含了关系 S 中属性 Y 的所有值，所以 $R \div S$ 的最终结果就是 X_2，如图 2.4(g) 所示。

【例 2.7】 图 2.5 所示为关系除运算示例。关系 R 是学生选修课程的情况，关系 S_1、S_2、S_3 分别表示课程情况，而操作 $R \div S_1$，$R \div S_2$，$R \div S_3$ 分别表示至少选修了 S_1、S_2、S_3 中列出课程的学生名单。

CNO	CNAME
C_2	OS

(a) 关系 S_1

CNO	CNAME
C_2	OS
C_4	MIS

(b) 关系 S_2

CNO	CNAME
C_1	DB
C_2	OS
C_4	MIS

(c) 关系 S_3

SNO	SNAME	CNO	CNAME
S_1	BAO	C_1	DB
S_1	BAO	C_2	OS
S_1	BAO	C_3	DS
S_1	BAO	C_4	MIS
S_2	GU	C_1	DB
S_2	GU	C_2	OS
S_3	AN	C_2	OS
S_4	LI	C_2	OS
S_4	LI	C_4	MIS

(d) 关系 R

SNO	SNAME
S_1	BAO
S_2	GU
S_3	AN
S_4	LI

(e) $R \div S_1$

SNO	SNAME
S_1	BAO
S_4	LI

(f) $R \div S_2$

SNO	SNAME
S_1	BAO

(g) $R \div S_3$

图 2.5　关系除运算示例

2.3.3　关系代数运算的应用实例 ▶

在关系代数运算中，把由 5 个基本操作经过有限次复合的式子称为关系代数表达式。这种表达式的运算结果仍是一个关系，可以用关系代数表达式表示各种数据查询操作。

【例 2.8】 对于例 2.1 给出的电力抢修工程数据库，用关系代数表达式表示以下查询语句。

（1）查询所有规格的护套绝缘电线的物资编号、库存数量及库存地点，结果如图 2.6 所示。

$$\pi_{\text{mat\_no,warehouse,amount}}(\sigma_{\text{mat\_name}='护套绝缘电线'}(\text{Stock}))$$

（2）查询规格为 BVV-120 的护套绝缘电线的物资编号、库存数量及库存地点，结果如图 2.7 所示。

$$\pi_{\text{mat\_no,warehouse,amount}}(\sigma_{\text{mat\_name}='护套绝缘电线' \wedge \text{speci}='BVV-120'}(\text{Stock}))$$

mat_no	warehouse	amount
m001	供电局1#仓库	220
m003	供电局2#仓库	80
m004	供电局2#仓库	283
m005	供电局2#仓库	130
m006	供电局3#仓库	46
m009	供电局3#仓库	90
m011	供电局3#仓库	164

图 2.6 查询结果(1)

(3) 查询项目号为20100015的抢修项目所使用的物资名称,结果如图2.8所示。

$$\pi_{\text{mat\_name}}(\sigma_{\text{prj\_no}='20100015'}(\text{Stock} \bowtie \text{Out\_stock}))$$

或

$$\pi_{\text{mat\_name}}(\text{Stock} \bowtie \sigma_{\text{prj\_no}='20100015'}(\text{Out\_stock}))$$

mat_num	warehouse	amount
m001	供电局1#仓库	220

图 2.7 查询结果(2)

mat_name
护套绝缘电线
架空绝缘导线

图 2.8 查询结果(3)

(4) 查询使用了护套绝缘电线的所有抢修项目编号、名称、所用物资编号及规格,结果如图 2.9 所示。

$$\pi_{\text{prj\_no,prj\_name,mat\_no,speci}}(\sigma_{\text{mat\_name}='护套绝缘电线'}(\text{Stock} \bowtie \text{Out\_stock} \bowtie \text{Salvaging}))$$

或

$$\pi_{\text{prj\_no,prj\_name,mat\_no,speci}}(\sigma_{\text{mat\_name}='护套绝缘电线'}(\text{Stock}) \bowtie \text{Out\_stock} \bowtie \text{Salvaging})$$

prj_no	prj_name	mat_no	speci
20100015	220kV 清经线接地箱及接地线被盗抢修	m001	BVV-120
20100016	沙河站2#公变出线电缆老化烧毁抢修	m001	BVV-120
20100016	沙河站2#公变出线电缆老化烧毁抢修	m003	BVV-35
20110001	西丽站电缆短路烧毁抢修工程	m001	BVV-120
20110002	西丽站电缆接地抢修	m001	BVV-120
20110003	观澜站光缆抢修	m001	BVV-120
20110004	小径墩低压线被盗抢修	m001	BVV-120
20110004	小径墩低压线被盗抢修	m004	BVV-50
20110005	明珠立交电缆沟盖板破损抢修	m001	BVV-120
20110005	明珠立交电缆沟盖板破损抢修	m003	BVV-35
20110005	明珠立交电缆沟盖板破损抢修	m006	BVV-150
20110010	朝阳围公变低压线被盗抢修	m001	BVV-120

图 2.9 查询结果(4)

(5) 查询不使用编号为m001的物资的所有抢修项目编号。

$$\pi_{\text{prj\_no}}(\text{Salvaging}) - \pi_{\text{prj\_no}}(\sigma_{\text{mat\_no}='m001'}(\text{Out\_stock}))$$

查询结果为空集,因为所有抢修工程都使用了m001物资。

(6) 查询使用了编号为m001或m002的物资的抢修工程编号,结果如图2.10所示。

$$\pi_{\text{prj\_no}}(\sigma_{\text{mat\_no}='m001' \vee \text{mat\_no}='m002'}(\text{Out\_stock}))$$

或采用并操作：

$$\pi_{prj\_no}(\sigma_{mat\_no='m001'}(Out\_stock))\bigcup \pi_{prj\_no}(\sigma_{mat\_no='m002'}(Out\_stock))$$

（7）查询同时使用了编号为 m001 和 m002 的物资的抢修工程编号，结果如图 2.11 所示。

$$\Pi_{prj\_no}(\sigma_{1=6\wedge 2='m001'\wedge 7='m002'}(Out\_stock\times Out\_stock))$$

这里（Out_stock×Out_stock）表示 Out_stock 关系自身相乘的笛卡儿积操作。

或者采用交操作：

$$\pi_{prj\_no}(\sigma_{mat\_no='m001'}(Out\_stock))\bigcap \pi_{prj\_no}(\sigma_{mat\_no='m002'}(Out\_stock))$$

或者采用除操作：

$$\Pi_{prj\_num,mat\_num}(Out\_stock)\div \pi_{mat\_num}(\sigma_{mat\_num='m001'\vee mat\_num='m002'}(Stock))$$

prj_no
20100015
20100016
20110001
20110002
20110003
20110004
20110005
20110010

图 2.10　查询结果（5）

prj_no
20100015

图 2.11　查询结果（6）

（8）查询被所有抢修工程使用了的物资的编号及物资名称、规格。编写这条查询语句的关系代数表达式的过程如下。

① 抢修工程使用的物资编号情况可用 $\pi_{prj\_no,mat\_no}(Out\_stock)$ 操作表示。

② 全部抢修工程项目编号可用 $\pi_{prj\_no}(Salaving)$ 操作表示。

③ 被所有抢修工程使用了的物资的编号可用除法操作表示，结果是物资编号 mat_no 集。

$$\pi_{prj\_no,mat\_no}(Out\_stock)\div \pi_{prj\_no}(Salaving)$$

④ 从 mat_no 求物资名称、规格，可以用自然连接和投影操作组合而成。

$$\pi_{mat\_no,mat\_name,speci}(Stock \bowtie (\pi_{prj\_no,mat\_no}(Out\_stock))\div \pi_{prj\_no}(Salaving))$$

查询结果如图 2.12 所示。

（9）查询所用物资包含 20100016 号抢修工程所用全部物资的抢修工程号。

① 抢修工程使用的物资编号可用 $\pi_{prj\_no,mat\_no}(Out\_stock)$ 操作表示。

② 20100016 号抢修工程所用物资编号可用 $\pi_{mat\_no}(\sigma_{prj\_no='20100016'}(Out\_stock))$ 操作表示。

③ 所用物资包含 20100016 号抢修工程所用物资的抢修工程号可用除法操作求得，即

$$\pi_{prj\_no,mat\_no}(Out\_stock)\div \pi_{mat\_no}(\sigma_{prj\_no='20100016'}(Out\_stock))$$

查询结果如图 2.13 所示。

mat_num	mat_name	speci
m001	护套绝缘电线	BVV-120

图 2.12　查询结果（7）

prj_no
20110005

图 2.13　查询结果（8）

查询语句的关系代数表达式的一般形式如下。

$$\pi_{\cdots}(\sigma_{\cdots}(R\times S)) \quad 或 \quad \pi_{\cdots}(\sigma_{\cdots}(R\bowtie S))$$

首先把查询涉及的关系取出,执行笛卡儿积或自然连接操作得到一张大的表格,然后对大表格执行水平分割(选择操作)和垂直分割(投影操作)。

2.3.4 关系代数的扩充操作 ▶

为了使关系代数运算能真实地模拟用户的查询,对关系代数操作要进行扩充,其中一个重要的扩充就是增加了外连接,使关系代数表达式可以对表示缺失信息的空值进行处理。

1. 外连接

为了在操作时能保存将被舍弃的元组,提出"外连接(Outer Join)"操作。外连接操作有3种形式:左外连接,用 ⟕ 表示;右外连接,用 ⟖ 表示;全外连接,用 ⟗ 表示。

左外连接取出左侧关系中所有与右侧关系的任意元组都不匹配的元组,用空值填充所有来自右侧关系的属性,再把产生的元组加到自然连接的结果上。关系 R 和 S 分别如图 2.14(a)和图 2.14(b)所示,$R \bowtie S$ 结果如图 2.14(c)所示。在图 2.14(d)中,元组(b,d,f,NULL)就是这样的元组,所有来自左侧关系的信息在左外连接中都得到保留。

右外连接与左外连接相对称:用空值填充来自右侧关系的所有与左侧关系的任意元组都不匹配的元组,将产生的元组加到自然连接的结果上。图 2.14(e)中的(NULL,e,f,g)就是这样的元组。同时,所有来自右侧关系的信息在右外连接中都得到保留。

全外连接完成左外连接和右外连接的操作,既填充左侧关系中所有与右侧关系中任意元组都不匹配的元组,又填充右侧关系中与左侧关系中任意元组都不匹配的元组,并把产生的结果都加到自然连接的结果上。图 2.14(f)就是全外连接的例子。

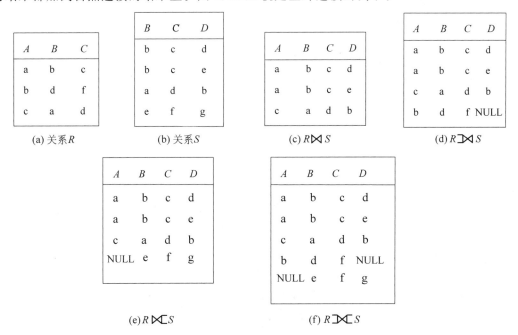

图 2.14 自然连接和外连接示例

2. 改名

在关系代数运算中,有时为了改变由运算构成的关系的命名和属性的命名,可以使用改名运算符。

改名运算符是 $\rho S(A_1, A_2, \cdots, A_n)(R)$,表示将关系 R 改名。在改名运算的结果中,新关

系名是 S，S 中的元组和关系 R 中的元组一样，S 中的属性从左至右依次命名为 A_1，A_2，$\cdots$，A_n。如果只是希望把关系改名为 S，属性名称仍然和 R 中的属性一样，那么此操作可写成 $\rho S(R)$。

例如，设有关系 $R(A,B)$ 和 $S(B,C,D)$，则 $R\times S$ 的属性应写成 A、$R.B$、$S.B$、C、D。进行改名操作后，$R\times S$ 可写成 $R\times\rho S(X,C,D)(S)$，其属性为 A、B、X、C、D，更为清晰。

如果有关系 $R(A,B)$ 和 $S(C,D)$，则 R 和 S 在 B、C 上的自然连接要写成 $\pi_{A,B,D}(R\underset{B=C}{\bowtie}S)$ 或 $\pi_{A,B,D}(\sigma_{B=C}(R\times S))$。进行改名操作后，可写成 $R\bowtie\rho S(B,D)(S)$ 形式。

3. 广义投影

广义投影允许在投影列表中使用算术函数对投影进行扩展，其形式为 $\pi_{F_1,F_2,\cdots,F_n}(R)$，这里 R 是任意的关系模式，F_1，F_2，$\cdots$，F_n 是涉及 R 模式中常量和属性的算术表达式。

【例 2.9】 在例 2.1 的关系 Stock(mat_no, mat_name, speci, warehouse, amount, unit, total) 中，编号为 m001 的物资单价提高 5%，可表示为

$$\pi_{mat\_no,\ mat\_name,speci,warehouse,amount,\ unit\times1.05,total}(\sigma_{mat\_no\ =\ 'm001'}(\text{Stock}))$$

4. 赋值

通过给临时变量赋值，可以把关系代数表达式分开书写，以便把复杂的表达式化整为零，变成简单的表达式。

赋值运算符是←，类似于计算机语言中的赋值运算符。但在关系代数中，赋值运算不是执行关系的操作，而是把赋值运算符右侧的表达式结果赋给左侧的关系，该关系可以在后续的表示式中继续使用。

关系 R 和 S 的除法操作可以用下面的操作步骤表示出来。

（1）TEMP1←$\pi_{1,2,\cdots,r-s}(R)$；

（2）TEMP2←(TEMP1×S)−R；

（3）TEMP3←$\pi_{1,2,\cdots,r-s}$(TEMP2)；

（4）$R\div S$←TEMP1-TEMP3。

有了赋值操作后，可以方便地表达插入、删除和修改操作。

（1）插入操作的表达式：R←$R\cup$EXPRESSION；

（2）删除操作的表达式：R←$R-$EXPRESSION。

在上面两个例子中，R 是一个关系；EXPRESSION 是一个关系代数表达式。

修改操作有两种方式，一种方式是把修改操作看作删除操作和插入操作的复合运算；另一种方式是把修改操作看作广义的投影方式，即 R←$\pi_{F_1,F_2,\cdots,F_n}(R)$。

5. 外部并

在前面定义两个关系 R 和 S 的并操作时，要求 R 和 S 具有相同的关系模式。如果 R 和 S 的关系模式不同，构成的新关系的属性由 R 和 S 的所有属性组成（公共属性只取一次），新关系的元组由属于 R 或属于 S 的元组构成，同时元组在新增加的属性上填充空值，这种操作称为"外部并（Outer Union）"操作。

【例 2.10】 对图 2.14 中关系 R 和 S 执行外部并操作，结果如图 2.15 所示。

A	B	C	D
a	b	c	NULL
b	b	f	NULL
c	a	d	NULL
NULL	b	c	d
NULL	b	c	e
NULL	a	d	b
NULL	e	f	g

图 2.15 外部并示例

6. 聚集操作

聚集操作是指输入一个值的集合,然后根据该值集合得到一个单一的值作为结果,常用的聚集操作有求最大值(MAX)、最小值(MIN)、平均值(AVG)、总和值(SUM)和计数值(COUNT)等。

【例 2.11】 在 Stock(mat_no,mat_name,speci,warehouse,amount,unit,total)中,求所有货物的总金额,表达式如下。

$$\text{SUM}_{\text{total}}(\text{Stock})$$

求单价大于 30 的物资种类,表达式如下。

$$\text{COUNT}_{(\text{mat\_no})}(\sigma_{\text{unit}>30}(\text{Stock}))$$

2.4 关系演算

把数理逻辑的谓词演算引入关系运算中,即可得到以关系演算为基础的运算。关系演算又可分为元组关系演算和域关系演算,前者以元组为变量,后者以属性(域)为变量。

2.4.1　元组关系演算 ▶

在元组关系演算(Tuple Relation Calculus)中,元组关系演算表达式简称为元组表达式,其一般形式为

$$\{t \mid P(t)\}$$

其中,t 为元组变量,表示一个元数固定的元组;P 为公式,在数理逻辑中也称为谓词,也就是计算机语言中的条件表达式;$\{t \mid P(t)\}$ 表示满足公式 P 的所有元组 t 的集合。

1. 原子公式和公式的定义

在元组表达式中,公式由原子公式组成。

定义 2.4 原子公式(Atoms)有以下 3 种形式。

(1) $R(s)$。R 为关系名;s 为元组变量。$R(s)$ 表示"s 是关系 R 的一个元组"命题。

(2) $s[i]\theta u[j]$。s 和 u 为元组变量;θ 为算术比较运算符;$s[i]$ 和 $u[j]$ 分别为 s 的第 i 个分量和 u 的第 j 个分量。$s[i]\theta u[j]$ 表示"元组 s 的第 i 个分量和 u 的第 j 个分量之间满足 θ 关系"命题。

(3) $s[i]\theta\alpha$ 或 $\alpha\theta u[j]$。α 为常量。$s[i]\theta\alpha$ 表示"元组 s 的第 i 个分量值与常量 α 之间满足 θ 关系"命题。

例如,$s[1]<u[2]$ 表示元组 s 的第 1 个分量值必须小于元组 u 的第 2 个分量值;$s[4]=3$ 表示元组 s 的第 4 个分量值为 3。

在定义关系演算操作时,需要用到"自由"(Free)和"约束"(Bound)变量概念。在一个公式中,如果元组变量未用存在量词或全称量词(符号定义),那么称为自由元组变量,否则称为约束元组变量。约束变量类似于程序设计语言中在过程内部定义的局部变量,自由变量类似于在过程外部定义的外部变量或全局变量。

定义 2.5 公式(Formula)的递归定义如下。

(1) 每个原子是一个公式,其中元组变量是自由变量。

(2) 如果 P_1 和 P_2 是公式,那么 $\neg P_1$、$P_1 \lor P_2$、$P_1 \land P_2$ 和 $P_1 \Rightarrow P_2$ 也都是公式,它们分别表示下列命题:"P_1 不为真""P_1 或 P_2 为真""P_1 和 P_2 都为真""若 P_1 为真,则 P_2

必然为真"。公式中元组变量的自由约束性质与在 P_1 和 P_2 中一样,仍然是自由的或约束的。

(3) 如果 P_1 是公式,那么 $(\exists s)(P_1)$ 和 $(\forall s)(P_1)$ 也都是公式。其中,s 是公式 P_1 中的自由元组变量,在 $(\exists s)(P_1)$ 和 $(\forall s)(P_1)$ 中称为约束元组变量。这两个公式分别表示"存在一个元组 s 使公式 P_1 为真"和"对于所有元组 s 都使公式 P_1 为真"命题。公式中其他元组的自由约束性与 P_1 中的一样。

公式中各种运算符的优先级:①算术比较运算符最高;②量词次之,且 $\exists$ 的优先级高于 $\forall$ 的优先级;③逻辑运算符最低,且 $\neg$ 的优先级高于 $\wedge$ 的优先级,$\wedge$ 的优先级高于 $\vee$ 的优先级;④加括号时,括号中的运算符优先,同一括号内的运算符的优先级遵循上述各项。

公式只能由上述形式构成,除此之外构成的都不是公式。

在元组表达式 $\{t \mid P(t)\}$ 中,t 是 $P(t)$ 中唯一的自由元组变量。

【例 2.12】 关系 R 和 S 分别如图 2.16(a) 和图 2.16(b) 所示,以下 5 个元组表达式的值如图 2.16(c)～图 2.16(g) 所示。

$$R_1 = \{t \mid S(t) \wedge t[1] > 2\}$$
$$R_2 = \{t \mid R(t) \wedge \neg S(t)\}$$
$$R_3 = \{t \mid (\exists u)(S(t) \wedge R(u) \wedge t[3] < u[2])\}$$
$$R_4 = \{t \mid (\forall u)(R(t) \wedge S(u) \wedge t[3] > u[1])\}$$
$$R_5 = \{t \mid (\exists u)(\exists v)(R(u) \wedge S(v) \wedge u[1] > v[2] \wedge t[1]$$
$$= u[2] \wedge t[2] = v[3] \wedge t[3] = u[1])\}$$

A	B	C
1	2	3
4	5	6
7	8	9

(a) 关系R

A	B	C
1	2	3
3	4	6
5	6	9

(b) 关系S

A	B	C
3	4	6
5	6	9

(c) R_1

A	B	C
4	5	6
7	8	9

(d) R_2

A	B	C
1	2	3
3	4	6

(e) R_3

A	B	C
4	5	6
7	8	9

(f) R_4

$R.B$	$S.C$	$R.A$
5	3	4
8	3	7
8	6	7
8	9	7

(g) R_5

图 2.16　元组关系演算示例

在元组关系演算的公式中,有以下 3 个等价的转换规则。

(1) $P_1 \wedge P_2$ 等价于 $\neg(\neg P_1 \vee \neg P_2)$;$P_1 \vee P_2$ 等价于 $\neg(\neg P_1 \wedge \neg P_2)$。

(2) $(\forall s)(P_1(s))$ 等价于 $\neg(\exists s)(\neg P_1(s))$;$(\exists s)(P_1(s))$ 等价于 $\neg(\forall s)(\neg P_1(s))$。

(3) $P_1 => P_2$ 等价于 $\neg P_1 \vee P_2$。

2. 关系代数表达式到元组表达式的转换

关系代数表达式可以等价地转换为元组表达式。由于所有关系代数表达式都能用 5 个基本操作组合而成,因此只要把 5 个基本操作用元组演算表达就可以了。

设关系 R 和 S 都是三元关系,那么关系 R 和 S 的 5 个基本操作可直接转换为等价的元组关系演算表达式。

$R \cup S$ 可用 $\{t | R(t) \vee S(t)\}$ 表示。

$R - S$ 可用 $\{t | R(t) \wedge \neg S(t)\}$ 表示。

$R \times S$ 可用 $\{t | (\exists u)(\exists v)(R(u) \wedge S(v) \wedge t[1] = u[1] \wedge t[2] = u[2] \wedge t[3] = u[3] \wedge t[4] = v[1] \wedge t[5] = v[2] \wedge t[6] = v[3])\}$ 表示。

设投影操作是 $\pi_{2,3}(R)$，那么元组表达式可写为

$$\{t | (\exists u)(R(u) \wedge t[1] = u[2] \wedge t[2] = u[3])\}$$

$\sigma_F(R)$ 可用 $\{t | R(t) \wedge F'\}$ 表示，F' 是 F 的等价表达形式。例如，$\sigma_{2='d'}(R)$ 可写为 $\{t | (R(t) \wedge t[2] = 'd')\}$。

【例 2.13】 设关系 R 和 S 都是二元关系，把关系代数表达式 $\pi_{1,4} = (\sigma_{2=3}(R \times S))$ 转换为元组演算表达式的过程（从里向外进行）如下。

(1) $R \times S$ 可用 $\{t | (\exists u)(\exists v)(R(u) \wedge S(v) \wedge t[1] = u[1] \wedge u[2] = u[2] \wedge u[3] = v[1] \wedge t[4] = v[2])\}$ 表示。

(2) 对于 $\sigma_{2=3}(R \times S)$，只要在上述表达式的公式中加上 $\wedge t[2] = t[3]$ 即可。

(3) 对于 $\pi_{1,4} = (\sigma_{2=3}(R \times S))$，可得到以下元组表达式。

$$\{w | (\exists t)(\exists u)(\exists v)(R(u) \wedge S(v) \wedge t[1] = u[1] \wedge t[2] = u[2] \wedge t[3] = v[1] \wedge t[4]$$
$$= v[2] \wedge t[2] = t[3] \wedge w[1] = t[1] \wedge w[2]$$
$$= t[4])\}$$

(4) 化简，去掉元组变量 t，可得

$$\{w | (\exists u)(\exists v)(R(u) \wedge S(v) \wedge u[2] = v[1] \wedge w[1] = u[1] \wedge w[2] = v[2])\}$$

【例 2.14】 对于例 2.1 的关系模式：

Salvaging(prj_no,prj_name,start_date,end_date,Prj_status)

Stock(mat_no,mat_name,speci,warehouse,amount,unit,total)

Out_stock(prj_no,mat_no,amount,get_date,department)

例 2.8 中查询语句的关系代数表达式形式也可以用元组表达式形式表示，具体如下。

(1) 查询所有规格的护套绝缘电线的物资编号、库存地点及库存数量。

$\{t | (\exists u)(Stock(u) \wedge u[2] = '护套绝缘电线' \wedge t[1] = u[1] \wedge t[2] = u[4] \wedge t[3] = u[5])\}$

(2) 查询规格为 BVV-120 的护套绝缘电线的物资编号、库存地点及库存数量。

$\{t | (\exists u)(Stock(u) \wedge u[2] = '护套绝缘电线' \wedge u[3] = 'BVV-120' \wedge t[1] = u[1] \wedge t[2] = u[4] \wedge t[3] = u[5])\}$

(3) 查询 20100015 号抢修项目所使用的物资名称。

$\{t | (\exists u)(\exists v)(Stock(u) \wedge Out\_stock(v) \wedge v[1] = '20100015' \wedge u[1] = v[2] \wedge t[1] = u[2])\}$

这里 $u[1] = v[2]$ 是 Stock 和 Out_stock 关系进行自然连接操作的条件，在公式中不可缺少。

(4) 查询使用了护套绝缘电线的所有抢修项目编号、名称、所用物资编号及规格。

$\{t | (\exists u)(\exists v)(\exists w)(Stock(u) \wedge Out\_stock(v) \wedge Salvaging(w) \wedge u[2] = '护套绝缘电线' \wedge u[1] = v[2] \wedge v[1] = w[1] \wedge t[1] = w[1] \wedge t[2] = w[2] \wedge t[3] = u[1] \wedge t[4] = u[3])\}$

2.4.2 域关系演算

1. 域关系演算表达式

域关系演算（Domain Relational Calculus）类似于元组关系演算，不同之处是用域变量代替元组变量的每个分量，域变量的变化范围是某个值域，而不是一个关系。用户可以像元组关系演算一样定义域关系演算的原子公式和公式。

原子公式有以下两种形式。

（1）$R(x_1, x_2, \cdots, x_k)$。R 是一个 k 元关系，每个 x_i 是常量或域变量。

（2）$x\theta y$。x、y 是常量或域变量，但至少有一个是域变量；θ 是算术比较符。

在域关系演算的公式中可以使用 $\wedge$、$\vee$、$\neg$ 和 $=>$ 运算符，也可以使用 $(\exists x)$ 和 $(\forall x)$ 形成新的公式，但变量 x 是域变量，不是元组变量。

域关系演算的自由域变量、约束域变量等概念和在元组关系演算中一样，这里不再重复。域关系演算表达式形如 $\{t_1, t_2, \cdots, t_k \mid P(t_1, t_2, \cdots, t_k)\}$，其中 $P(t_1, t_2, \cdots, t_k)$ 为关于自由域变量 $t_1, t_2, \cdots, t_k$ 的公式。

【例 2.15】 有 3 个关系 R、S、W，分别求以下 3 个域表达式的值，如图 2.17 所示。

$R_1 = \{xyz \mid R(xyz) \wedge x<5 \wedge y>3\}$

$R_2 = \{xyz \mid R(xyz) \vee S(xyz) \wedge y=4\}$

$R_3 = \{xyz \mid (\exists u)(\exists v)R(zxu) \wedge W(yv) \wedge u>v\}$

A	B	C
1	2	3
4	5	6
7	8	9

(a) 关系 R

A	B	C
1	2	3
3	4	6
5	6	9

(b) 关系 S

D	E
7	5
4	8

(c) 关系 W

A	B	C
4	5	6

(d) R_1

A	B	C
1	2	3
4	5	6
7	8	9
3	4	6

(e) R_2

B	D	A
5	7	4
8	7	7
8	4	7

(f) R_3

图 2.17 域关系演算示例

2. 元组表达式到域表达式的转换

用户可以很容易地把元组表达式转换为域表达式，转换规则如下。

（1）对于 k 元的元组变量，可引入 k 个域变量 $t_1, t_2, \cdots, t_k$，在公式中用 $t_1, t_2, \cdots, t_k$ 替换 t，用 t_i 替换元组分量 $t[i]$。

（2）对于每个量词 $(\exists u)$ 或 $(\forall u)$，若 u 是 m 元的元组变量，则引入 m 个新的域变量 $u_1, u_2, \cdots, u_m$。在量词的辖域内，用 $u_1, u_2, \cdots, u_m$ 替换 u，用 u_i 替换 $u[i]$，用 $(\exists u_1)\cdots(\exists u_m)$ 替换 $(\exists u)$，用 $(\forall u_1)\cdots(\forall u_m)$ 替换 $(\forall u)$。

【例 2.16】 对于例 2.14 的查询，可转换为域表达式。

查询所有规格的护套绝缘电线的物资编号、库存地点及库存数量。

$\{t[1]t[2]t[3] \mid (\exists u[1]u[2]u[3]u[4]u[5]u[6]u[7])(\text{Stock}(u[1]u[2]u[3]u[4]$

$u[5]u[6]u[7]) \wedge u[2] = $ '护套绝缘电线' $\wedge t[1]=u[1] \wedge t[2]=u[4] \wedge t[3]=u[5])\}$

读者可以自己写出其他一些查询语句的域表达式。

2.4.3 关系演算的安全约束和等价性

1. 关系演算的安全性

在关系代数中,基本操作是并、差、笛卡儿积、投影和选择,没有集合的"补"操作,因此关系代数运算总是安全的。

关系演算则不然,可能会出现无限关系和无穷验证问题。例如,元组表达式 $\{t | \neg R(t)\}$ 表示所有不在关系 R 中元组的集合,这是一个无限关系。验证公式 $(u)(P_1(u))$ 为假时,必须对所有可能的元组 u 进行验证,当所有 u 都使 $P_1(u)$ 为假时才能断定公式 $(u)(P_1(u))$ 为假。验证公式 $(u)(P_1(u))$ 为真也是这样,当所有可能的 u 使 $P_1(u)$ 为真时,才能断定公式 $(u)(P_1(u))$ 为真,这实际上是行不通的。一方面,计算机的存储空间是有限的,不可能存储无限关系;另一方面,在计算机上进行无穷验证永远得不到结果。因此,我们必须采取措施,防止无限关系和无穷验证的出现。

定义 2.6 在数据库技术中,不产生无限关系和无穷验证的运算称为安全运算,相应的表达式称为安全表达式,所采取的措施称为安全约束。

在关系演算中,必须有安全约束的措施,关系演算表达式才是安全的。

对于元组表达式 $\{t | P(t)\}$,将公式 $P(t)$ 的"域"(Domain)定义为出现在公式 $P(t)$ 中的常量和关系的所有属性值组成的集合,记为 $\text{DOM}(P)$,它是有限的。例如,$P(t)$ 为 $t[1]=$ 'a' $\vee R(t)$,R 是二元关系,那么 $\text{DOM}(P)=\{a\} \bigcup \pi_1(R) \bigcup \pi_2(R)$。

安全的原则表达式 $\{t | P(t)\}$ 应满足以下 3 个条件。

(1) 表达式的元组 t 中出现的所有值均来自 $\text{DOM}(P)$。

(2) 对于 $P(t)$ 中的每个形如 $(u)(P_1(u))$ 的子公式,如果元组 u 使 $P_1(u)$ 为真,那么 u 的每个变量必是 $\text{DOM}(P_1)$ 的元素。换言之,如果 u 有某个分量不属于 $\text{DOM}(P_1)$,那么 $P_1(u)$ 为假。

(3) 对于 $P(t)$ 中的每个形如 $(u)(P_1(u))$ 的子公式,如果元组 u 使 $P_1(u)$ 为假,那么 u 的每个分量必是 $\text{DOM}(P_1)$ 的元素。换言之,如果 u 有某个分量不属于 $\text{DOM}(P_1)$,那么 $P_1(u)$ 必为真。

条件(2)和条件(3)能够保证:只要考虑 $\text{DOM}(P_1)$ 中元素组成的元组 u,就能决定公式 $(u)(P_1(u))$ 的值为真还是为假。

类似地,也可以定义安全的域演算公式。

2. 关系运算的等价性

并、差、笛卡儿积、投影和选择是关系代数最基本的操作,并构成了关系代数运算的最小完备集。已经证明,在这个基础上,关系代数、安全的元组关系演算、安全的域关系演算在关系的表达和操作能力上是完全等价的。

关系运算主要有关系代数、元组关系演算和域关系演算 3 种,相应的关系查询语言也已研制出来,它们典型的代表是 ISBL、QUEL 和 QBE 语言。

ISBL(Information System Base Language)是由 IBM 公司英格兰底特律科学中心于 1976 年研制出来的,用于 PRTV(Peter Relational Test Vehicle)实验系统。

QUEL(Query Language)是加利福尼亚大学伯克利分校研制的关系数据库系统 INGERS

的查询语言,1975 年投入运行,并由美国关系技术公司制成商品推向市场。QUEL 是一种基于元组关系演算的并具有完善的数据定义、检索、更新等功能的数据语言。

QBE(Query by Example,按例查询)语言是一种特殊的屏幕编辑语言。QBE 语言是由 M. M. Zloof 提出的,是在美国约克镇 IBM 高级研究实验室为图形显示终端用户设计的一种域演算语言,1978 年在 IBM 370 上实现。QBE 语言使用起来很方便,属于人机交互语言,用户可以是缺乏计算机知识和数学基础的非程序员用户。目前,QBE 语言的思想已渗入许多 DBMS。

另外,还有一种语言——SQL,它是介于关系代数和元组演算之间的一种关系查询语言,现已成为关系数据库的标准语言,我们将在第 3 章详细介绍。

小结

关系运算理论是关系数据库查询语言的理论基础,只有掌握了关系运算理论,才能深刻地理解查询语言的本质和熟练地使用查询语言。

关系定义为元组的集合,但关系又有特殊的性质。关系模型必须遵循实体完整性规则、参照完整性规则和用户定义完整性规则。

关系查询语言属于非过程化语言,但关系代数语言的非过程性较弱。

扫一扫

自测题

习题 2

一、选择题

1. 当关系有多个候选码时,选定一个作为主键,若主键为全码,应包含(　　　)。
   A. 单个属性　　　　　　　　　　　　B. 两个属性
   C. 多个属性　　　　　　　　　　　　D. 全部属性

2. 在基本的关系中,下列说法中正确的是(　　　)。
   A. 与行列顺序有关　　　　　　　　　B. 属性名允许重名
   C. 任意两个元组不允许重复　　　　　D. 列是非同质的

3. 根据关系的完整性规则,一个关系中的主键(　　　)。
   A. 不能有两个　　　　　　　　　　　B. 不可以作为其他关系的外部键
   C. 可以取空值　　　　　　　　　　　D. 不可以是属性组合

4. 关系数据库用(　　　)实现数据之间的联系。
   A. 关系　　　　　　　　　　　　　　B. 指针
   C. 表　　　　　　　　　　　　　　　D. 公共属性(外键)

5. 关系的性质是(　　　)。
   A. 关系中每列的分量可以是不同类型的数据
   B. 关系中列的顺序改变,则关系的含义变更
   C. 关系中不允许任意两个元组的对应属性值完全相同
   D. 关系来自笛卡儿积的全部元组

6. 关系代数的 5 个基本操作是(　　　)。
   A. 并、交、差、笛卡儿积、除　　　　　　　B. 并、交、选取、笛卡儿积、

C. 并、交、选取、投影、除 　　　　D. 并、差、选取、笛卡儿积、投影

7. 关系代数的 4 个组合操作是(　　)。

　　A. 交、连接、自然连接、除

　　B. 投影、连接、选取、除

　　C. 投影、自然连接、选取、除

　　D. 投影、自然连接、选取、连接

8. 设有四元关系 $R(A,B,C,D)$,则(　　)。

　　A. $\pi_{A,C}(R)$ 由属性值为 A、C 的两列组成

　　B. $\pi_{1,3}(R)$ 由属性值为 1、3 的两列组成

　　C. $\pi_{1,3}(R)$ 与 $\pi_{A,C}(R)$ 是等价的

　　D. $\pi_{1,3}(R)$ 与 $\pi_{A,C}(R)$ 是不等价的

9. 设有四元关系 $R(A,B,C,D)$,三元关系 $S(B,C,D)$,则 $R \times S$ 构成的结果集为(　　)元关系。

　　A. 四 　　　　　　　　　　　　　B. 三

　　C. 七 　　　　　　　　　　　　　D. 六

10. 当两个关系没有公共属性时,其自然连接操作的结果表现为(　　)。

　　A. 结果为空关系 　　　　　　　　B. 笛卡儿积

　　C. 等值连接操作 　　　　　　　　D. 无意义的操作

二、综合题

1. 假设关系 U 和 V 分别有 m 个和 n 个元组,给出下列表达式中可能的最小和最大元组数量:

(1) $U \cap V$; 　　　　　　　　　　(2) $U \cup V$;

(3) $U \bowtie V$; 　　　　　　　　　(4) $\sigma_F(U) \times V$(F 为某个条件);

(5) $\pi_L(U) - V$(其中 L 为某个属性组)。

2. 给定关系 R 和 S,如图 2.18 所示。

试计算下列表达式结果:

(1) $\pi_{3,4}(R) \cup \pi_{1,2}(S)$;

(2) $\pi_{3,4}(R) - \pi_{1,2}(S)$;

(3) $\sigma_{A='A2'}(R)$;

(4) $R \underset{c}{\bowtie} S$,其中 c 为 $(R.C = S.C) \wedge (R.D = S.D)$;

(5) $R \div S$;

(6) $(\pi_{1,2}(R) \times \pi_{1,2}(S)) - R$。

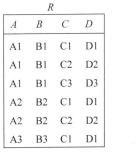

图 2.18　关系 R 和 S

3. 设有 3 个关系:

S(S♯,SNAME,SEX,AGE)

SC(S♯,C♯,GRADE)

C(C♯,CNAME,TEACHER)

试用关系代数表达式、元组关系演算表达式表示下列查询语句:

(1) 查询 LIU 老师所授课程的课程号和课程名;

(2) 查询年龄大于 23 岁的男同学的学号和姓名;

（3）查询学号为 S3 的学生所学课程的课程名与任课教师姓名；

（4）查询至少选修 LIU 老师所授的一门课程的女学生姓名；

（5）查询 WANG 同学不学课程的课程号；

（6）查询至少选修两门课的学生的学号；

（7）查询全部学生都选修的课程的课程号与课程名；

（8）查询选修课程中包含 LIU 老师所授全部课程的学生的学号。

4. 假设数据库中有 4 张表，即客户表（Customers）、代理人表（Agents）、产品表（Products）和订单表（Orders）。

客户表（Customers）中各属性的含义如下：

- Cid：客户编号；
- Cname：客户姓名；
- City：客户所在城市。

代理人表（Agents）中各属性的含义如下：

- Aid：代理人编号；
- Aname：代理人姓名；
- City：代理人所在城市。

产品表（Products）中各属性的含义如下：

- Pid：产品编号；
- Pname：产品名称；
- Quantity：产品销售数量；
- Price：产品单价。

订单表（Orders）中各属性的含义如下：

- Ord_no：订单号；
- Month：订货月份；
- Cid：客户编号；
- Aid：代理人编号；
- Pid：产品编号；
- Qty：订货数量；
- Amount：订货总金额。

各表中的数据如表 2.8～表 2.11 所示。

表 2.8　客户表（Customers）

Cid	Cname	City
C001	詹三	杭州
C002	王勇	上海
C003	李晓红	上海
C004	赵子凡	杭州
C006	钱立	南京

表 2.9　代理人表（Agents）

Aid	Aname	City
A01	赵龙	北京
A02	张建国	深圳
A03	李林	广州
A04	陈娟	北京
A05	林子	杭州
A06	吴文俊	上海

表 2.10 产品表（Products）

Pid	Pname	Quantity	Price
P01	笔袋	111400	5.50
P02	尺子	203000	0.50
P03	橡皮	150600	0.50
P04	水笔	125300	1.00
P05	铅笔	221400	1.00
P06	涂改液	123100	2.00
P07	水彩笔	100500	1.00

表 2.11 订单表（Orders）

Ord_no	Month	Cid	Aid	Pid	Qty	Amount
1011	1	C001	A01	P01	1000	5500.00
1012	2	C001	A01	P01	1000	5500.00
1019	2	C001	A02	P02	400	200.00
1017	2	C001	A06	P03	600	300.00
1018	2	C001	A03	P04	600	600.00
1023	3	C001	A04	P05	500	500.00
1022	3	C001	A05	P06	400	800.00
1025	4	C001	A05	P07	800	800.00
1013	1	C002	A03	P03	1000	500.00
1026	5	C002	A05	P03	800	400.00
1015	1	C003	A03	P05	1200	1200.00
1014	3	C003	A03	P05	1200	1200.00
1021	2	C004	A06	P01	1000	5500.00
1016	1	C006	A01	P01	1000	5500.00
1020	2	C006	A03	P07	600	600.00
1024	3	C006	A06	P01	800	4400.00

试用关系代数表达式表示下列查询语句,并写出查询结果:

(1) 查询 C006 客户所订产品的清单;

(2) 查询所有订购 P01 产品的客户姓名;

(3) 查询订购产品价格为 0.50 元且订货数量在 500 以上的客户姓名;

(4) 查询没有订购 P01 产品的客户姓名;

(5) 查询客户和其代理人在同一个城市的客户编号、客户姓名、代理人编号、代理人姓名以及所在城市;

(6) 查询南京的客户通过北京的代理订购的所有产品编号;

(7) 查询订购了所有单价为 1.00 元产品的客户编号。

第3章

CHAPTER 3

结构化查询语言

扫一扫

视频讲解

3.1 SQL 概述

结构化查询语言(SQL)是关系数据库的标准语言,是一种数据库查询和程序设计语言,用于存取数据以及查询、更新和管理关系数据库系统。

3.1.1 SQL 的发展 ▶

SQL 是 1974 年由 Boyce 和 Chamberlin 提出的,并在 IBM 公司的关系数据库系统 System R 上实现。由于它功能丰富、简单易学、使用方便,所以深受用户和计算机工业界的欢迎,被众多数据库厂商所采用。

1986 年 10 月,美国国家标准局(American National Standard Institute,ANSI)的数据库委员会 X3H2 批准了 SQL 作为关系数据库语言的美国标准,同年公布了 SQL 标准(简称 SQL-86)。1987 年,国际标准化组织(International Organization for Standardization,ISO)也通过了这一标准。随着数据库技术的发展,ANSI 也不断修改和完善 SQL 标准,并于 1989 年公布了 SQL-89 标准,于 1992 年公布了 SQL-92 标准,于 1999 年公布了 SQL-99(SQL 3)标准,之后又公布了 SQL:2003、SQL:2008、SQL:2011、SQL:2016 以及 SQL:2019 标准,而且 SQL 标准的内容也越来越多。

自 SQL 成为国际标准语言以来,各个数据库厂家纷纷推出各自的 SQL 软件或与 SQL 的接口软件。这就使大多数数据库均使用 SQL 作为共同的数据存放语言和标准接口,使不同数据库系统之间的互相操作有了共同的基础。此外,SQL 成为国际标准,对数据库以外的领域也产生了很大影响,有不少软件产品将 SQL 的数据查询功能与图形功能、软件工程工具、软件开发工具、人工智能程序结合起来。SQL 已成为数据库领域中的一门主流语言,被广泛应用在商用系统中,现已成为数据开发的标准语言。

3.1.2 SQL 的特点 ▶

SQL 是一种通用的、功能强大同时又简单易学的关系数据库语言,集数据查询(Data Query)、数据操纵(Data Manipulation)、数据定义(Data Definition)和数据控制(Data Control)四大功能于一体,主要特点如下。

1. 综合统一

数据库系统的主要功能是通过数据库支持的数据语言来实现的。

非关系模型的数据语言一般都分为模式数据定义语言（Schema Data Definition Language，模式 DDL）、外模式数据定义语言（Subschema Data Definition Language，外模式 DDL 或子模式 DDL）、与数据存储有关的描述语言（Data Storage Description Language，DSDL）及数据操纵语言（DML），分别用于定义模式、外模式、内模式和进行数据的存取与处置。其缺点是当用户数据库投入运行后，如果需要修改模式，必须停止现有数据库的运行，转储数据，修改模式，编译后再重新装载数据库，非常麻烦。

SQL 集数据定义语言（DDL）、数据操纵语言（DML）、数据控制语言（DCL）的功能于一体，语言风格统一，可以独立完成数据库生命周期中的全部活动，包括定义关系模式、录入数据以及建立数据库、查询、更新、维护、数据库重构、数据库安全性控制等一系列操作要求，这就为数据库应用系统开发提供了良好的环境。例如，用户在数据库投入运行后还可根据需要修改模式，并且不影响数据库的运行，从而使系统具有良好的可扩充性。

2. 高度非过程化

非关系数据模型的数据操纵语言是面向过程的语言，若要完成某项请求，必须指定正确的存储路径，而 SQL 是高度非过程化语言，当进行数据操作时，只要指出"做什么"，无须指出"怎么做"，存储路径对用户来说是透明的。因此，用户无须了解存储路径，存储路径的选择以及 SQL 语句的操作过程由系统自动完成，减轻了用户的负担，有利于提高数据独立性。

3. 面向集合的操作方式

非关系数据模型采用的是面向记录的操作方式，操作对象是一条记录。例如，查询所有库存量小于 10 的配电物资，用户必须一条一条地把满足条件的记录找出来（通常要说明具体处理过程，即按照哪条路径、如何循环等），而 SQL 采用集合操作方式，不仅操作对象、查找结果可以是元组的集合，而且一次插入、删除、更新操作的对象也可以是元组的集合。

4. 用同一种语法结构提供两种使用方式

SQL 有两种使用方式，一种是作为独立的自含式语言，它能够独立地用于联机交互，用户可以在终端键盘上直接输入 SQL 命令对数据库进行操作；另一种是作为嵌入式语言，SQL 语句能够嵌入高级语言（如 C、C++、Java）程序中供程序员设计程序时使用，而在两种不同的使用方式下，SQL 的语法结构基本上是一致的。这种以统一的语法结构提供两种不同的使用方式的做法为用户提供了极大的灵活性与方便性。

5. 语言简洁，易学易用

SQL 功能极强，语言十分简洁，其核心功能只用了 9 个动词（见表 3.1），接近英语口语，因此易学易用。

表 3.1 SQL 功能的实现动词

SQL 功能	实 现 动 词	SQL 功能	实 现 动 词
数据查询	SELECT	数据操纵	INSERT、UPDATE、DELETE
数据定义	CREATE、DROP、ALTER	数据控制	GRANT、REVOKE

3.1.3 SQL 的基本概念 ▶

SQL 支持关系数据库三级模式结构，如图 3.1 所示。其中，外模式对应于视图（View）

和部分基本表(Base Table)；模式对应于基本表；内模式对应于存储文件(Stored File)。

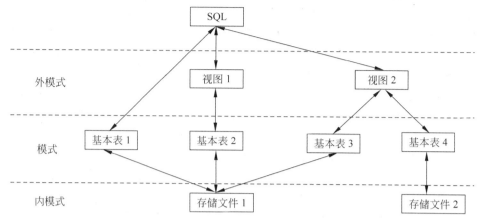

图 3.1　SQL 对关系数据库模式的支持

（1）可以用 SQL 语句对视图和基本表进行查询等操作。在用户看来,视图和基本表是一样的,都是关系(即表)。

（2）基本表是本身独立存在的表,是实际存储在数据库中的表。在 SQL 中,一个关系对应一张表。

（3）视图是从基本表或其他视图中导出来的表,它本身不独立存储在数据库中。也就是说,数据库中只存放视图的定义,不存放视图的数据,这些数据仍存放在导出视图的基本表中,因此视图是一个虚表。

（4）存储文件的逻辑结构组成了关系数据库的内模式,存储文件的物理结构是任意的,对用户是透明的。

扫一扫

视频讲解

3.2　数据定义语句

关系数据库系统支持三级模式结构,其模式、外模式和内模式中的基本对象有表、视图和索引。因此,SQL 的数据定义功能包括定义表、定义视图和定义索引,如表 3.2 所示。

表 3.2　SQL 的数据定义语句

操 作 对 象	操 作 方 式		
	创 建	删 除	修 改
表	CREATE TABLE	DROP TABLE	ALTER TABLE
视图	CREATE VIEW	DROP VIEW	ALTER VIEW
索引	CREATE INDEX	DROP INDEX	ALTER INDEX

本节只介绍如何定义基本表,视图的概念及其定义方法将在 3.5 节中详细阐述,索引的概念及其定义方法将在后续章节详细阐述。

3.2.1　基本表的定义 ▶

建立数据库最基本、最重要的一步就是定义一些基本表。SQL 使用 CREATE TABLE 语句定义基本表,一般语法格式如下。

```
CREATE TABLE <表名> (<列名><数据类型>[列级完整性约束条件]
                    [,<列名><数据类型>[列级完整性约束条件]]…
                    [,<表级完整性约束条件>]);
```

其中,<表名>是所要定义的基本表的名称,它可以由一个或多个属性(列)组成;括号中是该表的各个属性列,此时需要说明各属性列的数据类型;在创建表的同时通常还可以定义与该表有关的完整性约束条件,这些完整性约束条件被存入系统的数据字典中,当用户操作表中的数据时,由 DBMS 自动检查该操作是否违背了这些完整性约束条件。如果完整性约束条件涉及该表的多个属性列,则必须定义在表级,否则既可以定义在列级,也可以定义在表级。

本章的所有示例均根据电力抢修工程数据库进行讲解,该数据库的结构见第 2 章的例 2.1,假设已经创建了 sampledb 数据库。

【例 3.1】 建立一个抢修工程计划表(Salvaging),它由工程项目编号(prj_num)、工程项目名称(prj_name)、工程开始日期(start_date)、工程结束日期(end_date)、是否按期完成(prj_status)共 5 个属性组成。

```
use sampledb;
CREATE TABLE Salvaging
(    prj_num char(8) PRIMARY KEY,              -- 列级完整性约束,prj_num 是主键
     prj_name varchar(50),
     start_date datetime,
     end_date datetime,
     prj_status bit
);
```

系统执行上述 CREATE TABLE 语句后,在数据库中建立一个新的空表 Salvaging,并将有关 Salvaging 表的定义及约束条件存放在数据字典中。

【例 3.2】 建立一个配电物资库存记录表(Stock)。

```
use sampledb;
CREATE TABLE Stock
(    mat_num char(4)   PRIMARY KEY,        -- 列级完整性约束,mat_num 是主键
     mat_name varchar(50)   NOT NULL,      -- mat_name 不允许取空值
     speci varchar(20)   NOT NULL,         -- speci 不允许取空值
     warehouse char(20),
     amount int,
     unit decimal(18,2),
     CHECK(mat_num like'[m][0-9][0-9][0-9]')
                        -- mat_num 属性列的 CHECK 约束,要求第 1 位为字符 m,后 3 位为数字
);
```

【例 3.3】 建立一个配电物资领料出库表(Out_stock)。

```
use sampledb;
CREATE TABLE Out_stock
(    prj_num char(8),
     mat_num char(4),
     amount int,
     get_date datetime   default now(),   -- now()为系统时间,SQL Server 中该函数为 getdate()
     department char(20),
     PRIMARY KEY(prj_num,mat_num),        -- 主键由两个属性构成,必须作为表级完整性约束
```

```
FOREIGN KEY(prj_num) REFERENCES salvaging(prj_num),
            -- 表级完整性约束条件,prj_num 是外键,被参照表是 Salvaging
FOREIGN KEY(mat_num) REFERENCES stock(mat_num)
            -- 表级完整性约束条件,mat_num 是外键,被参照表是 Stock
);
```

在定义表的各个属性时,需要指明其数据类型及长度。需要注意,不同的 RDBMS 支持的数据类型不完全相同。本书附录 A 中详细列举了 MySQL 8.0 提供的一些系统数据类型。

3.2.2 基本表的修改 ▶

在基本表建立之后,用户可以根据实际需要对基本表的结构进行修改。SQL 用 ALTER TABLE 语句修改基本表,一般语法格式为

```
ALTER TABLE <表名>
[ADD <新列名><数据类型>｜[完整性约束]]
[DROP COLUMN <列名>  ｜<完整性约束名>]
[MODIFY COLUMN <列名>  <数据类型> <完整性约束>]
```

其中,<表名>是要修改的基本表名称;ADD 子句用于增加新列和新的完整性约束条件;DROP 子句用于删除指定列和指定的完整性约束条件;MODIFY 子句用于修改原先的列名和数据类型。

说明:SQL Server 中,修改列名的关键字是 ALTER。

【例 3.4】 向抢修工程计划表(Salvaging)中增加"工程项目负责人"列(prj_director),数据类型为字符型。

```
ALTER TABLE Salvaging ADD prj_director varchar(10);
```

注意:无论基本表中原来是否已有数据,新增加的列一律为空值。

【例 3.5】 删除抢修工程计划表(Salvaging)中"工程项目负责人"属性列(prj_director)。

```
ALTER TABLE Salvaging DROP COLUMN prj_director;
```

【例 3.6】 将配电物资领料出库表(Out_stock)中领取部门(department)的数据类型改为可变长度字符类型。

```
ALTER TABLE Out_stock
    MODIFY COLUMN department varchar(20) NOT NULL;
```

说明:SQL Server 中,该语句为

```
ALTER TABLE Out_stock
    ALTER COLUMN department varchar(20) NOT NULL;
```

注意:修改原有的列定义有可能会破坏已有数据。

3.2.3 基本表的删除 ▶

当不再需要某个基本表时,可以使用 DROP TABLE 语句将其删除,一般语法格式为

```
DROP TABLE <表名>
```

【例 3.7】 删除配电物资领料出库表(Out_stock)。

```
DROP TABLE Out_stock;
```

注意：基本表的删除是有限制条件的，要删除的基本表不能被其他表的约束（CHECK、FOREIGN KEY 等约束）所引用。如果存在这些依赖该表的对象，则此表不能被删除。

例如，执行 DROP TABLE Stock 语句，系统会给出如图 3.2 所示的提示信息。

drop table stock　　Error Code: 3730. Cannot drop table 'stock' referenced by a foreign key constraint 'FK_Stock_O' on table 'out_stock'.

图 3.2　删除 Stock 表的提示信息

一旦删除基本表，不仅表中的数据和此表的定义将被删除，而且在该表上建立的索引、视图、触发器等有关对象也将被删除，因此用户执行删除基本表的操作时一定要格外小心。

3.2.4　约束的添加和删除

基本表的约束有主键约束、外键约束、非空约束、唯一性约束、用户自定义的约束等，可以在创建表时创建约束（列级约束还可以在修改表的结构时创建），也可以在表已经创建完成后再添加或删除约束。一般语法格式为

```
ALTER TABLE <表名> [ADD CONSTRAINT  <约束名>  <约束表达式>]
                  [DROP CONSTRAINT  <约束名>];
```

【例 3.8】 假设创建 Out_stock 表时没有同时创建外键，可以再添加外键约束。

```
ALTER TABLE  Out_stock
ADD  CONSTRAINT  FK_Salvaging_Out_stock
FOREIGN KEY (prj_num)    REFERENCES  Salvaging (prj_num);
```

【例 3.9】 删除 Out_stock 表中的外键约束。

```
ALTER TABLE  Out_stock
DROP  CONSTRAINT  FK_Salvaging_Out_stock;
```

或

```
ALTER TABLE  Out_stock
DROP  FOREIGN KEY  FK_Salvaging_Out_stock;
```

【例 3.10】 给 Stock 表添加一个 CHECK 约束：amount > 0。

```
ALTER TABLE Stock  ADD  CONSTRAINT  CK_amount CHECK(amount > 0);
```

【例 3.11】 给 Salvaging 表的 prj_name 列添加一个唯一性约束。

```
ALTER TABLE Salvaging ADD CONSTRAINT  un_prj_name  UNIQUE(prj_name);
```

3.3　查询

数据库查询是数据库的核心操作。SQL 提供了 SELECT 语句进行数据库的查询，该语句具有灵活的使用方式和丰富的功能。一般语法格式为

```
SELECT [ALL|DISTINCT]<目标列表达式>[,<目标列表达式>]…      -- 需要哪些列
FROM <表名或视图名>[,<表名或视图名>]…                      -- 来自哪些表
[WHERE <条件表达式>]                                       -- 根据什么条件
[GROUP BY <列名 1>[HAVING <条件表达式>]]
[ORDER BY <列名 2>[ASC|DESC]];
```

整个 SELECT 语句的含义是根据 WHERE 子句给出的条件表达式从 FROM 子句指定的基本表或视图中找出满足条件的元组，再按 SELECT 子句中的目标列表达式选出元组中的属性值形成结果表。如果有 GROUP BY 子句，则将结果按<列名 1>的值进行分组，该属性列值相等的元组为一组。如果 GROUP BY 子句带 HAVING 短语，则只有满足指定条件的组才能够输出。如果有 ORDER BY 子句，则结果表还要按<列名 2>的值升序或降序排序。

SELECT 语句既可以完成简单的单表查询，也可以完成复杂的连接查询和嵌套查询。下面以电力抢修工程数据库（见图 3.3）为例说明 SELECT 语句的各种用法。

mat_num	mat_name	speci	warehouse	amount	unit
m001	护套绝缘电线	BVV-120	供电局1#仓库	220	89.80
m002	架空绝缘导线	10KV-150	供电局1#仓库	30	17.00
m003	护套绝缘电线	BVV-35	供电局2#仓库	80	22.80
m004	护套绝缘电线	BVV-50	供电局2#仓库	283	32.00
m005	护套绝缘电线	BVV-70	供电局2#仓库	130	40.00
m006	护套绝缘电线	BVV-150	供电局3#仓库	46	85.00
m007	架空绝缘导线	10KV-120	供电局3#仓库	85	14.08
m008	护套绝缘电线	BVV-95	供电局3#仓库	164	88.00
m009	交联聚乙烯绝缘电缆	YJV22—15KV	供电局4#仓库	45	719.80
m010	户外真空断路器	ZW12-12	供电局4#仓库	1	13600.00

(a) Stock表

prj_num	prj_name	start_date	end_date	prj_status
20100015	220KV清经线接地箱及接地线被盗抢修	2010-10-12 00:...	2010-10-13 00...	1
20100016	沙河站2#公变出线电缆老化烧毁抢修	2010-11-05 00:...	2010-11-06 00...	1
20110001	西丽站电缆短路烧毁抢修工程	2011-01-03 00:...	2011-01-04 00...	1
20110002	西丽站电缆接地抢修	2011-01-03 00:...	2011-01-05 00...	1
20110003	观澜站光缆抢修	2011-02-10 00:...	2011-02-15 00...	1
20110004	小径墩低压线被盗抢修	2011-02-12 00:...	2011-02-17 00...	1
20110005	明阳立交电缆沟盖板破损抢修	2011-03-02 00:...	2011-03-05 00...	0
20110006	朝阳围公变低压线被盗抢修	2011-03-08 00:...	2011-03-10 00...	0

(b) Salvaging表

prj_num	mat_num	amount	get_date	department
20100015	m001	2	2010-10-12 00:00:00	工程1部
20100015	m002	1	2010-10-12 00:00:00	工程1部
20100016	m001	3	2010-11-05 00:00:00	工程1部
20100016	m003	10	2010-11-05 00:00:00	工程1部
20110001	m001	2	2011-01-03 00:00:00	工程2部
20110002	m001	1	2011-01-03 00:00:00	工程2部
20110002	m009	1	2011-01-03 00:00:00	工程2部
20110003	m001	5	2011-02-11 00:00:00	工程3部
20110003	m010	1	2011-02-11 00:00:00	工程3部
20110004	m001	3	2011-02-15 00:00:00	工程3部
20110004	m004	20	2011-02-15 00:00:00	工程3部
20110005	m001	2	2011-03-02 00:00:00	工程2部
20110005	m003	10	2011-03-02 00:00:00	工程2部
20110005	m006	3	2011-03-02 00:00:00	工程2部

(c) Out_stock表

图 3.3　电力抢修工程数据库的数据库示例

扫一扫
视频讲解

扫一扫
视频讲解

3.3.1　单表查询 ▶

单表查询指仅涉及一张表的查询。

1. 查询表中的列

查询表中的全部列或部分列，这就是关系代数的投影运算。

1）查询指定的列

在很多情况下，用户只对表中的一部分属性列感兴趣，这时可以在 SELECT 子句的<目标列表达式>中指定要查询的属性列。

【**例 3.12**】　查询所有配电物资的物资编号、物资名称、规格。

```
SELECT mat_num, mat_name, speci
FROM Stock;
```

查询结果如图 3.4 所示。

【**例 3.13**】　查询所有配电物资的物资名称、物资编号、规格和所在仓库名称。

```
SELECT mat_name, mat_num, speci, warehouse
FROM Stock;
```

查询结果如图 3.5 所示。

mat_num	mat_name	speci
m001	护套绝缘电线	BVV-120
m002	架空绝缘导线	10KV-150
m003	护套绝缘电线	BVV-35
m004	护套绝缘电线	BVV-50
m005	护套绝缘电线	BVV-70
m006	护套绝缘电线	BVV-150
m007	架空绝缘导线	10KV-120
m008	护套绝缘电线	BVV-95
m009	交联聚乙烯绝缘电缆	YJV22—15KV
m010	户外真空断路器	ZW12-12

图 3.4　例 3.12 查询结果

mat_name	mat_num	speci	warehouse
护套绝缘电线	m001	BVV-120	供电局1#仓库
架空绝缘导线	m002	10KV-150	供电局1#仓库
护套绝缘电线	m003	BVV-35	供电局2#仓库
护套绝缘电线	m004	BVV-50	供电局2#仓库
护套绝缘电线	m005	BVV-70	供电局2#仓库
护套绝缘电线	m006	BVV-150	供电局3#仓库
架空绝缘导线	m007	10KV-120	供电局3#仓库
护套绝缘电线	m008	BVV-95	供电局3#仓库
交联聚乙烯绝缘电缆	m009	YJV22—15KV	供电局4#仓库
户外真空断路器	m010	ZW12-12	供电局4#仓库

图 3.5　例 3.13 查询结果

<目标列表达式>中各个列的先后顺序可以和表中的顺序不一致,用户可以根据应用的需要改变列的显示顺序。

2）查询全部列

如果要查询表中的所有属性列,有两种方法:一种是在<目标列表达式>中列出所有列名;另一种是如果列的显示顺序与其在表中定义的顺序相同,则可以简单地在<目标列表达式>中写星号(＊)。

【**例 3.14**】　查询所有配电物资的记录。

```
SELECT *
FROM Stock;
```

等价于

```
SELECT mat_num, mat_name, speci, warehouse, amount, unit
FROM Stock;
```

3）查询经过计算的值

SELECT 子句中的<目标列表达式>可以是表中存在的属性列,也可以是表达式、字符串常量或函数。

【**例 3.15**】　查询所有抢修工程的抢修天数。

在 Salvaging 表中只记录了抢修工程的开始日期和结束日期,没有记录抢修天数,但可以通过计算得到,即调用 datediff()函数返回结束日期与开始日期的时间间隔。因此,实现此功能的查询语句为

```
SELECT prj_name, start_date, end_date, datediff(end_date,start_date)
FROM Salvaging;
```

查询结果如图 3.6 所示。

MySQL 8.0 提供了许多系统函数,如数学函数、字符串函数、日期时间函数等。

prj_name	start_date	end_date	datediff(end_date,start_date)
220KV清经线接地箱及接地线被盗抢修	2010-10-12 00:...	2010-10-13 00:...	1
沙河站2#公变出线电缆老化烧毁抢修	2010-11-05 00:...	2010-11-06 00:...	1
西丽站电缆迴路烧毁抢修工程	2011-01-03 00:...	2011-01-04 00:...	1
西丽站电缆接地抢修	2011-01-03 00:...	2011-01-05 00:...	2
观澜站光缆抢修	2011-02-10 00:...	2011-02-15 00:...	5
小径墩低压线被盗抢修	2011-02-12 00:...	2011-02-17 00:...	5
明珠立交电缆沟盖板破损抢修	2011-03-02 00:...	2011-03-05 00:...	3
朝阳围公变低压线被盗抢修	2011-03-08 00:...	2011-03-10 00:...	2

图 3.6　例 3.15 查询结果

MySQL 常用的时间和日期函数如表 3.3 所示。

表 3.3　MySQL 常用的时间和日期函数

函　　数	功　　能
now()	返回系统当前的日期和时间
year(d)	返回日期 d 中的年份
month(d)	返回日期 d 中的月份
dayofmonth(d)	计算日期 d 是本月的第几天
datediff(d1,d2)	返回 d1 和 d2 之间相隔的天数
adddate(d,n)	返回起始日期 d 加上 n 天的日期
subdate(d,n)	返回起始日期 d 减去 n 天的日期

SQL Server 中常用的时间和日期函数如表 3.4 所示。

表 3.4　SQL Server 中常用的时间和日期函数

函　　数	功　　能
getdate()	返回系统当前的日期和时间
year(date)	返回一个整数,表示指定日期 date 中的年份
month(date)	返回一个整数,表示指定日期 date 中的月份
day(date)	返回一个整数,表示指定日期 date 中的天数
datediff(datepart,date1,date2)	返回 date1 和 date2 的时间间隔,其单位由 datepart 参数指定

可以看到,经过计算的列、函数的列的显示结果都没有合适的列标题,用户可以通过指定别名改变查询结果的列标题,这对于含算术表达式、函数名的目标列尤其有用。

改变列标题的语法格式为

列名|表达式 [AS] 列标题

或

列标题 = 列名|表达式

【例 3.16】　查询所有抢修工程的抢修天数,对各个属性列赋予别名,并在实际抢修天数列前加入一列,此列的每行数据均为"抢修天数"常量值。

```
SELECT prj_name 项目名称, start_date 开始日期, end_date 结束日期,'抢修天数', datediff(end_
date,start_date) 抢修天数
FROM Salvaging;
```

查询结果如图 3.7 所示。

2. 查询表中的若干元组

前面介绍的例子都是查询表中的全部记录,没有对表中的记录行进行任何有条件的筛

项目名称	开始日期	结束日期	抢修天数	抢修天数
220KV清经线接地箱及接地线被盗抢修	2010-10-12 00:00:00	2010-10-13 00:00:00	抢修天数	1
沙河站2#公变出线电缆老化烧毁抢修	2010-11-05 00:00:00	2010-11-06 00:00:00	抢修天数	1
西丽站电缆短路烧毁抢修工程	2011-01-03 00:00:00	2011-01-04 00:00:00	抢修天数	1
西丽站电缆接地抢修	2011-01-05 00:00:00	2011-01-05 00:00:00	抢修天数	2
观澜站光缆抢修	2011-02-10 00:00:00	2011-02-15 00:00:00	抢修天数	5
小径墩低压线被盗抢修	2011-02-12 00:00:00	2011-02-17 00:00:00	抢修天数	5
明珠立交电缆沟盖板破损抢修	2011-03-02 00:00:00	2011-03-05 00:00:00	抢修天数	3
朝阳国公变低压线被盗抢修	2011-03-08 00:00:00	2011-03-10 00:00:00	抢修天数	2

图 3.7 例 3.16 查询结果

选。实际上,在查询过程中,除了可以选择列之外,还可以对行进行选择,使查询的结果更加满足用户的要求。

1) 消除取值相同的行

本来在数据库表中不存在取值全部相同的元组,但进行了对列的选择后,查询结果中就有可能出现取值完全相同的行了,而取值相同的行在结果中是没有意义的,因此应消除。

【例 3.17】 在配电物资库存记录表中查询出所有仓库名称。

```
SELECT warehouse
FROM Stock;
```

查询结果如图 3.8 所示。

在这个结果中有许多重复的行(实际上一个仓库存放了多少种物资,其仓库名称就在结果中重复多次)。如果想去掉结果表中的重复行,必须指定 DISTINCT 关键字:

```
SELECT DISTINCT warehouse
FROM Stock;
```

查询结果如图 3.9 所示。

warehouse
供电局1#仓库
供电局1#仓库
供电局2#仓库
供电局2#仓库
供电局3#仓库
供电局3#仓库
供电局3#仓库
供电局4#仓库
供电局4#仓库

图 3.8 例 3.17 查询结果(1)

warehouse
供电局1#仓库
供电局2#仓库
供电局3#仓库
供电局4#仓库

图 3.9 例 3.17 查询结果(2)

DISTINCT 关键字在 SELECT 之后,目标列表达式之前。如果没有指定 DISTINCT 关键字,则默认为 ALL,即保留结果表中取值重复的行。

```
SELECT warehouse
FROM Stock;
```

等价于

```
SELECT ALL warehouse
FROM Stock;
```

2) 查询满足条件的元组

查询满足条件的元组是通过 WHERE 子句实现的。WHERE 子句常用的查询条件如表 3.5 所示。

表 3.5　WHERE 子句常用的查询条件

查询条件	谓　　词
比较(比较运算符)	=、>、<、>=、<=、!=、<>、!>、!<；NOT+上述比较运算符
确定范围	BETWEEN AND、NOT BETWEEN AND
确定集合	IN、NOT IN
字符匹配	LIKE、NOT LIKE
空值	IS NULL、IS NOT NULL
多重条件(逻辑谓词)	AND、OR

(1) 比较大小的查询。

【例 3.18】　查询供电局 1＃仓库存放的所有物资编号、物资名称、规格以及数量。

```
SELECT mat_num,mat_name,speci,amount
FROM Stock
WHERE warehouse = '供电局 1＃仓库';
```

查询结果如图 3.10 所示。

mat_num	mat_name	speci	amount
m001	护套绝缘电线	BVV-120	220
m002	架空绝缘导线	10KV-150	30

图 3.10　例 3.18 查询结果

RDBMS 执行该查询的一种可能过程是对 Stock 表进行全表扫描，取出一个元组，检查该元组在 warehouse 列上的值是否等于"供电局 1＃仓库"。如果相等，则取出 mat_num、mat_name、speci、amount 列的值形成一个新的元组输出；否则跳过该元组，取下一个元组。

如果 Stock 表中有数万种配电物资，供电局 1＃仓库存放的物资种类是所有物资的 10%左右，可以在 warehouse 列上建立索引，系统会利用该索引找出 warehouse ='供电局 1＃仓库'的元组，从中取出 mat_num、mat_name、speci、amount 列的值形成结果关系。这就避免了对 Stock 表的全表扫描，可以加快查询速度。但需要注意的是，如果物资种类较少，索引查找则不一定能提高查询效率，系统仍会使用全表扫描。这由查询优化器按照某些规则或估计执行代价进行选择。

【例 3.19】　查询所有单价小于 80 元的物资名称、数量及其单价。

```
SELECT mat_name,amount,unit
FROM Stock
WHERE unit < 80;
```

或

```
SELECT mat_name,amount,unit
FROM Stock
WHERE NOT unit >= 80;
```

查询结果如图 3.11 所示。

(2) 确定范围的查询。BETWEEN…AND 和 NOT BETWEEN…AND 是一个逻辑运算符，可以用来查找属性值在或不在指定范围内的元组，其中 BETWEEN 后指定范围的下限(即低值)，AND 后指定范围的上限(即高值)。

【例 3.20】　查询单价为 50～100 元的物资名称、数量及其单价。

```
SELECT mat_name, amount, unit
FROM Stock
WHERE unit BETWEEN 50 AND 100;
```

等价于

```
SELECT mat_name, amount, unit
FROM Stock
WHERE unit >= 50 AND unit <= 100;
```

查询结果如图 3.12 所示。

mat_name	amount	unit
架空绝缘导线	30	17.00
护套绝缘电线	80	22.80
护套绝缘电线	283	32.00
护套绝缘电线	130	40.00
架空绝缘导线	85	14.08

图 3.11 例 3.19 查询结果

mat_name	amount	unit
护套绝缘电线	220	89.80
护套绝缘电线	46	85.00
护套绝缘电线	164	88.00

图 3.12 例 3.20 查询结果

【例 3.21】 查询单价不在 50～100 元的物资名称、数量及其单价。

```
SELECT mat_name, amount, unit
FROM Stock
WHERE unit NOT BETWEEN 50 AND 100;
```

等价于

```
SELECT mat_name, amount, unit
FROM Stock
WHERE unit < 50 OR unit > 100;
```

(3) 确定集合的查询。IN 是一个逻辑运算符,可以用来查找属性值属于指定集合的元组。

【例 3.22】 查询存放在供电局 1♯仓库和供电局 2♯仓库的物资名称、规格、数量及仓库。

```
SELECT mat_name, speci, amount, warehouse
FROM Stock
WHERE warehouse IN ('供电局1♯仓库','供电局2♯仓库');
```

等价于

```
SELECT mat_name, speci, amount, warehouse
FROM Stock
WHERE warehouse = '供电局1♯仓库'OR warehouse = '供电局2♯仓库';
```

【例 3.23】 查询既没有存放在供电局 1♯仓库,也没有存放在供电局 2♯仓库的物资名称、规格、数量及仓库。

```
SELECT mat_name, speci, amount, warehouse
FROM Stock
WHERE warehouse NOT IN ('供电局1♯仓库','供电局2♯仓库');
```

等价于

```
SELECT mat_name, speci, amount, warehouse
FROM Stock
WHERE warehouse != '供电局1♯仓库' AND warehouse != '供电局2♯仓库';
```

(4) 字符匹配的查询。LIKE 运算符用于查找指定列名与匹配串常量匹配的元组。匹配串是一种特殊的字符串,其特殊之处在于它不仅可以包含普通字符,还可以包含通配符。通配符用于表示任意的字符或字符串。在实际应用中,如果需要从数据库中检索一批记录,但又不能给出精确的字符查询条件,这时就可以使用 LIKE 运算符和通配符实现模糊查询。

在 LIKE 运算符前也可以使用 NOT 运算符,表示对结果取反。一般语法格式如下。

```
[NOT] LIKE '<匹配符>' [ESCAPE '<换码字符>']
```

其含义是查找指定的属性列值与<匹配符>相匹配的元组。<匹配符>可以是一个完整的空符串,也可以含有通配符"％"和"_"。

- ％(百分号)代表任意长度(长度可以为0)的字符串。例如,a％b 表示以 a 开头,以 b 结尾的任意长度的字符串,如 acb、addgb、ab 等都满足该匹配串。
- _(下横线)代表任意单个字符。例如,a_b 表示以 a 开头,以 b 结尾的长度为 3 的任意字符串,如 acb、afb 等都满足该匹配串。

【例 3.24】 查询存放在供电局 1♯仓库的物资的详细情况。

```
SELECT *
FROM Stock
WHERE warehouse LIKE '供电局1♯仓库';
```

等价于

```
SELECT *
FROM Stock
WHERE warehouse = '供电局1♯仓库';
```

如果 LIKE 后的匹配串中不含通配符,则可以用"＝"(等于)运算符取代 LIKE 谓词,用"!＝"或"＜＞"(不等于)运算符取代 NOT LIKE 谓词。

【例 3.25】 查询物资名称中含有"绝缘电线"的物资编号、名称和规格。

```
SELECT mat_num, mat_name, speci
FROM Stock
WHERE mat_name LIKE '％绝缘电线';
```

【例 3.26】 查询物资名称中第 3、4 个字为"绝缘"的物资编号、名称和规格。

```
SELECT mat_num, mat_name, speci
FROM Stock
WHERE mat_name LIKE '__绝缘％';
```

mat_num	mat_name	speci
m001	护套绝缘电线	BVV-120
m002	架空绝缘电线	10KV-150
m003	护套绝缘电线	BVV-35
m004	护套绝缘电线	BVV-50
m005	护套绝缘电线	BVV-70
m006	护套绝缘电线	BVV-150
m007	架空绝缘电线	10KV-120
m008	护套绝缘电线	BVV-95

图 3.13 例 3.26 查询结果

查询结果如图 3.13 所示。

【例 3.27】 查询所有物资名称不带"绝缘"两个字的物资编号、名称和规格。

```
SELECT mat_num, mat_name, speci
FROM Stock
WHERE mat_name NOT LIKE '％绝缘％';
```

如果用户要查询的字符串本身就含有"％"或"_",这时就要使用 ESCAPE'<换码字符>'对通配符进行转义了。

【例 3.28】 查询物资名称中含有"户外_真空"字样的物资信息。

```
SELECT *
FROM Stock
WHERE mat_name LIKE '％户外/_真空％' ESCAPE '/';
```

ESCAPE'/'短语表示"/"为换码字符,这样匹配串中紧跟在"/"后面的字符"_"不再具有通配符的含义,转义为普通的"_"字符。

(5) 涉及空值的查询。空值(NULL)在数据库中有特殊的含义,它表示不确定的值。例如,某些物资现没有单价,因此单价为空值。判断某个值是否为 NULL,不能使用普通的比较运算符(＝、!＝等),只能使用专门的判断空值的子句来完成。

判断取值为空的语法格式:列名 IS NULL。

判断取值不为空的语法格式:列名 IS NOT NULL。

【例 3.29】　查询无库存单价的物资编号及其名称。

```
SELECT mat_num, mat_name
FROM Stock
WHERE unit IS NULL;
```

注意:这里的 IS 不能用等号(＝)代替。

(6) 多重条件查询。在 WHERE 子句中可以使用逻辑运算符 AND 和 OR 组成多条件查询。用 AND 连接的条件表示必须全部满足所有条件的结果才为真,用 OR 连接的条件表示只要满足其中一个条件结果即为真。AND 的优先级高于 OR,但用户可以用括号改变优先级。

【例 3.30】　查询规格为 BVV-120 的护套绝缘电线的物资编号、库存数量及库存地点。

```
SELECT mat_num,warehouse,amount
FROM Stock
WHERE mat_name = '护套绝缘电线'  AND speci = 'BVV - 120';
```

3. 对查询结果进行排序

有时希望查询结果能按一定的顺序显示出来,如按单价从高到低排列库存物资。SQL 语句支持将查询的结果按用户指定的列进行排序的功能,而且查询结果可以按一个列排序,也可以按多个列排序;排序可以是从小到大(升序),也可以是从大到小(降序)。排序子句的语法格式为

```
ORDER BY <列名> [ASC|DESC][,…,n]
```

其中,<列名>为排序的依据列,可以是列名或列的别名;ASC 表示对列进行升序排列;DESC 表示对列进行降序排列。如果没有指定排序方式,则默认为升序排序。

如果在 ORDER BY 子句中使用多个列进行排序,则这些列在该子句中出现的顺序决定了对结果集进行排序的方式。当指定多个排序依据列时,首先安排在最前面的列进行排序,如果排序后存在两个或两个以上列值相同的记录,则对这些值相同的记录再依据排在第 2 位的列进行排序,以此类推。

【例 3.31】　查询护套绝缘电线的物资名称及其单价,查询结果按单价降序排列。

```
SELECT mat_name,unit
FROM Stock
WHERE mat_name = '护套绝缘电线' ORDER BY unit DESC;
```

【例 3.32】　查询所有物资的信息,查询结果按所在仓库名降序排列,同一仓库的物资按库存量升序排列。

```
SELECT *
FROM Stock
ORDER BY warehouse DESC, amount;
```

查询结果如图 3.14 所示。

mat_num	mat_name	speci	warehouse	amount	unit
m010	户外真空断路器	ZW12-12	供电局4#仓库	1	13600.00
m009	交联聚乙烯绝缘电缆	YJV22—15KV	供电局4#仓库	45	719.80
m006	护套绝缘电线	BVV-150	供电局3#仓库	46	85.00
m007	架空绝缘导线	10KV-120	供电局3#仓库	85	14.08
m008	护套绝缘电线	BVV-95	供电局3#仓库	164	88.00
m003	护套绝缘电线	BVV-35	供电局2#仓库	80	22.80
m005	护套绝缘电线	BVV-70	供电局2#仓库	130	40.00
m004	护套绝缘电线	BVV-50	供电局2#仓库	283	32.00
m002	架空绝缘导线	10KV-150	供电局1#仓库	30	17.00
m001	护套绝缘电线	BVV-120	供电局1#仓库	220	89.80

图 3.14　例 3.32 查询结果

空值被认为是最小的，因此，若按升序排列，含空值的元组将最先显示；若按降序排列，含空值的元组将最后显示。

4. 限制查询结果

如果 SELECT 语句查询结果数据过多，可以使用 LIMIT 关键字限制 SELECT 查询返回的记录总数，有以下两种使用方式。

（1）LIMIT 显示记录数量：从第 1 条记录开始，显示指定条数的记录。

（2）LIMIT 初始位置，显示记录数量：从指定的初始位置开始显示指定条数的记录。

【例 3.33】　显示 Stock 表中库存量最大的两条记录。

```
SELECT *
FROM Stock
ORDER BY amount DESC
LIMIT 2;
```

查询结果如图 3.15 所示。

mat_num	mat_name	speci	warehouse	amount	unit
m004	护套绝缘电线	BVV-50	供电局2#仓库	283	32.00
m001	护套绝缘电线	BVV-120	供电局1#仓库	220	89.80

图 3.15　例 3.33 查询结果

说明：SQL Server 中，实现该功能的关键字为 TOP，本例在 SQL Server 中的实现语句为

```
SELECT top 2 *
FROM Stock
ORDER BY amount DESC
```

SQL Server 还可以按百分比显示表中的记录，如以下语句显示 Stock 表中排序前 10% 的记录。

```
SELECT top 10 PERCENT *
FROM Stock
ORDER BY amount DESC
```

【例 3.34】　显示 Stock 表中的 5 条记录，指定从第 3 条记录开始显示。

```
SELECT *
FROM Stock
LIMIT 3,5;
```

5. 聚集函数

为了进一步方便用户，增强检索功能，SQL 提供了许多聚集函数（Aggregate Functions），如表 3.6 所示。聚集函数的作用是对一组值进行计算并返回一个单值。

表 3.6 聚集函数

函 数 名	功 能
COUNT（*）	统计表中元组的个数
COUNT（［DISTINCT｜ALL］<列名>）	统计一列中值的个数
SUM（［DISTINCT｜ALL］<列名>）	计算一列中值的总和（此列必须是数值型）
AVG（［DISTINCT｜ALL］<列名>）	计算一列中值的平均值（此列必须是数值型）
MAX（［DISTINCT｜ALL］<列名>）	求一列中值的最大值
MIN（［DISTINCT｜ALL］<列名>）	求一列中值的最小值

如果指定 DISTINCT 短语，则表示在计算时要消除指定列中的重复值；如果不指定 DISTINCT 短语或指定 ALL 短语（ALL 为默认值），则表示不消除重复值。

【例 3.35】 统计领取了物资的抢修工程项目数。

```
SELECT COUNT(DISTINCT prj_num)
FROM Out_stock;
```

抢修工程每领取一种物资，在 Out_stock 表中都有一条相应的记录。一个抢修工程要领取多种物资，为避免重复计算抢修工程项目数，必须在 COUNT() 函数中使用 DISTINCT 短语。

【例 3.36】 查询使用 m001 号物资的抢修工程项目数，以及物资最大领取数量、最小领取数量以及平均领取数量。

```
SELECT COUNT( * ),MAX(amount), MIN(amount), AVG(amount)
FROM  Out_stock
WHERE mat_num = 'm001';
```

注意：聚集函数在计算过程中忽略空值；WHERE 子句不能使用聚集函数作为条件表达式。

6. 开窗函数

数据分析和统计中经常需要用到开窗函数，通常和聚集函数联合使用。

【例 3.37】 查询每种物资按时间顺序的累计订单金额。

```
SELECT *,SUM(amount) OVER(PARTITION BY mat_num ORDER BY get_date) sum_amount
FROM Out_stock;
```

查询结果的最后一列是按照物资编号的时间顺序累计 amount 的总量，如图 3.16 所示。

什么是开窗呢？可以理解为记录集合，开窗函数也就是在满足某种条件的记录集合上执行的特殊函数。对于每条记录，都要在此窗口内执行函数，有的函数记录不同，窗口大小都是固定的，这种属于静态窗口；有的函数则相反，不同的记录对应着不同的窗口，这种动态变化的窗口叫

图 3.16 例 3.37 查询结果

作滑动窗口。开窗函数的本质还是聚合运算，只不过它更具灵活性，它对数据的每行都使用与该行相关的行进行计算并返回计算结果。

聚合函数是将多条记录聚合为一条；而开窗函数是每条记录都会执行，有几条记录，执行完还是几条。具体的开窗函数如表 3.7 所示。

表 3.7 开窗函数

函 数 名	功 能
CUME_DIST()	计算一组值中一个值的累积分布
DENSE_RANK()	根据 ORDER BY 子句为分区中的每行分配一个等级,它将相同的等级分配给具有相等值的行。如果两行或更多行具有相同的等级,则等级序列中将没有间隙
FIRST_VALUE()	返回相对于窗口框架第 1 行的指定表达式的值
LAG()	返回分区中当前行之前的第 N 行的值。如果不存在前一行,则返回 NULL
LAST_VALUE()	返回相对于窗口框架最后一行的指定表达式的值
LEAD()	返回分区中当前行之后的第 N 行的值。如果不存在后续行,则返回 NULL
NTH_VALUE()	从窗口框架的第 N 行返回参数的值
NTILE()	将每个窗口分区的行分配到指定数量的排名组中
PERCENT_RANK()	计算分区或结果集中行的百分数等级
RANK()	与 DENSE_RANK()函数相似,不同之处在于当两行或多行具有相同的等级时,等级序列中存在间隙
ROW_NUMBER()	为分区中的每行分配一个顺序整数

【例 3.38】 查询每种物资使用数量最高的前两条出库情况。

```
SELECT *
FROM (
    SELECT *,
    ROW_NUMBER() OVER(PARTITION BY mat_num ORDER BY amount desc) AS row_num
    FROM Out_stock) AS t
WHERE row_num <= 2;
```

查询结果如图 3.17 所示。

7. 对查询结果进行分组

有时并不是对全表进行计算,而是根据需要对数据进行分组,然后再对每个组进行计算。例如,统计每个抢修工程使用的物资种类,这时就需要用到 GROUP BY 分组子句。GROUP BY 子句将查询结果按某一列或多列的值分组,值相等的为一组。

prj_num	mat_num	amount	get_date	department	row_num
20110003	m001	5	2011-02-11 00:00:00	工程3部	1
20100016	m001	3	2010-11-05 00:00:00	工程1部	2
20100015	m002	1	2010-10-12 00:00:00	工程1部	1
20100016	m003	10	2010-11-05 00:00:00	工程1部	1
20110005	m003	10	2011-03-02 00:00:00	工程2部	2
20110004	m004	20	2011-02-15 00:00:00	工程3部	1
20110005	m006	3	2011-03-02 00:00:00	工程2部	1
20110002	m009	1	2011-01-03 00:00:00	工程2部	1
20110003	m010	1	2011-02-11 00:00:00	工程3部	1

图 3.17 例 3.38 查询结果

分组,值相等的为一组。分组的目的是细化聚集函数的作用对象。需要注意的是,如果使用了分组子句,则查询列表中的每列必须是分组依据列(在 GROUP BY 后的列)或聚集函数。

使用 GROUP BY 子句时,如果在 SELECT 的查询列表中包含聚集函数,则是针对每个组计算出一个汇总值,从而实现对查询结果的分组统计。

分组语句跟在 WHERE 子句的后面,一般语法格式如下。

```
GROUP BY <分组依据列>[,...n]
[HAVING <组提取条件>]
```

HAVING 子句用于对分组后的结果进行过滤,它的功能有点像 WHERE 子句,但它用于组,而不是用于单个记录。在 HAVING 子句中可以使用聚集函数,但在 WHERE 子句中则不能。HAVING 子句通常与 GROUP BY 子句一起使用。

【例 3.39】 查询每个抢修工程项目号及使用的物资种类。

```
SELECT prj_num 项目号, COUNT( * ) 物资种类
FROM Out_stock
GROUP BY prj_num;
```

首先对查询结果按 prj_num 的值分组,所有具有相同 prj_num 值的元组归为一组,然后再对每组使用 COUNT()函数进行计算。查询结果如图 3.18 所示。

【例 3.40】 查询使用两种及两种以上物资的抢修工程项目号。

```
SELECT prj_num 项目号
FROM Out_stock
GROUP BY prj_num
HAVING COUNT( * )> = 2;
```

首先用 GROUP BY 子句对 prj_num 进行分组,然后用聚集函数 COUNT()分别对每组进行统计,最后挑选出统计结果满足大于或等于 2 的元组的 prj_num。查询结果如图 3.19 所示。

WHERE 子句与 HAVING 子句的区别在于作用对象不同。WHERE 子句作用于基本表或视图,从中选择满足条件的元组;而 HAVING 子句作用于组,从中选择满足条件的组。

GROUP BY 子句的分组字段也可以包含多个属性列名。

项目号	物资种类
20100015	2
20100016	2
20110001	1
20110002	2
20110003	2
20110004	2
20110005	3

图 3.18 例 3.39 查询结果

项目号
20100015
20100016
20110002
20110003
20110004
20110005

图 3.19 例 3.40 查询结果

【例 3.41】 按工程部门及物资编号统计其抢修的项目个数以及对应的领取总量。

```
SELECT department,mat_num,COUNT(DISTINCT prj_num) 项目个数 ,SUM(amount) 领取总量
FROM Out_stock
GROUP BY department,mat_num
```

首先按 GROUP BY 子句的第 1 个分组字段 department 进行分组,同一组内的再按第 2 个分组字段 mat_num 进行分组,然后使用统计函数分别对每组进行统计。查询结果如图 3.20 所示。

MySQL 和 SQL Server 都支持带 ROLLUP 关键字的分类汇总,这种用法在数据统计中经常用到,尤其是在制作报表时,ROLLUP 关键字按照分组顺序,先对第 1 个分组字段分组,在组内进行统计,最后给出合计。

department	mat_num	项目个数	领取总量
工程1部	m001	2	5
工程1部	m002	1	1
工程1部	m003	1	10
工程2部	m001	3	5
工程2部	m003	1	10
工程2部	m006	1	3
工程2部	m009	1	1
工程3部	m001	2	8
工程3部	m004	1	20
工程3部	m010	1	1

图 3.20 例 3.41 查询结果

【例 3.42】 按工程部门及物资编号统计其抢修的项目个数以及对应的领取总量,要求带 ROLLUP 关键字。

```
SELECT department,mat_num,COUNT(DISTINCT prj_num) 项目个数 ,SUM(amount) 领取总量
FROM Out_stock
GROUP BY department,mat_num
WITH ROLLUP
```

本例的处理过程在例 3.41 的基础上增加了对 GROUP BY 子句的第 1 个分组字段 department 的合计,即统计了每个工程部门抢修的项目总数以及物资领取总量,最后又给出了所有工程部门抢修的项目总数以及物资领取总量。查询结果如图 3.21 所示。

department	mat_num	项目个数	领取总量
工程1部	m001	2	5
工程1部	m002	1	1
工程1部	m003	1	10
工程1部	NULL	2	16
工程2部	m001	3	5
工程2部	m003	1	10
工程2部	m006	1	3
工程2部	m009	1	1
工程2部	NULL	3	19
工程3部	m001	2	8
工程3部	m004	1	20
工程3部	m010	1	1
工程3部	NULL	2	29
NULL	NULL	7	64

图 3.21　例 3.42 查询结果

8. 正则表达式查询

正则表达式通常用于检索或替换那些符合某个模式的文本内容,根据指定的匹配模式匹配文本中符合要求的特殊字符串。正则表达式的查询能力比通配字符的查询能力更强,而且更加灵活。在 MySQL 中可以使用 REGEXP 关键字指定正则表达式的字符串匹配模式,基本语法格式如下。

```
列名  REGEXP  '匹配方式'
```

其中,列名表示需要查询的字段名称;匹配方式表示以哪种方式进行匹配查询。

正则表达式的模式字符如表 3.8 所示。

表 3.8　正则表达式的模式字符

模 式 字 符	说　明
^	匹配字符串开始的部分
$	匹配字符串结束的部分
.	代表字符串中的任意一个字符,包括回车和换行
[字符集合]	匹配字符集合中的任何一个字符
[^字符集合]	匹配除了字符集合以外的任何一个字符
S1|S2|S3	匹配 S1、S2、S3 中的任意一个字符串
*	匹配 0 个或多个在它前面的字符
+	匹配前面的字符 1 次或多次
字符串{N}	字符串出现 N 次
字符串{M,N}	字符串出现至少 M 次,最多 N 次

【例 3.43】　查询项目名称中包含“西丽”“明珠”的项目信息。

```
SELECT *
FROM Salvaging
WHERE prj_name REGEXP '西丽|明珠'
```

查询结果如图 3.22 所示。

prj_num	prj_name	start_date	end_date	prj_status
20110001	西丽站电缆短路烧毁抢修工程	2011-01-03 00:...	2011-01-04 00:...	1
20110002	西丽站电缆接地抢修	2011-01-03 00:...	2011-01-05 00:...	1
20110005	明珠立交电缆沟盖板破损抢修	2011-03-02 00:...	2011-03-05 00:...	0

图 3.22　例 3.43 查询结果

【例 3.44】　查询项目名称中包含字符串“2”至少一次,最多两次的项目信息。

```
SELECT *
FROM Salvaging
WHERE prj_name REGEXP '2{1,2}'
```

说明：SQL Server 中,主要有 regexp_like、regexp_replace、regexp_substr、regexp_instr 这 4 个正则表达式函数。

3.3.2　连接查询　▶

扫一扫

视频讲解

前面介绍的查询都是针对一张表进行的,但有时需要从多张表中获取信息,因此就会涉及多张表。若一个查询涉及两张或两张以上的表,则称为连接查询。连接查询是关系数据库中最主要的查询,主要包括等值连接、非等值连接、自然连接、内连接、外连接、复合条件连接、自身连接查询。

1. 等值与非等值连接查询

不同表之间的连接查询,重点是 WHERE 子句中的连接条件及两个表的属性列名。连接查询中用来连接两张表的条件称为连接条件或连接谓词,其连接条件一般语法格式为

[<表1>.]<列名1> <比较运算符> [<表2>.]<列名2>

其中,比较运算符主要有 = 、>、<、>= 、<= 、! =（或<>）。

此外,连接条件还可以使用以下形式。

[<表1>.]<列名1> BETWEEN [<表2>.] <列名2> AND [<表2>.]<列名3>

当连接的比较运算符为“＝”时,称为等值连接;其他为非等值连接。在连接条件中列名对应属性的类型必须是可比的,但不必是相同的。

从概念上讲,DBMS执行连接操作的过程是首先在表1中找到第1个元组,然后从头开始扫描表2,逐一查找满足连接条件的元组,找到后就将表1中的第1个元组与该元组拼接起来,形成结果表中的一个元组。表2全部查找完后,再找表1中的第2个元组,然后从头开始扫描表2,逐一查找满足连接条件的元组,找到后将表1中的第2个元组与该元组拼接起来,形成结果表中的一个元组。重复上述操作,直到表1中的全部元组都处理完毕为止。

【例 3.45】 查询每个抢修工程及其领料出库的情况。

抢修工程情况存放在 Salvaging 表中,领料出库情况存放在 Out_stock 表中,所以查询实际上涉及 Salvaging 与 Out_stock 两张表,这两张表之间的联系是通过公共属性 prj_num 实现的。

```
SELECT Salvaging. * , Out_stock. *
FROM Salvaging, Out_stock
WHERE Salvaging.prj_num = Out_stock.prj_num
```

查询结果如图 3.23 所示。

prj_num	prj_name	start_date	end_date	prj_status	prj_num	mat_num	amount	get_date	department
20100015	220KV青经线接地箱及接地线被盗抢修	2010-10-12 00:...	2010-10-13 00:...	1	20100015	m001	2	2010-10-12 00:00:00	工程1部
20100015	220KV青经线接地箱及接地线被盗抢修	2010-10-12 00:...	2010-10-13 00:...	1	20100015	m002	1	2010-10-12 00:00:00	工程1部
20100016	沙河站2#公安出线电缆老化烧毁抢修	2010-11-05 00:...	2010-11-06 00:...	1	20100016	m001	3	2010-11-05 00:00:00	工程1部
20100016	沙河站2#公安出线电缆老化烧毁抢修	2010-11-05 00:...	2010-11-06 00:...	1	20100016	m003	10	2010-11-05 00:00:00	工程1部
20110001	西丽站电缆短路烧坏抢修工程	2011-01-03 00:...	2011-01-04 00:...	1	20110001	m001	2	2011-01-03 00:00:00	工程2部
20110002	西丽站电缆接地抢修	2011-01-03 00:...	2011-01-05 00:...	1	20110002	m001	1	2011-01-03 00:00:00	工程2部
20110002	西丽站电缆接地抢修	2011-01-03 00:...	2011-01-05 00:...	1	20110002	m009	1	2011-01-03 00:00:00	工程2部
20110003	观澜站光缆抢修	2011-02-10 00:...	2011-02-15 00:...	1	20110003	m001	5	2011-02-11 00:00:00	工程3部
20110003	观澜站光缆抢修	2011-02-10 00:...	2011-02-15 00:...	1	20110003	m010	1	2011-02-11 00:00:00	工程3部
20110004	小径墩低压电线被盗抢修	2011-02-12 00:...	2011-02-17 00:...	1	20110004	m001	1	2011-02-15 00:00:00	工程3部
20110004	小径墩低压电线被盗抢修	2011-02-12 00:...	2011-02-17 00:...	1	20110004	m004	20	2011-02-15 00:00:00	工程3部
20110005	明珠立交电缆沟盖板破损抢修	2011-03-02 00:...	2011-03-05 00:...	0	20110005	m001	2	2011-03-02 00:00:00	工程2部
20110005	明珠立交电缆沟盖板破损抢修	2011-03-02 00:...	2011-03-05 00:...	0	20110005	m003	10	2011-03-02 00:00:00	工程2部
20110005	明珠立交电缆沟盖板破损抢修	2011-03-02 00:...	2011-03-05 00:...	0	20110005	m006	1	2011-03-02 00:00:00	工程2部

图 3.23　例 3.45 查询结果

本例中，SELECT 子句与 WHERE 子句中的属性名前都加上了表名前缀，这是为了避免混淆。如果属性名在参加连接的各表中是唯一的，则可以省略表名前缀。

在连接运算中有两种特殊情况，一种为自然连接，另一种为广义笛卡儿积（连接）。

广义笛卡儿积是不带连接谓词的连接。两张表的广义笛卡儿积即是两表中元组的交叉乘积，其连接的结果会产生一些没有意义的元组，所以这种运算实际上很少使用。

若在等值连接中把目标列中重复的属性列去掉，则为自然连接。

【例 3.46】 对例 3.45 用自然连接完成查询。

```
SELECT Salvaging.prj_num,prj_name,start_date,end_date,prj_status, mat_num,
amount,get_date,department
FROM Salvaging, Out_stock
WHERE Salvaging.prj_num = Out_stock.prj_num
```

本例中，由于 prj_name、start_date、end_date、prj_status、mat_num、amount、get_date 和 department 属性列在 Salvaging 表与 Out_stock 表中是唯一的，因此引用时可以去掉表名前缀；而 prj_num 在两张表中都出现了，因此引用时必须加上表名前缀。

2. 内连接查询

使用 INNER JOIN 和 JOIN 连接均可，重点是要有查询条件，条件使用 ON 或 WHERE 引导查询，查询出的结果为两表都匹配的记录。

【例 3.47】 对例 3.45 用内连接完成查询。

```
SELECT Salvaging.prj_num,prj_name,start_date,end_date,prj_status, mat_num,
amount,get_date,department
FROM Salvaging INNER JOIN Out_stock ON Salvaging.prj_num = Out_stock.prj_num
```

例 3.46 中的 WHERE 方式为隐性连接，而例 3.47 中的 INNER JOIN 方式为显性连接。两者虽然在查询结果集上是等同的，但实际上在执行过程上却是不同的。其中，隐性连接在 FROM 过程中对所有表进行笛卡儿积，最终通过 WHERE 条件过滤；显性连接在每次表连接时通过 ON 过滤，筛选后的结果集再和下一张表作笛卡儿积，以此循环。

也就是说，显性连接最终得到笛卡儿积的数量可能会远远小于隐性连接所要扫描的数量，所以同样是等值连接，显性连接的效率更高。

3. 外连接查询

在通常的连接操作中，只有满足连接条件的元组才能作为结果输出，如例 3.45 的结果表中没有编号为 20110006 的工程项目信息，原因在于该工程项目没有领料，在 Out_stock 表中没有相应的元组。若以 Salvaging 表为主体列出每个工程的基本情况及其领料情况，没有领料的工程也希望输出其基本信息，这时就需要使用外连接（Outer Join）。外连接分为左外连接、右外连接和全外连接 3 种类型。

（1）左外连接：LEFT OUTER JOIN，其结果是列出左边关系中所有元组，而不仅仅是连接属性所匹配的元组。

（2）右外连接：RIGHT OUTER JOIN，其结果是列出右边关系中所有元组。

（3）全外连接：FULL OUTER JOIN，其结果是列出左边关系和右边关系中的所有元组。

【例 3.48】 将例 3.45 中的等值连接改为左外连接。

```
SELECT Salvaging.prj_num,prj_name,start_date,end_date,prj_status, mat_num,
amount,get_date,department
FROM Salvaging LEFT OUTER JOIN Out_stock
ON Salvaging.prj_num = Out_stock.prj_num
```

查询结果如图 3.24 所示。请注意区分图 3.23 和图 3.24 的不同之处。

prj_num	prj_name	start_date	end_date	prj_status	mat_num	amount	get_date	department
20100015	220KV清经线接地箱及接地线被盗抢修	2010-10-12 00:...	2010-10-13 00...	1	m001	2	2010-10-12 00:00:00	工程1部
20100015	220KV清经线接地箱及接地线被盗抢修	2010-10-12 00:...	2010-10-13 00...	1	m002	1	2010-10-12 00:00:00	工程1部
20100016	沙河站2#公变出线电缆老化烧毁抢修	2010-11-05 00:...	2010-11-06 00...	1	m001	3	2010-11-05 00:00:00	工程1部
20100016	沙河站2#公变出线电缆老化烧毁抢修	2010-11-05 00:...	2010-11-06 00...	1	m003	10	2010-11-05 00:00:00	工程2部
20110001	西丽站电缆短路烧毁工程	2011-01-03 00:...	2011-01-04 00...	1	m001	2	2011-01-03 00:00:00	工程2部
20110002	西丽站电缆接地抢修	2011-01-03 00:...	2011-01-05 00...	1	m001	1	2011-01-03 00:00:00	工程2部
20110002	西丽站电缆接地抢修	2011-01-03 00:...	2011-01-05 00...	1	m009	1	2011-01-03 00:00:00	工程2部
20110003	观澜站光缆抢修	2011-02-10 00:...	2011-02-15 00...	1	m001	5	2011-02-11 00:00:00	工程3部
20110003	观澜站光缆抢修	2011-02-10 00:...	2011-02-15 00...	1	m010	1	2011-02-11 00:00:00	工程3部
20110004	小径墩低压线被盗抢修	2011-02-12 00:...	2011-02-17 00...	1	m001	3	2011-02-15 00:00:00	工程3部
20110004	小径墩低压线被盗抢修	2011-02-12 00:...	2011-02-17 00...	1	m004	20	2011-02-15 00:00:00	工程3部
20110005	明珠立交电缆沟盖板破损抢修	2011-03-02 00:...	2011-03-05 00...	0	m001	2	2011-03-02 00:00:00	工程2部
20110005	明珠立交电缆沟盖板破损抢修	2011-03-02 00:...	2011-03-05 00...	0	m003	10	2011-03-02 00:00:00	工程2部
20110005	明珠立交电缆沟盖板破损抢修	2011-03-02 00:...	2011-03-05 00...	0	m006	3	2011-03-02 00:00:00	工程2部
20110006	朝阳国公变低压线被盗抢修	2011-03-08 00:...	2011-03-10 00...	0	NULL	NULL	NULL	NULL

图 3.24 例 3.48 查询结果

外连接就好像是为符号 * 一边的表(本例是 Out_stock 表)增加一个"万能"的行,该行全部由空值组成,它可以和另一边的表(本例是 Salvaging 表)中不满足连接条件的元组进行连接。由于这个"万能"行的各列全部是空值,因此在本例的连接结果中有一行来自 Out_stock 表的属性值全部是空值。

4. 复合条件连接查询

上述各个连接查询中,WHERE 子句中只有一个条件,即连接谓词。WHERE 子句中可以有多个连接条件,称为复合条件连接。

【例 3.49】 查询 20100015 号抢修项目所使用的物资编号、物资名称、规格和使用数量。

```
SELECT Out_stock.mat_num,mat_name,speci,Out_stock.amount
FROM Stock INNER JOIN Out_stock ON Stock.mat_num = Out_stock.mat_num
WHERE prj_num = '20100015'
```

查询结果如图 3.25 所示。

连接操作除了可以是两张表连接、一张表与其自身连接外,还可以是两张以上的表进行连接,通常称为多表连接。

mat_num	mat_name	speci	amount
m001	护套绝缘电线	BVV-120	2
m002	架空绝缘导线	10KV-150	1

图 3.25 例 3.49 查询结果

【例 3.50】 查询使用了护套绝缘电线的所有抢修项目编号及名称。

本查询涉及 3 张表,完成该查询的 SQL 语句如下。

```
SELECT Out_stock.prj_num,prj_name
FROM   (Stock INNER JOIN Out_stock ON Stock.mat_num = Out_stock.mat_num)
        INNER JOIN Salvaging ON Salvaging.prj_num = Out_stock.prj_num
WHERE mat_name = '护套绝缘电线'
```

5. 自身连接查询

连接操作不仅可以在两张表之间进行,还可以同一张表与自己进行连接,这种连接称为表的自身连接。

【例 3.51】 查询同时使用了编号为 m001 和 m002 物资的抢修工程的工程号。

在 Out_stock 表的每行记录中,只有某一抢修工程使用的一种物资信息,若要得到一个抢修工程同时使用的两种物资信息,则需要将 Out_stock 表与其自身连接。为方便连接运算,这里为 Out_stock 表取两个别名,分别为 A 和 B,通过 A 表的抢修工程项目号与 B 表的抢修工程项目号连接,这样自身连接之后得到的一张大表中的每行记录就可以表示同一抢修工程使用的两种物资信息,然后再对物资编号进行条件查询。

完成该查询的 SQL 语句为

```
SELECT A.prj_num
FROM Out_stock A   INNER JOIN Out_stock B ON A. prj_num = B.prj_num
WHERE A.mat_num = 'm001' AND B.mat_num = 'm002'
```

查询结果如图 3.26 所示。

视频讲解

视频讲解

prj_num
20100015

图 3.26　例 3.51 查询结果

3.3.3　嵌套查询

在 SQL 中，一个 SELECT…FROM…WHERE 语句称为一个查询块。将一个查询块嵌套在另一个查询块的 WHERE 子句或 HAVING 子句的条件中的查询称为嵌套查询。

```
SELECT prj_name                        -- 外层查询或父查询
FROM Salvaging
WHERE prj_num IN
            (SELECT prj_num              -- 内层查询或子查询
             FROM Out_stock
             WHERE mat_num = 'm003');
```

在本例中，下层查询块 SELECT prj_num FROM Out_stock WHERE mat_num = 'm003'是嵌套在上层查询块 SELECT prj_name FROM Salvaging WHERE prj_num IN 的 WHERE 条件中的。上层的查询块称为外层查询或父查询，下层查询块称为内层查询或子查询。

SQL 允许多层嵌套查询，即一个子查询中还可以嵌套其他子查询。需要特别指出的是，子查询的 SELECT 语句不能使用 ORDER BY 子句，ORDER BY 子句只能对最终查询结果排序。

嵌套查询使用户可以用多个简单查询构成复杂的查询，从而增强 SQL 的查询能力。以层层嵌套的方式构造程序是 SQL 中"结构化"的含义所在。

1. 带谓词 IN 的嵌套查询

在嵌套查询中，子查询的结果往往是一个集合，所以谓词 IN 是嵌套查询中最经常使用的谓词。

【例 3.52】　查询与规格为 BVV-120 的护套绝缘电线在同一个仓库存放的物资名称、规格和数量。

先分步完成此查询，然后再构造嵌套查询。

（1）确定规格为 BVV-120 的护套绝缘电线的物资所存放仓库的名称。

```
SELECT warehouse
FROM Stock
WHERE speci = 'BVV - 120' AND mat_name = '护套绝缘电线';
```

查询结果如图 3.27 所示。

（2）查找所有存放在供电局 1# 仓库的物资。

```
SELECT mat_name, speci, amount
FROM Stock
WHERE warehouse = '供电局1# 仓库';
```

查询结果如图 3.28 所示。

warehouse
供电局1#仓库

图 3.27　例 3.52 查询结果(1)

mat_name	speci	amount
护套绝缘电线	BVV-120	220
架空绝缘导线	10KV-150	30

图 3.28　例 3.52 查询结果(2)

将步骤(1)查询嵌入步骤(2)查询的条件中,构造嵌套查询,SQL 语句如下。

```
SELECT mat_name, speci, amount
FROM Stock
WHERE warehouse IN
          (SELECT warehouse
           FROM Stock
           WHERE speci = 'BVV - 120' AND mat_name = '护套绝缘电线');
```

本例中,子查询的查询条件不依赖于父查询,称为不相关子查询。不相关子查询是最简单的一类子查询,一种求解方法是由里向外处理,即先执行子查询,子查询的结果用于建立其父查询的查找条件。

本例中的查询也可以用自身连接来完成。

```
SELECT s1.mat_name, s1.speci, s1.amount
FROM Stock s1 INNER JOIN Stock s2 ON s1.warehouse = s2.warehouse
WHERE s2.speci = 'BVV - 120' AND s2.mat_name = '护套绝缘电线';
```

可见,实现同一个查询可以有多种方法。当然,不同的方法,其执行效率可能会有所差别,甚至会相差很大。

【例 3.53】　查询"观澜站光缆抢修"工程项目所使用的物资编号和物资名称。

本查询涉及物资编号、物资名称和工程项目名称 3 个属性。物资编号和物资名称存放在 Stock 表中,工程项目名称存放在 Salvaging 表中,但 Stock 与 Salvaging 两张表之间没有直接联系,必须通过 Out_stock 表建立它们三者之间的联系,所以本查询实际上涉及 3 个关系。

```
SELECT mat_num, mat_name
FROM Stock                        -- 在 Stock 关系中取出 mat_num 和 mat_name
WHERE mat_num IN
       (SELECT mat_num
        FROM Out_stock            -- 在 Out_stock 关系中找出 20110003 号工程使用的物资编号
        WHERE prj_num IN
              (SELECT prj_num
               FROM Salvaging      -- 在 Salvaging 关系中找出"观澜站光缆抢修"项目编号
               WHERE prj_name = '观澜站光缆抢修'));
```

查询结果如图 3.29 所示。

本例同样可以用连接查询实现。

```
SELECT Stock.mat_num,mat_name
FROM Stock,Out_stock,Salvaging
WHERE Stock.mat_num = Out_stock.mat_num   AND
      Out_stock.prj_num = Salvaging.prj_num   AND
      prj_name = '观澜站光缆抢修';
```

mat_num	mat_name
m001	护套绝缘电线
m010	户外真空断路器

图 3.29　例 3.53 查询结果

还可以看到,当查询涉及多个关系时,用嵌套查询逐步求解,层次清楚,易于构造,具有结构化程序设计的优点。有些嵌套查询可以用连接运算代替,有些则不能。对于可以用连接运算代替嵌套查询的,到底采用哪种方法,用户可以根据自己的习惯确定。

2. 带比较运算符的子查询

带比较运算符的子查询是指父查询与子查询之间用比较运算符进行连接。当用户能确切知道内层查询返回的是单值时，可以使用>、<、=、>=、<=、!=或<>等比较运算符。

例如，在例3.46中，由于同一规格的护套绝缘电线只可能在一个仓库存放，也就是说内查询的结果是一个值，因此可以用=代替IN，其SQL语句如下。

```
SELECT mat_name, speci, amount
FROM Stock
WHERE warehouse =
            ( SELECT warehouse
              FROM Stock
              WHERE speci = 'BVV - 120' AND mat_name = '护套绝缘电线');
```

【例3.54】 查询出库存量超过该仓库物资平均库存量的物资编号、名称、规格及数量。

```
SELECT mat_num, mat_name, speci, amount
FROM Stock s1
WHERE amount >
            ( SELECT AVG(amount)
              FROM Stock s2
              WHERE s2.warehouse = s1.warehouse);
```

s1 是 Stock 表的别名，又称为元组变量，可以用来表示 Stock 表的一个元组。内层查询是求一个仓库所有物资的平均库存量，至于是哪一个仓库的平均库存量则要看参数 s1.warehouse 的值，而该值是与父查询相关的，因此这类查询称为相关子查询（Correlated Subquery），整个查询语句称为相关嵌套查询（Correlated Nested Query）语句。

这个语句的一种可能的执行过程如下。

(1) 从外层查询中取出 Stock 表的一个元组 s1，将元组 s1 的 warehouse 值（供电局1#仓库）传给内层查询。

```
SELECT AVG(amount)
FROM Stock s2
WHERE s2.warehouse = '供电局1#仓库';
```

(2) 执行内层查询，得到值125，用该值代替内层查询，得到外层查询。

```
SELECT mat_num, mat_name, speci, amount
FROM Stock s1
WHERE amount > 125 AND s1.warehouse = '供电局1#仓库';
```

(3) 执行这个查询，得到

```
(m001, 护套绝缘电线, BVV - 120, 220)
```

然后，外层查询取出下一个元组重复上述步骤，直到外层的 Stock 表中的元组全部处理完毕，查询结果如图3.30所示。

求解相关子查询不能像求解不相关子查询那样，一次将子查询求解出来，然后求解父查询。相

mat_num	mat_name	speci	amount
m001	护套绝缘电线	BVV-120	220
m004	护套绝缘电线	BVV-50	283
m008	护套绝缘电线	BVV-95	164
m009	交联聚乙烯绝缘电缆	YJV22-15KV	45

图 3.30 例 3.54 查询结果

关子查询中内层查询由于与外层查询有关，因此必须反复求值。

【例3.55】 查询其他仓库中比供电局1#仓库的某一物资库存量少的物资名称、规格和数量。

```
SELECT mat_name, speci, amount
FROM Stock
WHERE warehouse <> '供电局1#仓库'
        AND amount < (SELECT MAX(amount)
                        FROM Stock
                        WHERE warehouse = '供电局1#仓库');
```

查询结果如图 3.31 所示。

3. 带 EXISTS 谓词的子查询

EXISTS 代表存在量词∃。带 EXISTS 谓词的子查询不返回任何数据,只产生逻辑真值 TRUE 或逻辑假值 FALSE。

mat_name	speci	amount
护套绝缘电线	BVV-35	80
护套绝缘电线	BVV-70	130
护套绝缘电线	BVV-150	46
架空绝缘导线	10KV-120	85
护套绝缘电线	BVV-95	164
交联聚乙烯绝缘电缆	YJV22-15KV	45
户外真空断路器	ZW12-12	1

图 3.31 例 3.55 查询结果

【例 3.56】 查询所有使用了 m001 号物资的工程项目名称。

本查询涉及 Salvaging 和 Out_stock 表。我们可以在 Salvaging 表中依次取每个元组的 prj_num 值,用此值去检查 Out_stock 表。若 Out_stock 表中存在这样的元组,其 prj_num 值等于 Salvaging. prj_num 值,并且其 mat_num = 'm001',则取此 Salvaging. prj_name 送入结果关系。将此想法写成 SQL 语句:

```
SELECT prj_name
FROM Salvaging
WHERE EXISTS
        (SELECT *
         FROM Out_stock
         WHERE prj_num = Salvaging. prj_num AND mat_num = 'm001');
```

由 EXISTS 引出的子查询,其目标属性列表达式一般用 * 表示,因为带 EXISTS 的子查询只返回真值或假值,给出列名无实际意义。若内层子查询结果非空,则外层的 WHERE 子句条件为真(TRUE),否则为假(FALSE)。

本例中子查询的查询条件依赖于外层父查询的某个属性值(Salvaging 表的 prj_num 值),因此也是相关子查询(Correlated Subquery)。这个查询语句的处理过程是首先取外层查询 Salvaging 表中的第 1 个元组,根据它与内层子查询相关的属性值(prj_num 值)处理内层子查询,若 WHERE 子句返回值为真(TRUE),则取此元组放入结果表;然后再取 Salvaging 表的下一个元组;重复这一过程,直至外层 Salvaging 表全部检查为止。

与 EXISTS 谓词相对应的是 NOT EXISTS 谓词。使用存在量词 NOT EXISTS 后,若内层子查询结果为空,则外层的 WHERE 子句返回真值,否则返回假值。

【例 3.57】 查询所有没有使用 m001 号物资的工程项目编号及名称。

```
SELECT prj_num,prj_name
FROM Salvaging
WHERE NOT EXISTS
        (SELECT *
         FROM Out_stock
         WHERE prj_num = Salvaging.prj_num AND mat_num = 'm001');
```

查询结果如图 3.32 所示。

一些带 EXISTS 或 NOT EXISTS 谓词的子查询不能被其他形式的子查询等价替换,但所有带 IN 谓词、比较运算符的子

prj_num	prj_name
20110006	朝阳国公变低压线抢修

图 3.32 例 3.57 查询结果

查询都能用带 EXISTS 谓词的子查询等价替换。

【例 3.58】 将例 3.46 改为带谓词 EXISTS 的查询，SQL 语句如下。

```
SELECT mat_name, speci, amount
FROM Stock s1
WHERE EXISTS
    (SELECT *
    FROM Stock s2
    WHERE S2.warehouse = S1.warehouse AND
        speci = 'BVV-120' AND mat_name = '护套绝缘电线');
```

由于带 EXISTS 谓词的相关子查询只关心内层查询是否有返回值，并不需要具体值，因此其效率并不一定低于不相关子查询，有时是高效的方法。

【例 3.59】 查询被所有抢修工程项目都使用了的物资名称及规格。

SQL 中没有全称量词（For All），但是可以把带有全称量词的谓词转换为等价的带有存在量词的谓词，即

$$(\forall x)P = \neg(\exists x(\neg P))$$

这样，可将题目的意思转换为等价的用存在量词的形式：查询这样的物资，没有一个抢修工程没有使用过它。

```
SELECT mat_name, speci
FROM Stock
WHERE NOT EXISTS
(SELECT *
    FROM Salvaging
    WHERE NOT EXISTS
        ( SELECT *
            FROM Out_stock
            WHERE  mat_num = Stock.mat_num
              AND  prj_num = Salvaging.prj_num));
```

【例 3.60】 查询所用物资包含 20100016 号抢修工程所用物资的抢修工程项目号和项目名称。

本查询可用逻辑蕴含表达：查询抢修工程号为 x 的工程，对所有物资 y，只要 20100016 号工程项目使用了物资 y，则 x 也使用了 y。形式化表示如下。

用 p 表示谓词"20100016 号抢修工程使用了物资 y"。

用 q 表示谓词"抢修工程 x 使用了物资 y"。

则上述查询可表示为

$$(\forall y)p \rightarrow q$$

SQL 中没有蕴含（Implication）逻辑运算，但是可以利用谓词演算将一个逻辑蕴含的谓词等价转换为

$$p \rightarrow q = \neg p \vee q$$

该查询可转换为以下等价形式。

$$(\forall y)p \rightarrow q \equiv \neg(\exists y(\neg(p \rightarrow q))) \equiv \neg(\exists y(\neg(\neg p \vee q))) \equiv \neg(\exists y(p \wedge \neg q))$$

这样，可将题目的意思转换为等价的用存在量词的形式：不存在这样的物资 y，20100016 号抢修工程使用了物资 y，而抢修工程 x 没有使用物资 y。

```
SELECT prj_num, prj_name
FROM Salvaging
WHERE NOT EXISTS
```

```
( SELECT *
FROM Out_stock A
WHERE prj_num = '20100016'   AND
        NOT EXISTS
        ( SELECT *
          FROM Out_stock B
          WHERE B.mat_num = A.mat_num
          AND B.prj_num = Salvaging.prj_num));
```

查询结果如图 3.33 所示。

prj_name
沙河站2#公变出线电缆老化烧毁抢修
明珠立交电缆沟盖板破损抢修

图 3.33   例 3.60 查询结果

扫一扫

视频讲解

……集合,所以多个 SELECT 语句的结果可进行集合操作。……上的 SELECT 语句的查询结果输出连接成一个单独的……表的列数必须相同,对应项的数据类型也必须相同。……为第 1 个查询语句的列标题,要对集合查询结果排序,……项。

【例……且单价不大于 50 的物资,并按单价升序排列。

```
SEL……
FRO……
WHE……
UNIO……
SELE……
FROM S……
WHERE……
ORDER ……
```

本查询……资与单价不大于 50 的物资的并集。在使用 UNION ……去掉重复元组。

【例 3.62……的物资的抢修工程编号。

本查询实……工程集合与使用了编号为 m002 的物资的工程集合……

```
SELECT prj_n……
FROM Out_stoc……
WHERE mat_num……
UNION
SELECT prj_num……
FROM Out_stock ……
WHERE mat_num = ……002 ;
```

3.3.5   通过中间表查询

查询过程中,有时需要根据查询结果生成中间表,再通过中间表继续查询,得到需要的结果。

【例 3.63】 查询使用抢修物资数量前三的抢修工程编号。

```
SELECT prj_num
FROM  (SELECT prj_num,SUM(amount) AS sum_amount
        FROM Out_stock
        GROUP BY prj_num)  AS S
ORDER BY sum_amount  DESC
LIMIT 3;
```

该查询中,FROM 查询的是一张命名为 S 的中间表。查询结果如图 3.34 所示。

prj_num
20110004
20110005
20100016

图 3.34 例 3.63 查询结果

SQL Server 中该查询应该写为

```
SELECT top 3 prj_num
FROM  (SELECT prj_num,SUM(amount) AS sum_amount
        FROM Out_stock
        GROUP BY prj_num)  AS S
ORDER BY sum_amount  DESC;
```

【例 3.64】 查询每个抢修工程的编号、名称及使用的抢修物资总数量。

```
SELECT Salvaging.prj_num,prj_name,sum_amount
FROM Salvaging INNER JOIN
      (SELECT prj_num,SUM(amount) AS sum_amount
        FROM Out_stock
        GROUP BY prj_num) as S
ON Salvaging.prj_num = S.prj_num
```

扫一扫

视频讲解

3.4 数据更新

数据更新操作主要包括插入数据(INSERT)、修改数据(UPDATE)和删除数据(DELETE)。

3.4.1 插入数据 ▶

SQL 的 INSERT 语句可用于向数据表中插入数据,既可以插入单行,也可以插入多行,甚至可以插入子查询结果。

1. 插入单行元组

插入单行元组的 INSERT 语句的一般语法格式为

```
INSERT
INTO <表名>[<属性列 1>[,<属性列 2>...]]
VALUES(<常量 1>[,<常量 2>]...);
```

其功能是将新元组插入指定的表中。新元组的属性列 1 的值为常量 1,属性列 2 的值为常量 2,以此类推。INTO 子句中没有出现的属性列,新记录在这些列上将取空值。但用户必须注意的是,在定义表时说明 NOT NULL 的属性列不能取空值,否则会出错。

如果 INTO 子句没有指明任何列名,则新插入的记录必须在每个属性列上均有值。

【例 3.65】 将新的配电物资(物资编号：m020；物资名称：架空绝缘导线；规格：10KV-100；仓库名称：供电局1♯仓库；单价：12.8；库存数量：50)插入配电物资库存记录表(Stock)中。

```
INSERT
INTO Stock(mat_num,mat_name,speci,warehouse,unit,amount)
VALUES ('m020','架空绝缘导线','10KV-100','供电局1♯仓库', 12.8,50);
```

本例中指出了新增加元组在哪些属性列上要赋值，属性列的顺序可以与 CREATE TABLE 中的顺序不一样。VALUES 子句对新元组的各属性列赋值，字符串要用单引号(英文符号)括起来。

【例 3.66】 将新的抢修工程(20110011，观澜站电缆接地抢修，2011-2-3 0:00:00，2011-2-5 12:00:00,1)插入抢修工程计划表(Salvaging)中。

```
INSERT
INTO Salvaging
VALUES ('20110011','观澜站电缆接地抢修','2011-2-3 0:00:00','2011-2-5
12:00:00',1);
```

本例中 INTO 子句只指出了表名，没有指出属性名，这就表示新元组要在表的所有属性列上都指定值，而且属性列的顺序与 CREATE TABLE 中的顺序相同。VALUES 子句对新元组的各属性列赋值，一定要注意值与属性列的顺序要一一对应。

2. 插入多行元组

插入多行元组的 INSERT 语句的一般语法格式为

```
INSERT
INTO <表名>[<属性列1>[,<属性列2>...]]
VALUES(<常量1_1>[,<常量1_2>]...),
       (<常量2_1>[,<常量2_2>]...)
       ...
       (<常量n_1>[,<常量n_2>]...);
```

该语句基本用法与插入单行元组类似，但是允许将多条数据记录用逗号隔开，放在关键字 VALUES 的后面，插入数据表中。

【例 3.67】 将多行数据记录插入领料出库表(Out_stock)中。

```
INSERT
INTO Out_stock
VALUES ('20110006','m001',2,'2011-3-9','工程4部'),
       ('20110006','m002',3,'2011-3-9','工程4部');
```

3. 插入子查询结果

子查询不仅可以嵌套在 SELECT 语句中，用于构造父查询的条件，也可以嵌套在 INSERT 语句中，用于生成要批量插入的数据。

插入子查询结果的 INSERT 语句的语法格式为

```
INSERT
INTO <表名>[(<属性列1>[,<属性列2>...])
子查询;
```

【例 3.68】 对每个抢修工程项目，求其所用物资的总费用，并把结果存入数据库。

首先，在数据库中建立一张新表，其中一列存放抢修工程项目号，另一列存放相应的物资总费用。

```
CREATE TABLE Prj_cost
(    prj_num char(8)   PRIMARY KEY,
     cost decimal(18, 2)
);
```

然后，对 Out_stock 和 Stock 表自然连接后按工程项目号 prj_num 分组，利用聚集函数求出其总费用，并将其插入新表中。

```
INSERT
INTO Prj_cost
    SELECT prj_num, SUM(Out_stock.amount * unit)
    FROM Out_stock,Stock
    WHERE Out_stock.mat_num = Stock.mat_num
    GROUP BY prj_num
```

3.4.2 修改数据

修改操作（UPDATE）语句的一般语法格式为

```
UPDATE <表名>
SET <列名 1> = <表达式 1> [,<列名 2> = <表达式 2>...]
[WHERE <条件>];
```

其功能是修改指定表中满足 WHERE 子句条件的元组。其中，SET 子句给出<表达式 i>的值取代<列名 i>相应的属性列的值。如果省略 WHERE 子句，则表示要修改表中所有元组。

1. 修改单个元组的值

【例 3.69】 将编号为 m020 的物资的单价修改为 44.5 元。

```
UPDATE Stock
SET unit = 44.5
WHERE mat_num = 'm020';
```

2. 修改多个元组的值

【例 3.70】 将所有物资的单价加 1。

```
UPDATE Stock
SET unit = unit + 1;
```

3. 带子查询的修改

子查询也可以嵌套在 UPDATE 语句中，用于构造修改的条件。

【例 3.71】 将供电局 1♯仓库的所有物资的领取数量置零。

由于物资所在仓库的信息在 Stock 表中，而物资的领取数量在 Out_stock 表中，因此可以将 SELECT 子查询作为 WHERE 子句的条件表达式。

```
UPDATE Out_stock
SET amount = 0
WHERE mat_num in
    ( SELECT mat_num
      FROM Stock
      WHERE warehouse = '供电局 1♯仓库');
```

该语句还可以写为

```
UPDATE Out_stock, Stock
SET Out_stock.amount = 0
WHERE Stock. mat_num = Out_stock. mat_num
AND warehouse = '供电局1♯仓库';
```

3.4.3 删除数据 ▶

删除数据操作(DELETE)语句的一般语法格式为

```
DELETE
FROM <表名>
[WHERE <条件>];
```

DELETE 语句的功能是从指定表中删除满足 WHERE 子句条件的所有元组。如果省略 WHERE 子句,表示删除表中全部元组,但表的定义仍在数据字典中。也就是说,DELETE 语句删除的是表中的数据,而不是关于表的定义。

1. 删除单个元组的值

【例 3.72】 删除项目号为 20110001 的抢修工程领取的编号为 m001 的物资出库记录。

```
DELETE
FROM Out_stock
WHERE prj_num = '20110001' AND mat_num = 'm001';
```

2. 删除多个元组的值

【例 3.73】 删除所有抢修工程的领料出库记录。

```
DELETE
FROM Out_stock;
```

这条 DELETE 语句将删除 Out_stock 表的所有元组,使其成为空表。

3. 带子查询的删除

子查询同样也可以嵌套在 DELETE 语句中,用于构造执行删除操作的条件。

【例 3.74】 删除"观澜站光缆抢修"工程项目的所有领料出库记录。

```
DELETE
FROM Out_stock
WHERE prj_num in
          (SELECT prj_num
           FROM Salvaging
           WHERE prj_name = '观澜站光缆抢修');
```

值得注意的是,由于增、删、改操作每次只能对一张表进行操作,如果不注意关系之间的参照完整性和操作顺序,就会导致操作失败甚至发生数据库不一致的问题。在后续章节中将详细介绍参照完整性的检查和控制。

3.5 视图

扫一扫

视频讲解

视图是关系数据库系统提供给用户以多种角度观察数据库中数据的重要机制。

视图是从一张或几张基本表(或视图)导出的表,它与基本表不同,是一张虚表。数据库中只存放视图的定义,而不存放视图对应的数据,这些数据仍存放在原来的基本表中,所以基本表中的数据发生变化,从视图中查询出的数据也就随之改变了。从这个意义上讲,视图就像一个窗口,透过它可以看到数据库中自己感兴趣的数据及其变化。

视图一经定义,就可以和基本表一样被查询、删除,也可以在一个视图之上再定义新的视图,但对视图的更新(增加、删除、修改)操作则有一定的限制。

3.5.1 视图的建立与删除

1. 建立视图

SQL 用 CREATE VIEW 命令建立视图,一般语法格式为

```
CREATE VIEW <视图名> [(<列名>[,<列名>]...)
AS <子查询>
[WITH CHECK OPTION];
```

其中,<子查询>可以是任意的 SELECT 语句,但通常不允许含有 ORDER BY 子句;WITH CHECK OPTION 表示用视图进行 UPDATE、INSERT 或 DELETE 操作时要保证更新、插入或删除的元组满足视图定义中的谓词条件(即子查询中的条件表达式)。

组成视图的属性列名要么全部省略,要么全部指定。如果视图定义中省略了属性列名,则隐含该视图由子查询中 SELECT 子句的目标列组成。但在下列 3 种情况下必须明确指定组成视图的所有列名。

(1) 某个目标列不是单纯的属性名,而是聚集函数或列表达式。

(2) 多表连接导出的视图中有几个同名列作为该视图的属性名。

(3) 需要在视图中为某个列启用新的更合适的名字。

【例 3.75】 建立供电局 1♯仓库所存放物资的视图。

```
CREATE VIEW s1_stock
AS
SELECT mat_num,mat_name,speci,amount,unit
FROM Stock
WHERE warehouse = '供电局 1♯仓库';
```

本例中省略了 s1_stock 视图的列名,则 s1_stock 视图中就隐含了子查询中 SELECT 子句的 5 个目标列。

注意:RDBMS 执行 CREATE VIEW 语句的结果只是把视图的定义存入数据字典,并不执行其中的 SELECT 语句。只是在对视图进行查询时,才按视图的定义从基本表中将数据查出。

```
SELECT * FROM s1_stock
```

执行上述对视图的查询后,可得到如图 3.35 的查询结果。

mat_num	mat_name	speci	amount	unit
m001	护套绝缘电线	BVV-120	220	89.80
m002	架空绝缘导线	10KV-150	30	17.00

图 3.35 例 3.75 查询结果

【例 3.76】 建立供电局 1♯仓库所存放物资的视图,并要求进行修改和插入操作时仍需保证该视图只有供电局 1♯仓库所存放的物资。

```
CREATE VIEW s2_stock
AS
SELECT mat_num,mat_name,speci,amount,unit
```

```
FROM Stock
WHERE warehouse = '供电局1#仓库'
WITH CHECK OPTION;
```

由于在定义 s2_stock 视图时加上了 WITH CHECK OPTION 子句,以后对该视图进行插入、修改和删除操作时 DBMS 会自动检查或加上 warehouse = '供电局1#仓库'的条件。

若一个视图是从单张基本表中导出的,并且只是去掉了基本表的某些行和某些列,保留了主键,这类视图称为行列子集视图。例 3.75 和例 3.76 建立的两个视图就是行列子集视图。

【例 3.77】 建立包含抢修工程项目名称(prj_name)、出库物资名称(mat_name)、规格(speci)及领取数量(amount)的视图。

本视图由 3 张基本表的连接操作导出,SQL 语句如下。

```
CREATE VIEW s1_outstock
AS
SELECT prj_name,mat_name,speci,out_stock.amount
FROM Stock,Salvaging,Out_stock
WHERE Stock.mat_num = Out_stock.mat_num AND
    Salvaging.prj_num = Out_stock.prj_num;
```

视图不仅可以建立在一张或多张基本表上,也可以建立在一个或多个已定义好的视图上,或建立在基本表与视图上。

【例 3.78】 建立供电局1#仓库所存放物资库存数量不少于 50 的视图。

```
CREATE VIEW s3_stock
AS
 SELECT mat_num,mat_name,speci,amount
 FROM s1_stock
 WHERE amount > = 50;
```

本例中的 s3_stock 视图就是建立在 s1_stock 视图之上的。

在建立视图时也可根据应用的需要,设置一些由基本数据经过各种计算派生出的属性列,由于这些派生属性在基本表中并不实际存在,因此也称为虚拟列。带虚拟列的视图也称为带表达式的视图。

【例 3.79】 建立一个体现抢修工程项目实际抢修天数的视图。

```
CREATE VIEW s1_salvaging(prj_name,start_date,end_date,days)
AS
SELECT prj_name, start_date, end_date, datediff(end_date,start_date)
FROM Salvaging;
```

注意:本例中由于 SELECT 子句的目标列中含有表达式,因此必须在 CREATE VIEW 的视图名后面明确说明视图的各个属性列名。

在创建视图时还可以用带有聚集函数和 GROUP BY 子句的查询定义视图,称为分组视图。

【例 3.80】 将仓库名称与其仓库内所存放物资的种类数定义为一个视图。

```
CREATE VIEW s4_stock(warehouse,counts)
AS
SELECT warehouse,COUNT(mat_num)
FROM Stock
GROUP BY warehouse;
```

由于 AS 子句中 SELECT 语句的物资种类目标列是通过作用聚集函数得到的,所以在 CREATE VIEW 中必须明确定义组成 s4_stock 视图的各个属性列名,s4_stock 是一个分组视图。

【例 3.81】 将所有已按期完成的抢修工程定义为一个视图。

```
CREATE VIEW s2_salvaging(prj_num,prj_name,start_date,end_date,prj_status)
AS
SELECT *
FROM Salvaging
WHERE prj_status = 1;
```

本例中 s2_salvaging 视图是由子查询 SELECT * 建立的,则说明 s2_salvaging 视图与基本表 Salvaging 的属性列一一对应。如果以后修改了基本表 Salvaging 的结构,则 Salvaging 表与 s2_salvaging 视图的映射关系就被破坏了,该视图就无法正确使用。为避免出现这种问题,最好在修改基本表之后删除由该基本表导出的视图,然后重建这个视图。

2. 删除视图

删除视图语句的一般语法格式为

```
DROP VIEW <视图名>;
```

视图删除后其定义将从数据字典中删除。但是由该视图导出的其他视图的定义仍在数据字典中,不过均已无法使用,需要使用 DROP VIEW 语句将其一一删除。

【例 3.82】 删除 s1_stock 视图。

```
DROP VIEW s1_stock;
```

由于从 s1_stock 视图还导出了 s3_stock 视图,虽然 s3_stock 视图的定义仍在数据字典中,但已无法使用,所以需要使用 DROP VIEW s3_stock 语句将其删除。

3.5.2 查询视图

建立视图后,用户就可以像查询基本表一样使用视图了。

【例 3.83】 在供电局 1♯仓库的物资视图 s1_stock 中找出单价小于 20 元的物资名称、规格和单价。

```
SELECT mat_name,speci,unit
FROM s1_stock
WHERE unit < 20;
```

DBMS 执行对视图的查询时,首先进行有效性检查,即检查所涉及的表、视图等是否存在。如果存在,则从数据字典中取出视图的定义,把定义中的子查询和用户的查询语句结合起来,转换为等价的对基本表的查询,然后再执行这个修正后的查询。这个转换过程称为视图消解(View Resolution)。

本例转换后的查询语句为

```
SELECT mat_name,speci,unit
FROM Stock
WHERE warehouse = '供电局1♯仓库' AND unit < 20;
```

由此可见,对视图的查询实质上就是对基本表的查询,因此基本表的变化可以反映到视图上,视图就像是基本表的窗口一样,通过视图可以看到基本表动态的变化情况。

【例 3.84】　查询使用了供电局 1♯仓库物资的抢修工程项目号。

本查询涉及 s1_stock 视图和基本表 Out_stock,通过将二者连接完成用户请求。SQL 语句如下。

```
SELECT DISTINCT prj_num
FROM s1_stock INNER JOIN Out_stock ON s1_stock.mat_num = Out_stock.mat_num;
```

通常情况下,对视图的查询是直截了当的,但有时这种转换不能直接进行,因而查询会产生问题。

【例 3.85】　查询所存物资种类大于 2 的仓库名称。

```
SELECT warehouse
FROM s4_stock
WHERE counts > 2;
```

将此查询与 s4_stock 视图的定义结合后,转换得到查询语句:

```
SELECT warehouse
FROM Stock
WHERE COUNT(mat_num) > 2
GROUP BY warehouse;
```

而这条查询语句是不正确的,因为在 WHERE 子句中不允许使用聚集函数作为条件表达式。正确的查询语句应转换为

```
SELECT warehouse
FROM Stock
GROUP BY warehouse
HAVING COUNT(mat_num) > 2;
```

目前多数关系数据库系统对于行列子集视图的查询均能正确转换,但对于非行列子集视图的查询就不一定能正确转换了。所以,对视图进行查询时应尽量避免这类查询,最好直接对基本表进行查询。

3.5.3　更新视图 ▶

更新视图是指通过视图插入(INSERT)、删除(DELETE)和修改(UPDATE)数据。

由于视图实际上是不存储数据的虚表,因此对视图的更新最终要转换为对基本表的更新。与查询视图一样,对视图的更新也是通过视图消解转换为对基本表的更新。

为防止用户在通过视图对数据进行增、删、改时有意或无意地对不属于视图范围内的基本表数据进行操作,可在建立视图时加上 WITH CHECK OPTION 子句。这样在视图上作更新操作时,RDBMS 会自动检查视图定义中的条件,若不满足,则拒绝执行该操作。

【例 3.86】　将供电局 1♯仓库的物资视图 s1_stock 中编号为 m001 的物资的库存量修改为 100。

```
UPDATE s1_stock
SET amount = 100
WHERE mat_num = 'm001';
```

DBMS 自动转换为对基本表的更新语句如下。

```
UPDATE Stock
SET amount = 100
WHERE warehouse = '供电局1♯仓库' AND mat_num = 'm001';
```

【例3.87】 向供电局1♯仓库的物资视图 s1_stock 中插入一个新的物资记录,其中物资编号为 m022,物资名称为"护套绝缘电线",规格为 BVV-150,数量为 100,单价为 14.5。

```
INSERT
INTO s1_stock
VALUES('m022', '护套绝缘电线', 'BVV - 150', 100, 14.5);
```

如图 3.36 所示,执行该语句后,发现 MySQL 中该条记录被成功插入基本表 Stock 中,只是 warehouse 属性列为 NULL,用 SELECT * FROM s1_stock 语句是看不到刚插入的元组的。

```
INSERT
INTO s2_stock
VALUES('m023', '护套绝缘电线', 'BVV - 150', 100,14.5);
```

mat_num	mat_name	speci	warehouse	amount	unit
m001	护套绝缘电线	BVV-120	供电局1♯仓库	220	89.80
m002	架空绝缘导线	10KV-150	供电局1♯仓库	30	17.00
m003	护套绝缘电线	BVV-35	供电局2♯仓库	80	22.80
m004	护套绝缘电线	BVV-50	供电局2♯仓库	283	32.00
m005	护套绝缘电线	BVV-70	供电局2♯仓库	130	40.00
m006	护套绝缘电线	BVV-150	供电局3♯仓库	46	85.00
m007	架空绝缘导线	10KV-120	供电局3♯仓库	85	14.08
m008	护套绝缘电线	BVV-95	供电局3♯仓库	164	88.00
m009	交联聚乙烯绝缘电缆	YJV22—15KV	供电局4♯仓库	45	719.80
m010	户外真空断路器	ZW12-12	供电局4♯仓库	1	13600.00
m022	护套绝缘电线	BVV-150	NULL	100	14.50

图 3.36　插入记录后 Stock 表中的数据

如果将这条记录插入供电局1♯仓库的物资视图 s2_stock 中,将无法执行。这主要是由于在定义 s2_stock 视图时应用了 WITH CHECK OPTION 子句,其作用是限制 warehouse 的值必须是"供电局1♯仓库"才允许由 s2_stock 视图插入,否则 DBMS 拒绝执行该插入操作。

【例3.88】 删除供电局1♯仓库的物资视图 s1_stock 中编号为 m001 的物资的记录。

```
DELETE
FROM s1_stock
WHERE mat_num = 'm001';
```

DBMS 自动转换为对基本表的删除语句如下。

```
DELETE
FROM Stock
WHERE warehouse = '供电局1♯仓库' AND mat_num = 'm001';
```

在关系数据库中,并不是所有视图都可用于更新操作,因为有些视图的更新操作不能唯一有意义地转换为对应基本表的更新操作。目前,各个关系数据库系统一般都只允许对行列子集视图进行更新,而且各个系统对视图的更新还有更进一步的规定,由于各系统实现方法上的差异,这些规定也不尽相同。

例如,MySQL 中规定以下视图无法更新。

(1) 若视图的字段来自聚集函数,则此视图不允许更新。

(2) 若视图定义中含有 GROUP BY 子句,则此视图不允许更新。

(3) 若视图定义中含有 DISTINCT 关键字,则此视图不允许更新。

（4）一个不允许更新的视图上定义的视图也不允许更新。

应该指出的是，不可更新的视图与不允许更新的视图是两个不同的概念。前者指理论上已证明是不可更新的视图；后者指实际系统中不支持其更新，但它本身有可能是可更新的视图。

3.5.4　视图的作用　▶

视图最终是定义在基本表上的，对视图的一切操作最终也要转换为对基本表的操作，而且对于非行列子集视图进行查询或更新时还有可能出现问题。既然如此，为什么还要定义视图呢？这是因为合理使用视图能够带来许多好处。

1．视图能够简化用户的操作

视图机制可以让用户关注自己感兴趣的数据，如果这些数据不是直接来自基本表，则可以通过定义视图使数据库看起来结构简单、清晰，并且可以简化用户的数据查询操作。例如，那些经常使用的查询被定义为视图，从而使用户不必在每次对该数据执行操作时都指定所有查询条件。再者，如果用户视图是由多张基本表导出的，则视图机制也把表与表之间的连接操作对用户隐蔽了。也就是说，用户所做的是对一张虚表的简单查询，而这张虚表是怎样得来的，用户无须了解。

2．视图使用户能以多种角度看待同一数据

视图机制能使不同的用户以多种角度看待同一数据，当许多要求不同的用户共享同一个数据库时，这种灵活性是非常重要的。

3．视图为重构数据库提供了一定程度的逻辑独立性

数据的独立性分为两种，即物理独立性与逻辑独立性。数据的物理独立性是指用户和用户程序不依赖于数据库的物理结构；数据的逻辑独立性是指当数据库重新构造时，如增加新的关系或对原有关系增加新的字段等，用户和用户程序不会受影响。层次数据库和网状数据库一般能较好地支持数据的物理独立性，而对于逻辑独立性则不能完全支持。在数据库中，数据库的重构往往是不可避免的。重构数据库最常见的是将一张基本表"垂直"地分成多张基本表。例如，将配电物资库存记录表 Stock(mat_num, mat_name, speci, warehouse, amount, unit)分为 s1(mat_num, mat_name, speci, warehouse)和 s2(mat_num, amount, unit)两张表。这时 Stock 表为 s1 表和 s2 表自然连接的结果。如果建立一个 stock 视图：

```
CREATE VIEW stock(mat_num,mat_name,speci,warehouse,amount,unit)
AS
SELECT s1.mat_num, s1.mat_name, s1.speci, s1.warehouse, s2.amount, s2.unit
FROM s1, s2
WHERE s1.mat_num = s2. mat_num;
```

这样尽管数据库的逻辑结构改变了，但不必修改应用程序，因为新建立的视图定义了用户原来的关系，使用户的外模式保持不变，用户的应用程序通过视图仍然能够查找数据。

当然，视图只能在一定程度上提供数据的逻辑独立性。例如，由于对视图的更新是有条件的，因此应用程序中修改数据的语句可能仍会因基本表结构的改变而改变。

4．视图能够对机密数据提供安全保护

有了视图机制，就可以在设计数据库应用系统时对不同的用户定义不同的视图，使机密

数据不出现在不应看到这些数据的用户视图上,这样视图机制就自动提供了对机密数据的安全保护功能。例如,Stock 表涉及 5 个仓库的物资记录,可以在其上定义 5 个视图,每个视图只包含一个仓库的物资记录,并且只允许每个仓库的管理员查询自己仓库的物资视图。

小结

数据库标准语言 SQL 分为数据定义、数据查询、数据更新和数据控制四大部分,本章系统、详尽地讲解了前 3 部分的主要内容,数据控制部分将在数据库安全性中介绍。视图是关系数据库系统中的重要概念,合理地使用视图有许多好处。

SQL 是关系数据库的工业标准,目前,大部分数据库管理系统都支持 SQL-92 标准,但至今尚没有一个数据库系统能完全支持 SQL-99 标准。

本章的所有示例全部在 MySQL 上运行通过。

扫一扫

自测题

习题 3

一、选择题

1. 关系代数中的 π 运算符对应 SELECT 语句中的( )子句。

    A. SELECT   B. FROM   C. WHERE   D. GROUP BY

2. 关系代数中的 σ 运算符对应 SELECT 语句中的( )子句。

    A. SELECT   B. FROM   C. WHERE   D. GROUP BY

3. SELECT 语句执行的结果是( )。

    A. 数据项   B. 元组   C. 表   D. 视图

4. 视图创建完毕后,数据字典中存放的是( )。

    A. 查询语言   B. 查询结果

    C. 视图定义   D. 所引用的基本表的定义

5. SQL 创建视图应使用( )语句。

    A. CREATE   SCHEMEA   B. CREATE   TABLE

    C. CREATE   VIEW   D. CREATE   DATABASE

6. 当两个子查询的结果( )时,可以执行集合操作。

    A. 结构完全不一致   B. 结构完全一致

    C. 结构部分一致   D. 主键一致

7. SELECT 语句中与 HAVING 子句同时使用的是( )子句。

    A. ORDER BY   B. WHERE

    C. GROUP BY   D. 无须配合

8. WHERE 子句的条件表达式中,可以匹配 0 个到多个字符的通配符是( )。

    A. *   B. %   C. —   D. ?

9. 与 WHERE G BETWEEN 60 AND 100 语句等价的语句是( )。

    A. WHERE G > 60 AND G < 100   B. WHERE G >= 60 AND G < 100

    C. WHERE G > 60 AND G <= 100   D. WHERE G >= 60 AND G <= 100

10. SQL 中,"DELETE FROM 表名"语句表示( )。

A. 从基本表中删除所有元组　　　　B. 从基本表中删除所有属性

C. 从数据库中删除这个基本表　　　　D. 从基本表中删除重复元组

二、综合题

1. 用 SQL 语句创建第 2 章习题中的 4 张表(见表 2.8～表 2.11)：客户表(Customers)、代理人表(Agents)、产品表(Products)和订单表(Orders)。

2. 用 SQL 语句实现第 2 章综合题 3 中的 8 个查询。

3. 用 SQL 语句实现第 2 章综合题 4 中的 7 个查询。

4. 针对综合题 1 中的 4 张表,用 SQL 语句完成以下各项操作。

(1) 查询订货数量为 500～800 的订单情况。

(2) 查询产品名称中含"水"字的产品名称与单价。

(3) 查询每个月的订单数、总订货数量以及总金额,要求赋予别名,并按月份降序排列。

(4) 查询姓王且名字为两个字的客户在 1 月份的订单情况,并按订货数量降序排列。

(5) 查询上海客户中总订货数量超过 2000 的订货月份。

(6) 查询每个产品的产品编号、产品名称、总订货数量以及总金额。

(7) 查询没有通过北京代理商订购笔袋的客户编号与客户名称。

(8) 查询这样的订单号：订货数量大于 3 月份所有订单的订货总量。

(9) 向产品表中增加一个产品,名称为"粉笔",编号为 P20,单价为 1.50 元,销售数量为 25000 支。

(10) 将所有单价大于 1.00 元的产品单价提高 10％。

(11) 将所有由上海代理商代理的笔袋的订货数量修改为 2000。

(12) 将由 A06 供给 C006 的产品 P01 改为由 A05 供应,请进行必要的修改。

(13) 从客户关系中删除 C006 记录,并从供应情况关系中删除相应的记录。

(14) 删除 3 月份订购尺子的所有订单情况。

(15) 为上海的客户创建一个代理情况视图,包括代理人姓名、产品名称及产品单价。

(16) 创建一个视图,要求包含单价大于 1.00 元的所有产品的产品名称、总订货数量以及总金额。

第4章

CHAPTER 4

数据库编程和存储程序

MySQL 和 SQL Server 都使用标准的 SQL 形式，支持所有标准 SQL 操作，包括提供标准 SQL 的 DDL、DCL、DML 以及扩展的函数、系统存储过程等，还提供了类似 C、Basic 等其他高级语言的基本功能，如变量说明、流程控制、功能函数等，使其成为较强的过程化数据库语言。

扫一扫

视频讲解

4.1 基本编程语法

4.1.1 变量 ▶

变量是由系统或用户定义的可赋值的实体，可以在子程序（函数、存储过程、触发器等）中声明并使用，分为系统变量和用户变量。

(1) MySQL 系统变量分为系统全局变量和系统会话变量，用来跟踪服务器作用范围和特定的交互过程，其名称以两个@字符（即@@）开头。全局变量在 MySQL 启动时由服务器自动初始化为默认值；会话变量在每次建立一个新的连接时由 MySQL 初始化。二者的区别在于对全局变量的修改会影响到整个服务器，但是对会话变量的修改只会影响到当前的会话（也就是当前的数据库连接），当前数据库连接断开后，其设置的所有会话变量均失效。

以下语句显示系统版本和最大连接数。

```
SELECT @@version,@@global.max_connections;
```

也可以用 show variables 命令显示系统变量。例如，以下语句显示所有以 version 开头的变量。

```
show variables like 'version%';
```

若变量前没有 global 关键字，默认为系统会话变量（Session）。

(2) SQL Server 同样有系统变量，用于控制 SQL Server 的行为和操作，一些常见的系统变量如下。

@@ROWCOUNT：返回最近一次执行的 SQL 语句所影响的行数。

@@IDENTITY：返回最近一次执行 INSERT 语句后生成的自增 ID。

@@ERROR：返回最近一次执行的 SQL 语句的错误代码。

@@VERSION：返回 SQL Server 的版本信息。

以下语句显示系统版本。

```
SELECT @@version;
```

（3）用户变量是由用户定义和赋值的变量，其名称首字符必须为@，最大长度为 64 个字符，不区分大小写，其中变量名称由字母、数字、.、、_和 $ 组成。

用户变量可以在 SET 语句中用＝赋值，用户可以在同一条语句中对多个变量进行赋值，示例如下。

```
SET @v1 = 100,@v2 = (SELECT SUM(amount) FROM Stock);
SELECT @v1,@v2,@v3,@v4;
```

注意：用户变量可以被赋值为整数、小数、字符串或 NULL 值，还可以通过任意形式的表达式赋值，而表达式中还允许出现其他变量。如果在访问某个用户变量之前没有对它明确赋值，它的值将是 NULL。

此外，还可以在 SQL 语句块（如存储过程的 BEGIN…END）中定义局部变量，其作用域仅限于该语句块，该语句块执行完毕，局部变量就消失了。局部变量一般用 DECLARE 关键字声明，可以使用 DEFAULT 关键字说明默认值。

```
DECLARE 局部变量名[,局部变量名] 数据类型 [DEFALUT 默认值];
SET 局部变量名 = 表达式;
SELECT @变量名 = 表达式;
```

在同一个 DECLARE 语句中，可以同时声明多个变量，变量之间用逗号隔开。例如，以下语句声明了整型局部变量 var1 和 var2，默认值为 0。

```
DECLARE var1,var2 INT DEFAULT 0;
SET var1 = 100;
```

4.1.2 流程控制语句 ▶

流程控制语句用来控制程序执行的顺序，主要控制 SQL 语句、语句块或存储过程的执行流程。

1. BEGIN…END 语句

使用 BEGIN…END 语句可以将多条 SQL 语句封装起来，形成一个语句块，使这些语句作为一个整体执行。语法格式如下。

```
BEGIN
   语句
END
```

2. IF 语句

IF 语句是条件判断语句，根据表达式的真假选择执行某个语句或语句块。语法格式如下。

```
IF (条件表达式,语句 1,语句 2)
```

执行过程：如果条件表达式为真，则执行语句 1；如果条件表达式为假，则执行语句 2。

【例 4.1】 查询电力抢修工程数据库的 Stock 表中供电局 1#仓库的物资，若某物资库存量低于 100，则 amount 字段显示"及时补货"；否则显示当前字段值。

```
SELECT mat_num,mat_name,speci, IF(amount < 100,'及时补货',amount) AS amount
FROM Stock
WHERE warehouse = '供电局 1# 仓库';
```

输出结果如图 4.1 所示。

3. CASE 语句

CASE 语句用于根据多个分支条件，确定执行内容。CASE 语句列出一个或多个分支条件，并对每个分支条件

mat_num	mat_name	speci	amount
m001	护套绝缘电线	BVV-120	220
m002	架空绝缘导线	10KV-150	及时补货

图 4.1　例 4.1 输出结果

给出候选值。然后，按顺序测试分支条件是否得到满足，一旦有一个分支条件满足，CASE 语句就将该条件对应的候选值返回。语法格式如下。

格式一：

```
CASE <表达式>
    WHEN <条件表达式 1 > THEN <表达式 1 >
    [[WHEN <条件表达式 2 > THEN <表达式 2 >][...]]
    [ELSE <表达式 n >]
END [AS 字段别名]
```

当<表达式>的值等于<条件表达式 1 >的值时，CASE 表达式返回<表达式 1 >的值；当<表达式>的值等于<条件表达式 2 >的值时，CASE 表达式返回<表达式 2 >的值；以此类推，当<表达式>与 WHEN 短语后的任意表达式都不匹配时 CASE 表达式返回<表达式 n >的值（ELSE），如果此时无 ELSE 短语，则返回空值（NULL）。

【例 4.2】　CASE 语句的格式一实现：在对 Stock 表的查询中，当仓库号的值是"供电局 1#仓库""供电局 2#仓库""供电局 3#仓库"时，分别返回"北京""上海""广州"，否则返回"未知"。

```
SELECT mat_num,mat_name,speci,amount,unit,CASE warehouse
  WHEN '供电局 1# 仓库'THEN '北京'
  WHEN '供电局 2# 仓库'THEN '上海'
  WHEN '供电局 3# 仓库'THEN '广州'
  ELSE '未知'
  END AS warehouse
FROM Stock
```

格式二：

```
CASE
    WHEN <条件表达式 1 > THEN <表达式 1 >
    [[WHEN <条件表达式 2 > THEN <表达式 2 >][...]]
    [ELSE <表达式 n >]
END
```

当相应的 WHEN 短语后的条件表达式为真时，CASE 表达式返回对应的 THEN 短语后的表达式的值，如果所有 WHEN 短语后的条件表达式都不为真，则返回 ELSE 短语后的表达式的值，如果这时没有 ELSE 短语，则 CASE 表达式返回空值（NULL）。

【例 4.3】　CASE 语句的格式二实现：在对 Stock 表的查询中，当仓库号的值是"供电局 1#仓库""供电局 2#仓库""供电局 3#仓库"时，分别返回"北京""上海""广州"，否则返回"未知"。

```
SELECT mat_num,mat_name,speci,amount,unit,CASE
  WHEN warehouse = '供电局 1# 仓库'THEN '北京'
  WHEN warehouse = '供电局 2# 仓库'THEN '上海'
  WHEN warehouse = '供电局 3# 仓库'THEN '广州'
```

```
  ELSE '未知'
  END AS warehouse
FROM Stock
```

输出结果如图 4.2 所示。

【例 4.4】　查询各部门所使用的各类物资的总数量。

```
SELECT mat_num,
  AVG( CASE WHEN department = '工程 1 部' THEN amount END ) AS 工程 1 部,
  AVG( CASE WHEN department = '工程 2 部' THEN amount END ) AS 工程 2 部,
  AVG( CASE WHEN department = '工程 3 部' THEN amount END ) AS 工程 3 部
  FROM Out_stock
  GROUP BY mat_num
```

查询结果如图 4.3 所示。

mat_num	mat_name	speci	amount	unit	warehouse
m001	护套绝缘电线	BVV-120	220	89.80	北京
m002	架空绝缘导线	10KV-150	30	17.00	北京
m003	护套绝缘电线	BVV-35	80	22.80	上海
m004	护套绝缘电线	BVV-50	283	32.00	上海
m005	护套绝缘电线	BVV-70	130	40.00	上海
m006	护套绝缘电线	BVV-150	46	85.00	广州
m007	架空绝缘导线	10KV-120	85	14.08	广州
m008	护套绝缘电线	BVV-95	164	88.00	广州
m009	交联聚乙烯绝缘电缆	YJV22—15KV	45	719.80	未知
m010	户外真空断路器	ZW12-12	1	13600.00	未知

图 4.2　例 4.2 和例 4.3 输出结果

mat_num	工程1部	工程2部	工程3部
m001	2.5000	1.6667	4.0000
m002	1.0000	NULL	NULL
m003	10.0000	10.0000	NULL
m009	NULL	1.0000	NULL
m010	NULL	NULL	1.0000
m004	NULL	NULL	20.0000
m006	NULL	3.0000	NULL

图 4.3　例 4.4 查询结果

4. WHILE 语句

WHILE 语句设置一个反复执行的语句块,直到条件不满足为止,一般在存储过程和自定义函数中使用。语法格式如下。

```
WHILE 逻辑表达式 DO
    语句
END WHILE
```

5. REPEAT 语句

使用 REPEAT 语句时,首先执行内部的循环语句块,在语句块的一次执行结束时判断表达式是否为真,如果为真则停止循环,执行后面的语句;否则重复执行其内部语句块。语法格式如下。

```
REPEAT
    语句
UNTIL 逻辑表达式
END REPEAT
```

6. LOOP 语句

LOOP 语句与 WHILE 语句的相似之处为它们都不需要初始条件;与 REPEAT 语句的相似之处为它们都不需要结束条件。LOOP 语句允许其内部语句块的重复执行,实现一个简单的循环构造。在循环内的语句一直重复执行,直到循环被退出,因此通常需要使用 LEAVE 语句结束循环。语法格式如下。

```
LOOP
    语句
END LOOP
```

4.1.3　注释语句　▶

注释语句通常是一些说明性的语句，用于对 SQL 语句的作用、功能等给出简要的解释和提示。注释语句不是可执行语句，不参与程序的编译。

MySQL 支持两种形式的注释语句，语法格式分别为

```
/* 注释文本 */
```

或

```
-- 注释文本
```

单行注释一般采用--开头，遇到换行符即终止。注意：需要在--和注释内容之间加一个空格符。多行注释一般采用/* 和 */括起来的方式，注释不限长度。

扫一扫

视频讲解

扫一扫

视频讲解

4.2　存储过程

随着大型数据库系统功能的不断完善，系统变得越来越复杂，开发人员大量的时间将会耗费在 SQL 代码和应用程序的编写上。在多数情况下，许多代码被重复使用多次，且每次都输入相同的代码，既烦琐又会降低系统的运行效率。因此，需要提供一种方法，它可以将一些固定的操作集合起来，由数据库服务器来完成，实现某个特定任务，这就是存储过程。

4.2.1　存储过程的基本概念　▶

存储过程是存储在数据库服务器中的一组编译成单个执行计划的 SQL 语句。在使用 SQL 编程的过程中，可以将某些需要多次调用以实现某个特定任务的代码段编写成一个过程，将其保存在数据库中，并由数据库服务器通过过程名调用。存储过程在创建时被编译和优化，调用一次后，相关信息就保存在内存中，下次调用时可以直接执行。存储过程可以包含程序控制流、查询子句、操作子句，还可以接受参数、输出参数、返回单个值或多个结果集。

使用存储过程具有以下好处。

（1）由于存储过程不像解释执行的 SQL 语句那样在提出操作请求时才进行语法分析和优化，因而运行效率高，它提供了在服务器端快速执行 SQL 语句的有效途径。

（2）存储过程降低了客户端和服务器之间的通信量，客户端上的应用程序只要通过网络向服务器发出存储过程的名字和参数，就可以让 RDBMS 执行多条 SQL 语句，并执行数据处理，只将最终处理结果返回客户端。在客户端/服务器结构下使用和不使用存储过程的情况如图 4.4 所示。

（3）方便实施企业规则，开发人员可以把企业规则的运算程序写成存储过程放入数据库服务器，由 RDBMS 管理，既有利于集中控制，又方便维护。当用户规则发生变化时，只要修改存储过程，无须修改其他应用程序。

存储过程分为两类，即系统提供的存储过程和用户自定义的存储过程。系统存储过程是 RDBMS 本身定义的、当作命令来执行的一类存储过程，其主要功能是从系统表中获取信息，以便用户能够顺利、有效地完成许多管理性或信息性的活动。用户自定义的存储过程则是由用户利用 SQL 创建并能完成某一特定功能的存储过程。

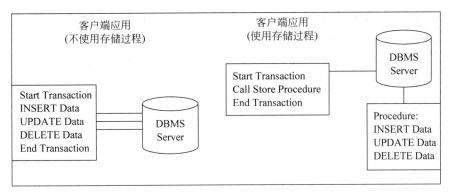

图 4.4　存储过程和非存储过程操作示意

4.2.2　创建和管理 MySQL 存储过程　▶

创建存储过程的语法格式为

```
CREATE PROCEDURE 存储过程名(参数列表)
BEGIN
 SQL 语句
END
```

其中,主要参数的作用如下。

- 存储过程名:存储过程的名称。
- 参数列表:存储过程中的参数列表,如果没有参数,使用一个空参数列();多个参数之间通过逗号进行分隔。参数列表中的每个参数都由输入输出类型、参数名称和参数类型组成,语法格式如下。

```
[IN│OUT│INOUT] 参数名称　类型
```

其中,IN 表示输入参数;OUT 表示输出参数;INOUT 表示既可以是输入,也可以是输出参数。

- SQL 语句:存储过程所要执行的操作,它可以是一组 SQL 语句,可以包含流程控制语句等,但这些 SQL 语句不能用于创建数据库、视图、表、规则、触发器或其他存储过程,也不能使用 USE 语句选择其他数据库。

1. 基本存储过程

【例 4.5】　创建一个最简单的存储过程,用于查看 Stock 表中的所有记录。

```
DELIMITER &&
CREATE PROCEDURE pro1()
BEGIN
  SELECT * FROM  Stock;
END
```

本例创建了一个名为 pro1 的存储过程,它在第 1 次执行时被编译并存放在数据库中,以后需要从数据库的 Stock 表中提取信息时,只需执行存储过程 pro1,数据库管理系统将在服务器端完成查询,并将结果传送给客户端。

注意:MySQL 中默认的语句结束符为分号(;),存储过程中的 SQL 语句需要分号来结束。为避免冲突,首先用 DELIMITER && 将 MySQL 的结束符设置为 &&,再用 DELIMITER; 将结束符恢复成分号。

执行存储过程时使用 CALL 语句,需要指定要执行的存储过程的名称和参数,语法格式为

```
CALL[@<状态变量>= ] 存储过程名()
[@<参数>= ] {<值>|@<变量>}...]
```

例如,执行例 4.5 创建的存储过程 pro1。

```
CALL  pro1();
```

2. 带输入参数的存储过程

在存储过程中还可以使用输入参数,通过存储过程每次执行时使用的不同输入参数值,实现其灵活性。

【例 4.6】 创建一个带输入参数的存储过程,向 Stock 表添加一个新的数据行。

```
DELIMITER &&
CREATE PROCEDURE pro2(mno char(8),mname varchar(50),mspeci varchar(20))
BEGIN
    INSERT INTO Stock(mat_num,mat_name,speci)
    VALUES(mno,mname,mspeci);
END
```

执行例 4.6 创建的存储过程 pro2。

```
CALL  pro2 ('m030','护套绝缘电线','BVV - 35');
```

3. 带输出参数的存储过程

OUT 用于指明参数为输出参数,可以返回到调用存储过程的语句或其他存储过程中。

【例 4.7】 创建一个存储过程,根据输入的抢修工程项目号统计其领取物资的总数量,并要求输出。

```
DELIMITER &&
CREATE PROCEDURE pro3(pn char(8), OUT total int)
BEGIN
  SELECT SUM(amount) INTO total FROM Out_stock WHERE prj_num = pn;
END
```

执行例 4.7 创建的存储过程 pro3,结果如图 4.5 所示。

```
CALL pro3('20100015', @total);
SELECT @total;
```

【例 4.8】 创建一个存储过程,根据输入的工程部门及起始时间段,统计该部门在对应时间段内所参与的抢修工程项目总数以及领取物资的总成本,并要求输出。

```
DELIMITER &&
CREATE PROCEDURE pro4(INOUT depart varchar(50),start_date datetime,end_date datetime, OUT
count_prj int,OUT sum_cost decimal(18,2))
BEGIN
  SELECT COUNT(DISTINCT Salvaging.prj_num),SUM(Out_stock.amount * unit) INTO count_prj,sum_cost
FROM Salvaging INNER JOIN Out_stock ON Out_stock.prj_num = Salvaging.prj_num
    INNER JOIN Stock ON  Out_stock.mat_num = Stock.mat_num
WHERE department = depart
    AND get_date BETWEEN start_date AND end_date;
END
```

执行例 4.8 创建的存储过程 pro4,结果如图 4.6 所示。

```
SET @depart = '工程 2 部';
CALL pro4(@depart,'2011 - 1 - 1','2011 - 1 - 31',@prjcounts,@sumcosts);
SELECT @depart,@prjcounts,@sumcosts;
```

@total
▶ 3

@depart	@prjcounts	@sumcosts
工程2部	2	989.20

图 4.5　执行存储过程 pro3　　　　图 4.6　执行存储过程 pro4

4. 嵌套调用存储过程

在一个存储过程中可以执行另一个存储过程,这就是嵌套,存储过程可以多层嵌套。

【例 4.9】　嵌套调用存储过程,查看使用抢修物资总数最多的工程项目信息。

```
DELIMITER &&
CREATE PROCEDURE pro5(OUT prj_no char(8))
BEGIN
  SELECT prj_num INTO prj_no
  FROM Out_stock
  GROUP BY prj_num
  ORDER BY SUM(amount) DESC
  LIMIT 1;
END

DELIMITER &&
CREATE PROCEDURE pro6()
BEGIN
  DECLARE prj_id char(8);
  CALL pro5(@prj_id);
  SELECT *
  FROM Salvaging
  WHERE prj_num = @prj_id;
END
```

执行例 4.9 创建的存储过程 pro6。

```
CALL pro6();
```

当执行存储过程 pro6 时,为第 1 层嵌套层次;在 pro6 内又调用了存储过程 pro5,为第 2 层嵌套层次。运行结果如图 4.7 所示。

prj_num	prj_name	start_date	end_date	prj_status
20110004	小径墩低压线被盗抢修	2011-02-12 00:00:00	2011-02-17 00:00:00	1

图 4.7　执行存储过程 pro6

5. 在存储过程中定义和使用游标

查询语句可能返回多条记录,如果数据量非常大,需要在存储过程和函数中使用游标逐条读取查询结果集中的记录。游标必须在程序之前且在变量和条件之后声明,而且游标使用完成一定要关闭。

声明游标:

```
DECLARE 游标名 CURSOR FOR SELECT 语句;
```

打开游标:

```
OPEN 游标名;
```

使用游标:

```
FETCH 游标名 INTO 参数名 1[,参数名 2...];
```

其中,参数名表示将游标中的 SELECT 语句查询出来的信息存入该参数,参数名必须在声明游标之前就已经定义。

关闭游标:

```
CLOSE 游标名;
```

【例 4.10】 在存储过程中使用游标,把 Stock 表中所有仓库名称连接为一个字符串,并输出显示。

```
DELIMITER &&
CREATE PROCEDURE pro7()
BEGIN
    DECLARE done INT DEFAULT 0;
    DECLARE whname varchar(10) DEFAULT '';
    DECLARE allname varchar(1000) DEFAULT '';
    DECLARE cur1 CURSOR FOR SELECT DISTINCT warehouse FROM Stock;
    DECLARE CONTINUE HANDLER FOR NOT FOUND SET done = 1;
    OPEN cur1;
    REPEAT
        FETCH cur1 INTO whname;
        IF NOT done THEN
            SET allname = CONCAT(allname,whname);
        END IF;
     UNTIL done END REPEAT;
    CLOSE cur1;
    SELECT allname;
END
```

执行例 4.10 创建的存储过程 pro7,结果如图 4.8 所示。

```
CALL pro7();
```

allname
供电局1#仓库;供电局2#仓库;供电局3#仓库;供电局4#仓库;

图 4.8 执行存储过程 pro7

6. 查看存储过程

MySQL 存储了存储过程的状态和定义信息,用户可以使用 SHOW STATUS 语句或 SHOW CREATE 语句来查看,也可直接从系统的 information_schema 数据库中查询。

（1）使用 SHOW STATUS 语句可以查看存储过程的状态,基本语法格式如下。

```
SHOW PROCEDURE STATUS [LIKE 'pattern'];
```

其中,LIKE 'pattern'为可选项,用来匹配存储过程名称。如果不指定 LIKE 子句,则查询当前数据库下的所有存储过程。例如:

```
SHOW PROCEDURE STATUS LIKE 'pro_';
```

SHOW STATUS 语句只能查看存储过程的名称、类型、由谁定义、创建和修改时间、字符编码等信息,不能查询存储过程或函数的具体定义。上述语句查询结果如图 4.9 所示。

（2）使用 SHOW CREATE 语句也可以查看存储过程的状态,基本语法格式如下。

```
SHOW CREATE PROCEDURE 存储过程名;
```

Db	Name	Type	Definer	Modified	Created	Security_type
sampledb	pro1	PROCEDURE	root@localhost	2019-06-11 09:31:09	2019-06-11 09:31:09	DEFINER
sampledb	pro2	PROCEDURE	root@localhost	2019-06-11 09:32:14	2019-06-11 09:32:14	DEFINER
sampledb	pro3	PROCEDURE	root@localhost	2019-06-11 09:33:34	2019-06-11 09:33:34	DEFINER
sampledb	pro4	PROCEDURE	root@localhost	2019-06-11 10:01:35	2019-06-11 10:01:35	DEFINER
sampledb	pro5	PROCEDURE	root@localhost	2019-06-11 10:16:05	2019-06-11 10:16:05	DEFINER
sampledb	pro6	PROCEDURE	root@localhost	2019-06-11 10:15:13	2019-06-11 10:15:13	DEFINER
sampledb	pro7	PROCEDURE	root@localhost	2019-06-11 11:10:52	2019-06-11 11:10:52	DEFINER
sampledb	pro8	PROCEDURE	root@localhost	2019-06-11 15:46:28	2019-06-11 15:46:28	DEFINER
sampledb	pro9	PROCEDURE	root@localhost	2019-06-11 15:53:16	2019-06-11 15:53:16	DEFINER

图 4.9　SHOW STATUS 语句查询结果

例如：

```
SHOW CREATE PROCEDURE pro1;
```

SHOW CREATE 语句查询结果显示了存储过程的定义、字符集等信息。上述语句查询结果如图 4.10 所示。

Procedure	sql_mode	Create Procedure	character_set_client	collation_
pro1	ONLY_FULL_GROUP_BY,STRI...	CREATE DEFINER=`root`@`localhost` PROCEDURE `pr...	utf8mb4	utf8mb4_

图 4.10　SHOW CREATE 语句查询结果

7. 修改和删除存储过程

存储过程作为独立的数据库对象存储在数据库中。存储过程可以修改,不需要的存储过程也可以删除。

修改存储过程的基本语法格式如下。

```
ALTER PROCEDURE 存储过程名(参数列表)
    BEGIN
     SQL 语句
END
```

可以看出,该语句只是将建立存储过程的命令动词 CREATE 换成了 ALTER,其他语法格式完全一样。它实际上相当于先删除旧存储过程,然后再创建一个同名的新存储过程。

删除存储过程的基本语法格式如下。

```
DROP PROCEDURE 存储过程名
```

4.2.3　创建和管理 SQL Server 存储过程 ▶

创建存储过程的 SQL 语句语法格式如下。

```
CREATE PROCEDURE 存储过程名 [;版本号]
[ {@参数 数据类型} [ VARYING ] [ = 默认值][ OUTPUT ],...]
[ WITH{ RECOMPILE | ENCRYPTION | RECOMPILE, ENCRYPTION } ]
[ FOR REPLICATION ]
AS
SQL 语句
```

其中,主要参数的作用如下。

- 存储过程名:存储过程的名称。
- [;版本号]:把多个同名的存储过程合成一个组。
- @参数:存储过程中的参数,可以声明一个或多个参数,但必须在执行存储过程时提供每个参数的值（除非定义了该参数的默认值）。

- 数据类型：参数的数据类型。
- VARYING：用于存储过程的输出参数为游标的情况。
- ＝默认值：设置参数的默认值，如果定义了默认值，则不必指定该参数的值即可执行存储过程，默认值必须是常量或 NULL，也可以包括通配符。
- OUTPUT：表明参数是返回参数。
- RECOMPILE：指明存储过程并不驻留在内存中，而是在每次执行时重新编译。
- ENCRYPTION：用于对存储创建存储过程的 SQL 语句的系统表 syscomments 进行加密，使其他用户无法查询到存储过程的创建语句。
- FOR REPLICATION：表示存储过程只能在复制过程中执行，和 ENCRYPTION 不能同时使用。
- SQL 语句：存储过程所要执行的操作，它可以是一组 SQL 语句，可以包含流程控制语句等，但这些 SQL 语句不能用于创建数据库、视图、表、规则、触发器或其他存储过程，也不能使用 USE 语句选择其他数据库。

1. 基本存储过程

【例 4.11】 创建一个最简单的存储过程，用于查看 Stock 表中的所有记录。

```
CREATE PROCEDURE exp1
AS
SELECT * FROM  Stock
GO
```

一个存储过程就是一个批处理，在遇到 GO 语句时，查询编辑器会认为该存储过程的代码已经结束。这时创建了一个名为 exp1 的存储过程，它在第 1 次执行时被编译并存放在数据库中，当以后用户需要从数据库的 Stock 表中提取信息时，只需要执行存储过程 exp1，数据库管理系统将在服务器端完成查询，并将结果传送给客户端。

执行存储过程时使用 EXECUTE 语句，需要指定要执行的存储过程的名称和参数，语法格式为

```
EXECUTE[@<状态变量> = ] 存储过程名
[@<参数> = ] [ {<值>|@<变量>}...]
```

例如，执行例 4.11 创建的存储过程 exp1。

```
EXECUTE exp1
```

或

```
EXEC exp1
```

2. 带输入参数的存储过程

在存储过程中还可以使用输入参数，通过存储过程每次执行时使用的不同输入参数值，实现其灵活性。

【例 4.12】 创建一个带输入参数的存储过程，向 Stock 表添加一个新的数据行。

```
IF EXISTS (SELECT name FROM sysobjects WHERE name = 'exp2' AND type = 'P')
DROP PROCEDURE exp2
GO
CREATE PROCEDURE exp2
```

```
@mno char(8),@mname varchar(50),@mspeci varchar(20)
AS
INSERT INTO Stock(mat_num,mat_name,speci)
VALUES(@mno,@mname,@mspeci)
GO
```

执行带输入参数的存储过程时,其参数的顺序并不要求和创建存储过程时的参数顺序一致,但如果省略参数名,采取创建时的参数顺序。

例如,执行例4.12创建的存储过程exp2。

```
EXECUTE exp2 'm030','护套绝缘电线','BVV-35'
```

或

```
EXECUTE exp2 @mno = 'm030', @mname = '护套绝缘电线', @mspeci = 'BVV-35'
```

或

```
EXECUTE exp2 @mname = '护套绝缘电线', @mspeci = 'BVV-35', @mno = 'm030'
```

3. 带默认输入参数的存储过程

如果存储过程中没有提供参数值,或提供的参数值不全,将得到错误信息。用户可以通过给参数提供默认值增强存储过程。

【例4.13】　创建一个带默认参数的存储过程,通过传递的参数查询对应的物资名称、规格、项目名称、是否按期完工等信息,如果没有提供参数,则使用预设的默认值。

```
IF EXISTS (SELECT name FROM sysobjects WHERE name = 'exp3' AND type = 'P')
DROP PROCEDURE exp3
GO
CREATE PROCEDURE exp3
@mname varchar(50) = '%绝缘%', @pno char(8) = '20110005'
AS
SELECT mat_name,speci,prj_name,prj_status
FROM Stock,Salvaging,Out_stock
WHERE Stock.mat_num = Out_stock.mat_num
AND Salvaging.prj_num = Out_stock.prj_num
AND mat_name like @mname
AND Salvaging.prj_num = @pno
GO
```

本例中的参数@mname使用了模糊查询的匹配方式,在运行带默认参数的存储过程时,如果没有提供输入值,则按默认值运行,否则按输入值运行,也可部分参数使用默认值,部分参数使用输入值。

例如,执行例4.13创建的存储过程exp3。

```
EXECUTE exp3
```

或

```
EXECUTE exp3 '%绝缘电线'
```

或

```
EXECUTE exp3 @pno = '20110001'
```

或

```
EXECUTE exp3 '护套绝缘电线', '20110001'
```

4. 带输出参数的存储过程

OUTPUT 用于指明参数为输出参数，可以返回到调用存储过程的批处理或其他存储过程中。

【例 4.14】 创建一个存储过程，根据输入的抢修工程项目号统计其领取物资的总数量，并要求输出。

```
IF EXISTS (SELECT name FROM sysobjects WHERE name = 'exp4' AND type = 'P')
DROP PROCEDURE exp4
GO
CREATE PROCEDURE exp4
@pn char(8),@sum int OUTPUT
AS
SELECT @sum = sum(amount)
FROM Out_stock
WHERE prj_num = @pn
GO
```

在运行带输出参数的存储过程时，必须预先声明一个变量以存储输出参数的值，变量的数据类型应该和输出参数的数据类型相匹配。在使用 EXECUTE 语句执行存储过程时，语句本身也需要包含 OUTPUT 关键字，以完成语句和允许将输出参数值返回给变量。

例如，执行例 4.14 创建的存储过程 exp4，结果如图 4.11 所示。

图 4.11 执行存储过程 exp4

```
DECLARE @total int
EXECUTE exp4 '20110001', @total OUTPUT
PRINT '该项目领取物资总量为：' + CAST(@total AS varchar(20))
```

【例 4.15】 创建一个存储过程，根据输入的工程部门及起始时间段统计汇总该部门在对应时间段内所参与抢修的工程项目总数以及领取物资的总成本，并要求输出。

```
IF EXISTS (SELECT name FROM sysobjects WHERE name = 'exp5' AND type = 'P')
DROP PROCEDURE exp5
GO
CREATE PROCEDURE exp5
@department varchar(50),@start_date datetime,@end_date datetime, @count_prj int OUTPUT,
@sum_cost decimal(18,2) OUTPUT
AS
SELECT @count_prj = COUNT(Salvaging.prj_num),
@sum_cost = SUM(Out_stock.amount * Stock.unit)

FROM Salvaging,Out_stock,Stock
WHERE Out_stock.prj_num = Salvaging.prj_num
AND Out_stock.mat_num = Stock.mat_num
AND department = @department
AND get_date BETWEEN @start_date AND @end_date
GO
```

执行例 4.15 创建的存储过程 exp5，结果如图 4.12 所示。

```
DECLARE @prjcounts int,@sumcosts DECIMAL(18,2)
EXEC sum_count '工程2部','2011-1-1','2011-1-31',@prjcounts OUTPUT,@sumcosts OUTPUT
PRINT '该部门参与抢修工程项目' + CAST(@prjcounts AS varchar(20)) + '个,总成本为' + CAST(@sumcosts AS varchar(20))
```

5. 嵌套调用存储过程

在一个存储过程中可以执行另一个存储过程，这就是嵌套。存储过程可以多层嵌套，最多可以嵌套 32 层，如果超过 32 层嵌套将导致整个调用链失败。可以使用全局变量 @@NESTLEVEL 查看正在执行的存储过程的当前嵌套层数。

> **消息**
> 该部门参与抢修工程项目3个，总成本为989.20

图 4.12　执行存储过程 exp5

【例 4.16】 嵌套调用存储过程，查看使用抢修物资总数最多的工程项目信息。

```
CREATE PROCEDURE exp6
@prj_no char(8) OUTPUT
AS
SELECT TOP 1 @prj_no = prj_num
FROM Out_stock
GROUP BY prj_num
ORDER BY SUM(amount) DESC
GO
CREATE PROCEDURE exp7
AS
DECLARE @prj_id char(8)
EXEC exp6 @prj_id OUTPUT
SELECT  *
FROM Salvaging
WHERE prj_num = @prj_id
GO
```

执行例 4.16 创建的存储过程 exp7。

```
EXECUTE exp7
```

当执行存储过程 exp7 时，为第 1 层嵌套层次；在 exp7 内又调用了存储过程 exp6，为第 2 层嵌套层次，结果如图 4.13 所示。

	prj_num	prj_name	start_date	end_date	prj_status
1	20110004	小径墩低压线被盗抢修	2011-02-15 00:00:00.000	2011-02-17 00:00:00.000	1

图 4.13　执行存储过程 exp7

6. 在存储过程中定义和使用游标

游标是一种能从包含多个元组的集合中每次读取一个元组的机制。游标总是和一段 SELECT 语句关联，SELECT 语句查询出的结果集就作为集合，游标能每次从该集合中读取出一个元组进行不同操作。

（1）声明游标，语法格式如下。

```
DECLARE cursor_name   CURSOR [INSENSITIVE] [SCROLL] CURSOR
FOR < SELECT 语句>
[FOR READ ONLY|UPDATE[OF <列名>[,...n]]]
```

- INSENSITIVE：定义游标所选出的结果集存放在一个临时表中，对该游标的读取操作都由该临时表应答。游标不会随着基本表内容的改变而改变，同时也无法通过游标更新基本表。如果不使用该关键字，对基本表的更新、删除都会反映到游标中。
- SCROLL：指定游标使用的读取选项，默认值为 NEXT。如果不使用该关键字，那么读取游标只能进行 NEXT 操作；如果使用该关键字，那么游标向任何方向，或者任何位置移动，进行 NEXT、LAST、FIRST、PRIOR、RELATIVE *n*、ABSULUTE *n* 操作。

- FOR READ ONLY：表示定义游标为只读游标，不允许使用 UPDATE、DELETE
  语句更新游标内的数据。
- UPDATE[OF <列名>[,...n]]：指定游标内可以更新的列，如果没有指定要更新的
  列，则表明所有列都允许更新。

（2）打开游标，语法格式如下。

```
OPEN  cursor_name;
```

（3）使用游标，语法格式如下。

```
FETCH [NEXT|PRIOR|FIRST|LAST|ABSOLUTE n|@nvar] |RELATIVE n|@nvar]
FROM  cursor_name
INTO[@nvar1,...n]
```

FETCH 后各关键字的含义如表 4.1 所示。

表 4.1　读取游标时各关键字的含义

名　　称	含　　义
NEXT	读取游标当前行下一行数据
PRIOR	读取游标当前行上一行数据
FIRST	读取游标中第 1 行数据
LAST	读取游标最后一行数据
ABSOLUTE n	读取游标第 n 行数据（n 为负从最后一行开始，反之则从第 1 行开始）
RELATIVE n	读取游标当前行之前或之后第 n 行数据（n 为正则向前，反之则向后）

（4）关闭游标，语法格式如下。

```
CLOSE cursor_name;
```

（5）释放游标，语法格式如下。

```
DEALLOCATE cursor_name;
```

【例 4.17】　在存储过程中使用游标，把 Stock 表中所有仓库名称连接为一个字符串，并
输出显示。

```
CREATE PROCTURE exp7
AS
BEGIN
    DECLARE @whname varchar(16),@allname varchar(100)
    DECLARE cur1 CURSOR FOR   SELECT DISTINCT warehouse   FROM Stock
    OPEN cur1 -- 打开游标
    FETCH NEXT FROM cur1 INTO @whname
        WHILE @@FETCH_STATUS = 0
                    -- 返回被 FETCH 语句执行的最后游标的状态
                    -- 0：FETCH 语句成功
                    -- 1：FETCH 语句失败或此行不在结果集中
                    -- 2：被提取的行不存在
        BEGIN
            SET @allname = CONCAT(@allname,@whname)
            FETCH NEXT FROM cur1 INTO @whname   -- 转到下一个游标
        END
    CLOSE cur1   -- 关闭游标
    DEALLOCATE   cur1 -- 释放游标
    SELECT @ALLNAME
    END;
```

执行存储过程 exp7,结果如图 4.14 所示。

结果	消息		
	(无列名)		
1	供电局1#仓库	供电局2#仓库	供电局3#仓库	供电局4#仓库

图 4.14　执行存储过程 exp7

7. 查看存储过程

SQL Server 存储了存储过程的状态和定义信息,用户可以使用系统存储过程 sp_helptext 来查看,也可直接从系统的 sysobjects 和 syscomments 表中查询。

【例 4.18】　查看存储过程 exp1 的定义信息,结果如图 4.15 所示。

```
sp_helptext exp1
```

或

```
SELECT text
  FROM  sysobjects s1,syscomments s2
  WHERE name = 'exp1'  AND type = 'P' AND s1.id = s2.id
```

结果	消息	
	text	
1	create proc exp1 as select * from stock	

图 4.15　查看存储过程 exp1 的定义信息

SELECT ＊ FROM sysobjects WHERE type＝'P'语句可以查看所有存储过程的创建信息。

8. 修改和删除存储过程

存储过程作为独立的数据库对象存储在数据库中。存储过程可以修改,不需要的存储过程也可以删除。

修改存储过程的语法格式如下。

```
ALTER PROCEDURE 存储过程名 [;版本号]
[ {@参数 数据类型} [ VARYING ] [ = 默认值][ OUTPUT ],...]
[ WITH{ RECOMPILE | ENCRYPTION | RECOMPILE, ENCRYPTION } ]
[ FOR REPLICATION ]
AS
SQL 语句
```

可以看出,该语句只是将建立存储过程的命令动词 CREATE 换成了 ALTER,其他语法格式完全一样。它实际上相当于先删除旧存储过程,然后再创建一个同名的新存储过程。

删除存储过程的语法格式如下。

```
DROP PROCEDURE 存储过程名
```

用户也可以通过 SQL Server 管理控制台对存储过程进行创建、修改和删除。

4.3　MySQL 存储函数

存储程序可以分为存储过程和存储函数,它们都是由 SQL 和过程式语句组成的代码,并且可以从应用程序和 SQL 中调用。然而,存储函数和存储过程还是有一些区别的。

（1）存储函数不能拥有输出参数。

（2）不能用 CALL 语句调用存储函数。

（3）存储函数必须包含一条 RETURN 语句，而这条特殊的 SQL 语句不允许包含于存储过程中。

4.3.1　创建存储函数

创建存储函数的语法格式如下。

```
CREATE FUNCTION 函数名(参数列表)
RETURNS type
     BEGIN
  函数实现语句
END
```

其中，主要参数的作用如下。

- 函数名：自定义函数的名称。
- 参数列表：输入参数列表。
- RETURNS type：指定函数返回值的类型。

【例 4.19】　创建一个存储函数，向该函数输入一个 n 值，该函数返回从 1 累加至 n 的总和。

```
DELIMITER &&
CREATE FUNCTION fun1(n int)
RETURNS INT
BEGIN
    DECLARE i INT DEFAULT 1;
    DECLARE s INT DEFAULT 0;
    WHILE i <= n DO
      SET s = s + i;
      SET i = i + 1;
    END WHILE;
    RETURN s;
END
```

创建存储函数就是为了调用，通常使用 SELECT 语句调用存储函数。例 4.19 的调用示例如下，结果如图 4.16 所示。

```
SELECT fun1(100);
```

【例 4.20】　创建一个存储函数，返回领取物资最多的项目名称。

```
DELIMITER &&
CREATE FUNCTION fun2()
RETURNS VARCHAR(50)
BEGIN
    RETURN (SELECT prj_name FROM Out_stock INNER JOIN  Salvaging  ON
 Salvaging.prj_num = Out_stock.prj_num GROUP BY Out_stock.prj_num LIMIT 1);
END
```

如果存储函数没有任何参数，在调用时也需要带上括号。例 4.20 的调用示例如下，结果如图 4.17 所示。

```
SELECT fun2();
```

fun1(100)
5050

图 4.16 调用存储函数 fun1

fun2()
220KV清经线接地箱及接地线被盗抢修

图 4.17 调用存储函数 fun2

【例 4.21】 创建一个存储函数,将供电局 1♯仓库物资的规格改为小写字母表示,并返回所更改的物资记录个数。

```
DELIMITER &&
CREATE FUNCTION fun3()
RETURNS INT
BEGIN
    DECLARE i INT DEFAULT 0;
    DECLARE done INT DEFAULT 0;
    DECLARE spec,mat_no char(50);
    DECLARE cur2 CURSOR FOR SELECT speci,mat_num FROM Stock WHERE warehouse = '供电局1♯仓库';
    DECLARE CONTINUE HANDLER FOR NOT FOUND SET done = 1;
    OPEN cur2;
    FETCH cur2 INTO spec,mat_no;
    WHILE(done <> 1) DO
      UPDATE Stock
      SET speci = LCASE(speci)
      WHERE mat_num = mat_no;
      SET i = i + 1;
      FETCH cur2 INTO spec,mat_no;
    END WHILE;
    CLOSE cur2;
    RETURN i;
END
```

例 4.21 的调用示例如下,结果如图 4.18 所示。

```
SELECT fun3();
```

	mat_num	mat_name	speci	warehouse	amount	unit
	m001	护套绝缘电线	bvv-120	供电局1#仓库	214	89.80
	m002	架空绝缘导线	10kv-150	供电局1#仓库	28	17.00
fun3()	m003	护套绝缘电线	BVV-35	供电局2#仓库	70	22.80
2	m004	护套绝缘电线	BVV-50	供电局2#仓库	283	32.00

图 4.18 调用存储函数 fun3

4.3.2 删除存储函数 ▶

删除存储函数的语法格式如下。

```
DROP FUNCTION 函数名;
```

小结

本章首先介绍了基本编程语法,然后重点介绍了存储过程和存储函数的创建和使用。本质上,存储过程和存储函数都是存储程序,存储函数只能通过 RETURN 语句返回单个值或表对象,不能返回结果集;而存储过程不允许使用 RETURN 语句,但是可以通过 OUT

参数返回多个值。函数可以嵌入在 SQL 语句中使用，也可以在 SELECT 语句中作为查询语句的一部分调用；而存储过程一般是作为一个独立的部分执行。

习题 4

一、简答题

1. 什么是存储过程？为什么要使用存储过程？

2. 存储过程和存储函数有什么区别？

二、综合题

1. 针对第 2 章习题中的 4 张表：客户表（Customers）、代理人表（Agents）、产品表（Products）和订单表（Orders），请编写存储过程，分别实现以下功能。

（1）给指定产品编号的产品单价增加 0.5 元。

（2）插入一个新的产品记录到产品表（Products）。

（3）根据输入的客户名称与产品名称查询其订货总量和订货总金额，并要求将订货总量及订货总金额作为输出参数。

2. 针对第 2 章习题中的 4 张表：客户表（Customers）、代理人表（Agents）、产品表（Products）和订单表（Orders），请编写存储函数，分别实现以下功能。

（1）根据输入的月份和客户名称，查询该客户在该月份的订货总量并返回。

（2）将订单表中订货数量超过 1000 的订单编号前加字母 V，并返回修改订单编号的记录个数（提示：可以使用 CONCAT() 字符串连接函数）。

CHAPTER 5

第5章

触发器和数据完整性

5.1 触发器

在电力抢修工程数据库中,当某一抢修工程领取了一定数量的物资后,配电物资库存记录表中的库存量就应相应减少。如何自动实现二者的关联呢? 触发器可以帮助用户解决这个问题,当用户进行插入、删除、更新等数据操作时,MySQL 就会自动执行触发器所定义的SQL 语句。

5.1.1 触发器的基本概念 ▶

触发器(Trigger)是用户定义在关系表上的一类由事件驱动的特殊过程,也是一种保证数据完整性的方法。触发器实际上就是一类特殊的存储过程,其特殊性表现在一旦定义,无须用户调用,任何对表的修改操作均由服务器自动激活相应的触发器。

触发器的主要作用是能够实现主键和外键不能保证的复杂的参照完整性和数据的一致性。除此之外,触发器还有以下功能。

(1) 强化约束:能够实现比 CHECK 语句更加复杂的约束。

(2) 跟踪变化:侦测数据库内的操作,从而不允许数据库中未经许可的指定更新和变化。

(3) 级联运行:侦测数据库内的操作,并自动地级联影响整个数据库的各项内容。

(4) 存储过程的调用:可以调用一个或多个存储过程。

5.1.2 创建 MySQL 触发器 ▶

1. MySQL 触发器的工作原理

触发器是指对某个表执行某种数据操作时(INSERT、UPDATE、DELETE 等),自动完成的一段程序,用以完成这些操作在引起数据变化后的完善工作。MySQL 为触发器定义了两张特殊的表:一张是 NEW,另一张是 OLD,用来表示触发器所在的表中触发了触发器的那一行数据。这两张表是建立在数据库服务器的内存中的,都是由系统管理的逻辑表,而不是真正存储在数据库中的物理表。这两张表的结构与触发器所在数据表的结构完全一致。当触发器的工作完成之后,这两张表也将会从内存中删除。

扫一扫

视频讲解

对于 INSERT 操作，NEW 表中存放的是将要(BEFORE)或已经(AFTER)插入的新数据；而对于 UPDATE 操作，NEW 表中存放的是将要或已经更新的新数据(即更新后的新值)。使用方法：NEW.columnName(columnName 为相应数据表某一列名)。

对于 DELETE 操作，OLD 表中存放的是将要或已经被删除的数据；而对于 UPDATE 操作，OLD 表中存放的将要或已经更新前的原数据。

注意：OLD 表是只读的，而 NEW 表则可以在触发器中使用 SET 语句赋值，这样不会再次触发触发器，造成循环调用。

只有数据库的所有者才能定义触发器，这是因为给表增加触发器时，将改变表的访问方式，以及与其他对象的关系，实际上是修改了数据库模式。创建一个触发器时必须指定以下几项内容：触发器的名称、在其上定义触发器的表、触发器将何时激活、执行触发操作的编程语句。

定义触发器的语法格式如下。

```
CREATE TRIGGER <触发器名>
BEFORE | AFTER
INSERT | UPDATE | DELETE
ON  表名    FOR EACH ROW
  SQL 语句
```

其中，主要参数的作用如下。

- 触发器名：标识触发器名称。
- BEFORE|AFTER：标识触发时机，表示触发器是在激活它的语句之前或之后触发。MySQL 中触发器分为 BEFORE 触发器和 AFTER 触发器两类。BEFORE 触发器在记录操作之前触发，即先完成触发再作增、删、改操作，触发的语句先于监视的增、删、改操作。BEFORE 触发器中不存在 OLD 表。AFTER 触发器在记录操作之后触发，即先完成数据的增、删、改操作再触发，触发的语句晚于监视的增、删、改操作，无法影响前面的增、删、改动作。所以，如果想要在激活触发器的语句执行之后执行相应的改变，通常使用 AFTER 选项；如果想要验证新数据是否满足使用的限制，则使用 BEFORE 选项。
- INSERT | UPDATE | DELETE：标识触发事件。
- 表名：标识建立触发器的表名，即在哪张表上建立触发器。
- FOR EACH ROW：表示任何一条记录上的操作满足触发事件都会触发该触发器。
- SQL 语句：触发器所要执行的 SQL 语句，它可以是一句 SQL 语句，也可以是用 BEGIN 和 END 包含的多条语句，不同的执行语句之间使用分号进行分隔。

注意：不能同时在一张表上建立两个相同类型的触发器。

2. INSERT 事件触发器

INSERT 事件触发器在每次向基本表插入数据时触发执行，该数据被复制到 NEW 表中。该触发事件可以用来检验要输入的数据是否符合规则、在插入的数据中增加数据、级联改变数据库中其他的数据表。

【例 5.1】 创建一个 INSERT 事件触发器，在向 Stock 表插入一条物资记录前，对新插入的 amount 字段值进行求和计算。

```
DELIMITER &&
CREATE TRIGGER tr1_stock
BEFORE INSERT
ON Stock FOR EACH ROW
  SET @sum = @sum + NEW.amount;
```

若在 Stock 表中执行如下插入语句,则运行结果如图 5.1 所示。

```
SET @sum = 0;
INSERT
INTO Stock(mat_num,mat_name,speci,warehouse,amount,unit)
VALUES ('m030','护套绝缘电线','BVV-120','供电局1#仓库',10,100),
       ('m031','护套绝缘电线','BVV-150','供电局1#仓库',20,100);
SELECT @sum;
```

图 5.1　触发器 tr1_stock 执行结果

【例 5.2】　创建一个 INSERT 事件触发器,在向 Salvaging 表插入一条抢修项目前,如果项目开始日期和项目结束日期相同,则将项目结束日期设为开始日期 3 天后。

```
DELIMITER &&
CREATE TRIGGER tr1_salvaging
BEFORE INSERT
ON Salvaging FOR EACH ROW
BEGIN
  IF(NEW.end_date = NEW.start_date) THEN
    SET NEW.end_date = ADDDATE(NEW.start_date,3);
  END IF;
END;
```

若在 Salvaging 表中执行如下插入语句,则运行结果如图 5.2 所示。

```
INSERT INTO Salvaging
VALUES('20190001','抢修项目1','2019-6-1','2019-6-1',0),
      ('20190002','抢修项目2','2019-6-1','2019-6-2',0);
```

| 20190001 | 抢修项目1 | 2019-06-01 00:00:00 | 2019-06-04 00:00:00 | 0 |
| 20190002 | 抢修项目2 | 2019-06-01 00:00:00 | 2019-06-02 00:00:00 | 0 |

图 5.2　触发器 tr1_salvaging 执行结果

【例 5.3】　创建一个 INSERT 事件触发器,在向 Out_stock 表插入一条记录后,更改对应物资在 Stock 表中的库存数量,完成级联更改操作。

```
DELIMITER &&
CREATE TRIGGER tr1_outstock
AFTER INSERT
ON Out_stock FOR EACH ROW
BEGIN
   DECLARE m_amout int(11);
   SELECT amount INTO m_amout
   FROM Out_stock
   WHERE prj_num = NEW.prj_num AND mat_num = NEW.mat_num;
                              -- 查询新插入记录的物资领取数量

   UPDATE Stock
```

```
        SET amount = amount − m_amout
        WHERE mat_num = NEW.mat_num;              -- 更改 Stock 表中对应物资的库存数量
END
```

若在 Out_stock 表中执行如下插入语句,则 Stock 表中对应字段前后对比如图 5.3 所示。

```
INSERT INTO Out_stock VALUES('20110006','m003',10,'2011 − 3 − 8','工程 1 部')
```

mat_num	mat_name	speci	warehouse	amount	unit
m003	护套绝缘电线	BVV-35	供电局2#仓库	80	22.80

(a) 执行插入语句之前的Stock表

mat_num	mat_name	speci	warehouse	amount	unit
m003	护套绝缘电线	BVV-35	供电局2#仓库	70	22.80

(b) 执行插入语句之后的Stock表

图 5.3　触发器 tr1_outstock 执行前后对比

3. DELETE 事件触发器

DELETE 触发器在从基本表中删除数据时触发执行,在用户执行了 DELETE 触发器后,将删除的数据行保存在 OLD 表中,即数据行并没有消失,还可在 SQL 语句中引用。DELETE 触发器主要用于以下两种情况:防止删除数据库中的某些数据行、级联删除数据库中其他表中的数据行。

【例 5.4】　创建一个 DELETE 触发器,当用户从 Stock 表中删除数据时,同时将 Out_stock 表中相关物资的出库情况一并删除。

```
DELIMITER &&
CREATE TRIGGER tr2_stock
AFTER DELETE
ON Stock FOR EACH ROW
BEGIN
    DELETE
    FROM Out_stock
    WHERE mat_num = OLD.mat_num;
END
```

注意:使用触发器进行级联删除,前提是 Out_stock 表没有定义和 Stock 表相关的外键。

4. UPDATE 事件触发器

UPDATE 触发器在用户发出 UPDATE 语句后触发执行,即为用户修改数据行增加限制规则。UPDATE 触发器合并了 DELETE 触发器和 INSERT 触发器的作用。在用户执行了 UPDATE 语句后,原来的数据行从基本表中删除,但保存在 OLD 表中,同时基本表更新后的新数据行也在 NEW 表中保存了一个副本。可利用 OLD 表和 NEW 表获取更新前后的数据行,完成比较操作。

【例 5.5】　定义一张数据表 Modify_amount,用于存储 Out_stock 表中领取数量发生变化的情况。

Modify_amount 表的创建语句如下。

```
CREATE TABLE Modify_amount
(   prj_num      char(8),       -- 被修改的工程项目号
    mat_num      char(8),       -- 被修改的抢修物资号
    username     char(50),      -- 修改人
```

```
    updatetime      datetime,          -- 修改时间
    amount_old      int,               -- 修改前的领取数量
    amount_new      int                -- 修改后的领取数量
);
```

在 Out_stock 表上创建触发器的语句如下。

```
DELIMITER &&
CREATE TRIGGER tr2_outstock
AFTER UPDATE
ON Out_stock FOR EACH ROW
BEGIN
    INSERT
    INTO Modify_amount
    VALUES(OLD.prj_num,OLD.mat_num,USER(),NOW(),OLD.amount,NEW.amount);
END
```

若在 Out_stock 表上执行如下更新语句,则 Modify_amount 表中增加一条记录,如图 5.4 所示。

```
UPDATE Out_stock
SET amount = 8
WHERE prj_num = '20110005' AND mat_num = 'm006'
```

prj_num	mat_num	username	updatetime	amount_old	amount_new
20110005	m006	root@localhost	2019-06-14 14:31:56	3	8

图 5.4　更新 Out_stock 表领取数量后 Modify_amount 表的数据

5.1.3　创建 SQL Server 触发器

扫一扫

视频讲解

扫一扫

视频讲解

1. SQL Server 触发器的工作原理

在 SQL Server 中,触发器可以分为两大类,即 DML 触发器和 DDL 触发器。

DML 触发器是当数据库服务器中发生数据操纵语言(Data Manipulation Language)事件时执行的存储过程。

DDL 触发器是在响应数据定义语言(Data Definition Language)事件时执行的存储过程,一般用于执行数据库中的管理任务、审核和规范数据库操作、防止数据库表结构被修改等。

下面重点介绍 DML 触发器的工作原理及具体应用。

DML 触发器是在发生数据操纵语言时执行的触发器,主要针对添加、修改、删除进行触发,用于完成这些操作在引起数据变化后的完善工作。

在 SQL Server 中,为每个 DML 触发器都定义了两张特殊的表:一张是插入表(INSERTED),另一张是删除表(DELETED)。这两张表是建立在数据库服务器的内存中的,都是由系统管理的逻辑表,而不是真正存储在数据库中的物理表。对于这两张表,用户只有读取的权限,没有修改的权限。这两张表的结构与触发器所在数据表的结构完全一致。当触发器的工作完成之后,这两张表也将从内存中删除。

对于 INSERT 操作,INSERTED 表中存放的是要插入的数据;而对于 UPDATE 操作,INSERTED 表中存放的是要更新的记录(即更新后的新值)。

对于 DELETE 操作,DELETED 表中存放的是被删除的记录;而对于 UPDATE 操作,

DELETED 表中存放的是更新前的记录（更新完毕后即被删除）。

DML 触发器又分为 AFTER 触发器和 INSTEAD OF 触发器。

1）AFTER 触发器的工作原理

AFTER 触发器是在记录变更完成后才被激活执行的。以删除操作为例，当接收到一个要执行删除操作的 SQL 语句时，SQL Server 先将要删除的记录存放在 DELETED 表中，然后把数据表中的记录删除，再激活 AFTER 触发器，执行 AFTER 触发器中的 SQL 语句。执行完毕后，删除内存中的 DELETED 表，退出整个操作。

2）INSTEAD OF 触发器的工作原理

INSTEAD OF 触发器与 AFTER 触发器不同。AFTER 触发器是在 INSERT、UPDATE、DELETE 操作完成后才被激活的，而 INSTEAD OF 触发器则是在这些操作进行之前就被激活了，并且不再执行原来的 SQL 操作，而是用触发器内部的 SQL 语句代替执行。

只有数据库的所有者才能定义触发器，这是因为给表增加触发器时将改变表的访问方式，以及与其他对象的关系，实际上是修改了数据库模式。

定义触发器的语法格式如下。

```
CREATE TRIGGER <触发器名>
ON{ 表名 | 视图名 }
[ WITH ENCRYPTION ]
{ AFTER | INSTEAD OF } { [ INSERT ] [ , ] [ UPDATE ] [ , ] [ DELETE ] }
[ NOT FOR REPLICATION ]
AS
SQL 语句
```

其中，主要参数的作用如下。

- 触发器名：给出了触发器的名称。
- 表名|视图名：触发器所依存的表或视图的名称。
- WITH ENCRYPTION：表示加密触发器代码，使其他用户无法查询到触发器的创建语句，可防止 SQL Server 对触发器进行复制。
- AFTER：表示触发器只有在 SQL 语句中指定的所有操作都已成功执行后才激活。注意不能在视图上定义 AFTER 触发器。
- INSTEAD OF：表示在表或视图上执行增、删、改操作时用该触发器中的 SQL 语句代替原语句。在一个表或视图上，每条 INSERT、UPDATE、DELETE 语句只能定义一个 INSTEAD OF 触发器，然而可以在每个具有 INSTEAD OF 触发器的视图上定义视图。注意，INSTEAD OF 触发器不能更新带 WITH CHECK OPTION 的视图。
- [INSERT] [,] [UPDATE] [,] [DELETE]：说明激活触发器的触发条件，可选择多项，用逗号分隔。
- NOT FOR REPLICATION：表示在表的复制过程中对表的修改将不会激活触发器。
- SQL 语句：触发器所要执行的 SQL 语句，它可以是一组 SQL 语句，可以包含流程控制语句等。

可以看出，一个触发器只能应用在一张表上，但一个触发器可以包含很多动作，执行很多功能,触发器可以建立在基本表上,也可以建立在视图上。

2. INSERT 触发器

INSERT 触发器在每次向基本表插入数据时触发执行,该数据同时复制到基本表和内存中的 INSERTED 表中。INSERT 触发器主要有 3 个作用: 检验要输入的数据是否符合规则、在插入的数据中增加数据、级联改变数据库中其他的数据表。

【例 5.6】 创建一个 INSERT 触发器,在对 Stock 表进行插入后验证库存量的大小,若库存量小于 1,则撤销该插入操作。

```
IF EXISTS(SELECT name FROM sysobjects WHERE name = 'tr1_stock' AND type = 'TR')
DROP TRIGGER tr1_stock
GO
CREATE TRIGGER tr1_stock
ON Stock
AFTER INSERT
AS
DECLARE @amount int
SELECT @amount = amount
FROM INSERTED
IF @amount < 1
BEGIN
    ROLLBACK TRAN
    RAISERROR('Amount must be greater than 1!',16,10)
END
GO
```

在创建了该触发器后,一旦在 Stock 表中插入数据行,就会激活触发器 tr1_stock,验证 amount 的值。SQL 语句如下。

```
INSERT  INTO  Stock(mat_num,mat_name,speci,warehouse,amount,unit)
VALUES('m030','护套绝缘电线','BVV - 120','供电局1#仓库',2,100)
```

上述插入语句由于库存量大于或等于 1,符合规则,可以正常插入执行。

```
INSERT  INTO  Stock(mat_num,mat_name,speci,warehouse,amount,unit)
VALUES('m031','护套绝缘电线','BVV - 120','供电局1#仓库',0,100)
```

上述插入语句由于库存量小于 1,不符合规则,将撤销表的插入操作,提示如图 5.5 所示。

```
消息
消息 50000,级别 16,状态 10,过程 tr1_stock,第 11 行
Amount must be greater than 1!
消息 3609,级别 16,状态 1,第 1 行
事务在触发器中结束。批处理已中止。
```

图 5.5 触发器消息提示

本例中使用了 ROLLBACK 语句。当表的修改不符合触发器设定的规则时,触发器认为修改无效,回滚事务,即撤销对表的修改操作。语法格式如下。

```
ROLLBACK  TRAN
```

执行该语句的操作为由触发器执行的所有操作以及修改语句对基本表执行的所有工作都被撤销。若使该语句在撤销表的修改时给出错误信息,可在执行了 ROLLBACK 语句时使用 PRINT 语句显示提示信息或使用 RAISERROR 语句返回错误信息。

【例 5.7】 创建一个 INSERT 触发器,在向 Out_stock 表插入一条记录后,更改对应物

资在 Stock 表中的库存数量，完成级联更改操作。

```
CREATE TRIGGER tr1_outstock
ON Out_stock
AFTER INSERT
AS
BEGIN
DECLARE @m_num char(8), @m_amount   int
SELECT @m_num = mat_num, @m_amount = amount
FROM INSERTED                    -- 查询新插入的物资编号以及领取数量
UPDATE Stock   SET amount = amount - @m_amount
WHERE mat_num = @m_num            -- 更改 Stock 表中对应物资的库存数量
END
GO
```

若在 Out_stock 表中执行以下插入语句，则 Stock 表中对应字段的前后对比如图 5.6 所示。

```
INSERT INTO Out_stock VALUES('20110006','m001',10,'2011 - 3 - 8','工程部')
```

	mat_num	amount	unit	total
1	m001	220	89.80	19756.00
2	m002	30	17.00	510.00

(a) 执行插入语句之前的Stock表

	mat_num	amount	unit	total
1	m001	210	89.80	18858.00
2	m002	30	17.00	510.00

(b) 执行插入语句之后的Stock表

图 5.6　触发器 tr1_outstock 执行前后的对比

3. DELETE 触发器

DELETE 触发器在从基本表中删除数据时触发执行，在用户执行了 DELETE 触发器后，SQL Server 将删除的数据行保存在 DELETED 表中，即数据行并没有消失，还可在 SQL 语句中引用。DELETE 触发器主要用于以下两种情况：防止删除数据库中的某些数据行、级联删除数据库中其他表中的数据行。

【例 5.8】　创建一个 DELETE 触发器，当用户从 Stock 表中删除数据时同时将 Out_stock 表中相关物资的出库情况一并删除。

```
CREATE TRIGGER tr2_stock
ON Stock
AFTER   DELETE
AS
BEGIN TRANSACTION
DECLARE @mat_num char(8)
SELECT @mat_num = mat_num    FROM DELETED
DELETE   FROM Out_stock
WHERE mat_num = @mat_num
COMMIT TRANSACTION
GO
```

注意：使用触发器进行级联删除，前提是 Out_stock 表没有定义和 Stock 表相关的外键。

4. UPDATE 触发器

UPDATE 触发器在用户发出 UPDATE 语句后触发执行，即为用户修改数据行增加限制规则。UPDATE 触发器合并了 DELETE 触发器和 INSERT 触发器的作用。在用户执行了 UPDATE 语句后，原来的数据行从基本表中删除，但保存在 DELETED 表中，同时基本表更新后的新数据行也在 INSERTED 表中保存了一个副本。用户可利用 DELETED 表和 INSERTED 表获取更新前后的数据行，完成比较操作。

【例 5.9】　创建一个 UPDATE 触发器,当用户更新 Stock 表中的数据时,从 INSERTED 表中读取修改的新的 amount 值,如果该值小于 1,则撤销更新操作,即触发器从 DELETED 表中查询修改前的值,将其重新更新到 Stock 表中(也可采用事务回滚的方法撤销更新操作)。

```
CREATE TRIGGER tr3_stock
ON Stock
AFTER   UPDATE
AS
DECLARE @amount_new int,@amount_old int,@mat_num char(10)
SELECT @amount_new = amount,@mat_num = mat_num
FROM INSERTED
IF @amount_new < 1
BEGIN
    SELECT @amount_old = amount FROM DELETED
    UPDATE Stock SET amount = @amount_old
    WHERE mat_num = @mat_num
    PRINT 'The row can not be updated! '
END
GO
```

UPDATE 语句可以检测到一个列的更新。因为有时用户并不关心表中所有列的更新,只关心一些重要列的更新,而且用户在触发器中设置数据行更新规则时往往只针对个别列。此时,可以使用 UPDATE 语句检测这些列的更新。

【例 5.10】　修改前面创建的 UPDATE 触发器,使其先检测更新的列,当更新 warehouse 列时,禁止更新;当更新 amount 列时,设置更新规则,若更新后的值小于 1,则撤销该更新操作。

```
CREATE TRIGGER tr4_stock
ON Stock
AFTER   UPDATE
AS
DECLARE @amount int
IF UPDATE(warehouse)
BEGIN
    ROLLBACK TRAN
    PRINT '不允许修改物资存放仓库!'
END
IF UPDATE(amount)
BEGIN
    SELECT @amount = amount
    FROM   INSERTED
    IF @amount < 1
    BEGIN
      ROLLBACK TRAN
      PRINT '库存量小于1,不允许更新!'
    END
END
GO
```

【例 5.11】　定义一张数据表 Modify_amount,用于存储 Out_stock 表中领取数量发生变化的情况。

创建 Modify_amount 表的语句如下。

```
CREATE TABLE Modify_amount
(   prj_num char(8),              -- 被修改的工程项目号
    mat_num char(8),              -- 被修改的抢修物资号
    username char(6) ,            -- 修改人
    updatetime datetime,          -- 修改时间
    amount_old int,               -- 修改前的领取数量
    amount_newint                 -- 修改后的领取数量
);
```

在 Out_stock 表上创建触发器的语句如下。

```
CREATE TRIGGER  tr2_outstock
ON Out_stock
AFTER  UPDATE
AS
IF UPDATE(amount)
BEGIN
    DECLARE @amount_old int,@amount_new   int
    DECLARE @prj_no char(8),@mat_no char(8)
    SELECT @prj_no = (SELECT prj_num FROM DELETED)        -- 被修改的项目号
    SELECT @mat_no = (SELECT mat_num FROM DELETED)        -- 被修改的物资号
    SELECT @amount_old = (SELECT amount FROM DELETED)     -- 修改前的领取数量
    SELECT @amount_new = (SELECT amount FROM INSERTED)    -- 修改后的领取数量
    INSERT   INTO Modify_amount
    VALUES(@prj_no,@mat_no,USER_NAME(),GETDATE(),
           @amount_old,@amount_new)
END
GO
```

若在 Out_stock 表上执行以下更新语句,则 Modify_amount 表中增加了一条记录,如图 5.7 所示。

```
UPDATE Out_stock
SET amount = 8
WHERE prj_num = '20110005' AND mat_num = 'm006'
```

	prj_num	mat_num	username	updatetime	amount_old	amount_new
▶	20110005	m006	dbo	2015-04-21 14:36:32.940	4	8
✳	NULL	NULL	NULL	NULL	NULL	NULL

图 5.7　更新 Out_stock 表领取数量后 Modify_amount 表的数据

5. INSTEAD OF 触发器

INSTEAD OF 触发器为替代操作触发器,可用于视图操作。因为视图有时显示的是表中的部分列,所以用视图修改基本表中的数据行时有可能导致失败。解决方法之一就是针对视图建立 INSTEAD OF 触发器,通过触发器插入所缺的列值完成更新。当视图执行到对基本表的插入、删除和更新操作时,用触发器的操作替代视图的操作。INSTEAD OF 触发器也可以实现级联删除的操作。注意,视图只能使用 INSTEAD OF 触发器,不能使用 AFTER 触发器。

【例 5.12】　在 Out_stock 表上创建一个 INSTEAD OF 触发器,确保插入的抢修工程项目号在 Salvaging 表中存在(需要注意的是,在插入数据时,系统先将数据插入 INSERTED 表中,再由所建的 INSTEAD OF 触发器执行实际的插入)。

```
CREATE TRIGGER  tr3_outstock
ON Out_stock
```

```
INSTEAD OF INSERT
AS
IF EXISTS ( SELECT * FROM  INSERTED
            WHERE prj_num NOT IN(SELECT prj_num FROM Salvaging))
    PRINT'对不起,有抢修工程项目号不在工程项目表中,不能正确插入!'
ELSE
    INSERT INTO Out_stock
    SELECT * FROM  INSERTED
```

当执行以下插入语句时,由于其中一条插入语句的项目号 20110007 在 Salvaging 表中并不存在,因此系统会输出对应的提示信息并拒绝执行。

```
INSERT INTO Out_stock
VALUES ('20110006','m001',2,'2011－3－9','工程 4 部'),
       ('20110007','m002',3,'2011－3－9','工程 4 部');
```

【例 5.13】　利用 INSTEAD OF 触发器实现级联删除,即若在 Salvaging 表中删除一条工程项目记录,则在 Out_stock 表中应同时删除相关项目领取物资的信息。

```
CREATE TRIGGER  tr1_salvaging
ON Salvaging
INSTEAD OF DELETE
AS
BEGIN TRANSACTION
    DELETE FROM Out_stock
    WHERE prj_num IN (SELECT prj_num FROM DELETED)
    DELETE FROM Salvaging
    WHERE prj_num IN (SELECT prj_num FROM DELETED)
COMMIT TRANSACTION
```

此时,无论 Out_stock 表与 Salvaging 表有无参照完整性约束,当执行以下删除语句时,对应的项目信息及物资领取信息均被删除。

```
DELETE FROM Salvaging WHERE prj_num = '20110005'
```

6. 复合触发器

多个触发器可以组合在一起形成复合触发器,能够使数据库的管理工作变得更加简便。

【例 5.14】　在 Salvaging 表中添加一个新列 sumcost,记录每个工程项目的抢修总成本。编写一个复合触发器,当对 Out_stock 表进行增加、删除和修改操作使抢修物资领取数量发生变化时,Salvaging 表中该项目的 sumcost 字段值能够自动更新。

```
CREATE TRIGGER  tr3_outstock
ON Out_stock
AFTER INSERT,DELETE,UPDATE
AS
BEGIN TRANSACTION
    IF UPDATE(amount)               -- 对 Out_stock 表进行增加、修改操作时更新 sumcost
    BEGIN
        UPDATE Salvaging
        SET sumcost = (SELECT SUM(Out_stock.amount * unit)
                    FROM Out_stock,Stock
                    WHERE Out_stock.mat_num = Stock.mat_num
                        AND Out_stock.prj_num = Salvaging.prj_num)
        WHERE prj_num IN (SELECT prj_num FROM INSERTED)
    END
    ELSE
```

```
     BEGIN
          UPDATE Salvaging        -- 对 Out_stock 表进行删除操作时更新 sumcost
          SET sumcost = (SELECT SUM(Out_stock.amount * unit)
                    FROM Out_stock,Stock
                    WHERE Out_stock.mat_num = Stock.mat_num
                         AND Out_stock.prj_num = Salvaging.prj_num)
          WHERE prj_num IN (SELECT prj_num FROMDELETED)
     END
COMMIT TRANSACTION
GO
```

5.1.4 删除触发器 ▶

删除触发器的语法格式如下。

```
DROP TRIGGER 触发器名
```

注意：在删除表时，依存于该表的触发器也将同时被删除。

触发器的修改操作可以理解为先删除原有的触发器，然后在同样的基本表上创建一个同名的新触发器。

扫一扫

视频讲解

5.2 数据库完整性

数据库完整性是数据的正确性和相容性。例如，配电物资库存表中的物资编号必须是唯一的；配电物资库存表中的数量必须是正数；配电物资领料出库表中的物资必须是配电物资库存表中的物资。凡是已经失真的数据都可以说其完整性受到了破坏。为了维护数据库的完整性，DBMS 必须提供一种机制检查数据库的完整性。现代数据库技术采用对数据完整性予以约束和检查的方式保护数据库的完整性。实现的方式主要有两种：一种是定义和使用完整性约束规则；另一种是通过触发器和存储过程等来实现。

前面章节曾经介绍过关系数据模型中数据完整性的概念和规则，第 3 章介绍了 CREATE TABLE 语句中实现的一些完整性约束，主要是实体完整性约束和参照完整性约束的实现。其他与数据完整性有关的内容都是用户定义的数据完整性范畴，而实现用户定义的完整性规则，除了 CREATE TABLE 命令中的 CHECK 约束，更多的是使用触发器实现灵活、复杂的数据完整性要求。

在电力抢修工程数据库中，Out_stock 表中的 prj_num 属性是外键，参照属性是 Salvaging 表中 prj_num 属性，并且要求对于某一项抢修工程，其 Out_stock 表中的领料日期 get_date 的值必须介于 Salvaging 表中该工程的 start_date 和 end_date 值之间。例如，Salvaging 表中 prj_num 为 20110006 的抢修工程的开始日期为 2011-03-08，结束日期为 2011-03-10，则 Out_stock 表中 prj_num 为 20110006 的记录的 get_date 值必须介于 2011-03-08 和 2011-03-10 之间。

这样的表和表之间的约束可以通过如下触发器来实现。

```
DELIMITER &&
CREATE TRIGGER tr3_outstock
BEFORE INSERT
ON Out_stock FOR EACH ROW
BEGIN
```

```
DECLARE s_date datetime;
DECLARE e_date datetime;
DECLARE msg varchar(50);
SELECT start_date,end_date INTO s_date,e_date
FROM Salvaging
WHERE prj_num = NEW.prj_num;
IF(NEW.get_date < s_date)OR(NEW.get_date > e_date) THEN
  SET msg = CONCAT(NEW.prj_num,'项目领取的',NEW.mat_num,'物资领料日期有误!');
  SIGNAL sqlstate 'HY000' SET message_text = msg;
END IF;
END
```

触发器创建后,如果执行以下语句,系统出错提示如图 5.8 所示,从而保证了 Out_stock 表和 Salvaging 表中数据的一致性。

```
INSERT INTO Out_stock
VALUES('20110006','m005',10,'2019 - 6 - 8','工程 1 部');
```

Message
Error Code: 1644. 20110006项目领取的m005物资领料日期有误！

图 5.8　触发器消息提示

小结

本章介绍了触发器。存储过程和触发器都是独立的数据库对象和存储在数据库上的特殊的程序。存储过程由用户调用,完成指定的数据处理任务;触发器则是一种特殊的存储过程,由特定的操作触发,从而自动完成相关的处理任务。触发器的实现离不开两张特定的表:NEW 和 OLD,通过它们检查哪些行被修改,正确理解这两张表就可以理解触发器的本质。本章还介绍了数据库完整性相关的内容,包括规则、默认对象等,并说明了触发器在实现数据库完整性方面的重大作用。

扫一扫

自测题

习题 5

一、简答题

1. 试述触发器的概念和作用。

2. 什么是 NEW 表和 OLD 表?

二、综合题

针对第 2 章习题中的 4 张表:客户表(Customers)、代理人表(Agents)、产品表(Products)和订单表(Orders),请编写触发器,分别实现以下操作。

(1) 向产品表(Products)插入数据前,检查产品单价 price 的值,若低于 0.50 元,则统一调整为 0.50 元。

(2) 向订单表(Orders)插入一条订货记录后,触发修改该产品在产品表(Products)中的产品销售数量 quantity 的值。

(3) 当修改订单表(Orders)的订货数量 qty 后,触发修改该项订单的订货总金额 amount 的值。

第6章

CHAPTER 6

索引及查询优化

6.1 索引

索引是数据库中又一个常用而重要的数据库对象,使用索引,可以大大提高数据库的检索速度,改善数据库性能。

6.1.1 索引的概念 ▶

在关系数据库中,索引是一种单独的、物理的对数据库表中一列或多列的值进行排序的存储结构,它是某张表中一列或若干列值的集合和相应的指向表中物理标识这些值的数据页的逻辑指针清单。索引的作用相当于图书的目录,可以根据目录中的页码快速找到所需的内容。没有索引时,DBMS通过表扫描(读每页数据)方式逐个读取指定表中的数据记录来访问。

再看一个例子,在如图 6.1 所示的雇员表(employees)中,附加一张 emp_id 的索引表。该表中包含一个查找键,按照从小到大的顺序存储雇员关系中的所有雇员编号 emp_id。这样,在查找雇员记录时,如查找编号为 VPS30890F 的雇员时,可以先按照 emp_id 查找索引表,找到与 VPS30890F 对应的记录存放地址,然后根据该地址直接读取所要的记录。这种方式虽然增加了查找索引表的工作,但是在读取记录时只需一次磁盘 I/O 操作;另外,索引表只存储记录的部分内容,通常比数据文件小很多,占用的磁盘空间也比较少,直接读取索引表的代价不会很高。

由于索引表是排序的,可以采取类似二分查找的快速定位算法。在实际应用中,索引表还可以驻留在主存储器中,进一步提高查找的访问速度。

由此可见,索引是提高数据文件访问效率的有效方法。目前,索引技术已经在各种数据库系统中得到了广泛应用。需要注意的是,索引可以提高记录查找速度,但是也会增加系统的开销。首先,索引文件需要占据存储空间;其次,插入、删除和修改记录时,必须同时更新索引文件,以维护索引文件与数据文件的一致性。

根据索引对数据表中记录顺序的影响,索引分为两种:聚集索引(Clustered Index,也称为聚类索引、簇集索引)和非聚集索引(Nonclustered Index,也称为非聚类索引、非簇集索引)。

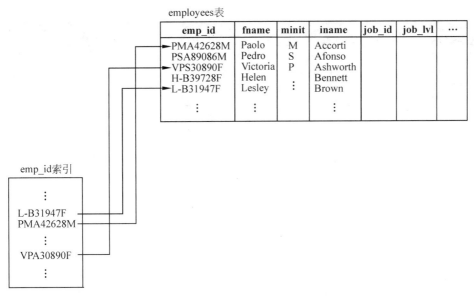

图 6.1　雇员信息索引示例

6.1.2　聚集索引 ▶

聚集索引的特点是数据文件中的记录按照索引键指定的顺序排序,使具有相同索引键值的记录在物理上聚集在一起。由于一张数据表只能有一种实际的存储顺序,因此在一张数据表中只能建立一个聚集索引。

例如,在配电物资库存记录表(Stock)中,建立聚集索引之前的原始存储顺序如表 6.1 所示。

表 6.1　配电物资库存记录表

mat_no	mat_name	speci	warehouse	amount	unit	total
m001	护套绝缘电线	BVV-120	供电局1♯仓库	220	89.80	19756.00
m009	护套绝缘电线	BVV-16	供电局3♯仓库	90	NULL	NULL
m003	护套绝缘电线	BVV-35	供电局2♯仓库	80	22.80	1824.00
m011	护套绝缘电线	BVV-95	供电局3♯仓库	164	NULL	NULL
m004	护套绝缘电线	BVV-50	供电局2♯仓库	283	32.00	9056.00
m005	护套绝缘电线	BVV-70	供电局2♯仓库	130	40.00	5200.00
m002	架空绝缘导线	10kV-150	供电局1♯仓库	30	16.00	510.00
m007	架空绝缘导线	10kV-120	供电局3♯仓库	85	14.08	1196.80
m006	护套绝缘电线	BVV-150	供电局3♯仓库	46	NULL	NULL
m012	交联聚乙烯绝缘电缆	YJV22-15kV	供电局4♯仓库	45	719.80	32391.00
m013	户外真空断路器	ZW12-12	供电局4♯仓库	1	13600.00	13600.00

如果基于 mat_no 字段建立一个聚集索引,那么表中的记录会自动按照 mat_no 的顺序进行存储,如表 6.2 所示。

表 6.2　按 mat_no 建立索引后的 Stock 表

mat_no	mat_name	speci	warehouse	amount	unit	total
m001	护套绝缘电线	BVV-120	供电局1♯仓库	220	89.80	19756.00
m002	架空绝缘导线	10kV-150	供电局1♯仓库	30	16.00	510.00

续表

mat_no	mat_name	speci	warehouse	amount	unit	total
m003	护套绝缘电线	BVV-35	供电局2♯仓库	80	22.80	1824.00
m004	护套绝缘电线	BVV-50	供电局2♯仓库	283	32.00	9056.00
m005	护套绝缘电线	BVV-70	供电局2♯仓库	130	40.00	5200.00
m006	护套绝缘电线	BVV-150	供电局3♯仓库	46	NULL	NULL
m007	架空绝缘导线	10kV-120	供电局3♯仓库	85	14.08	1196.80
m009	护套绝缘电线	BVV-16	供电局3♯仓库	90	NULL	NULL
m011	护套绝缘电线	BVV-95	供电局3♯仓库	164	NULL	NULL
m012	交联聚乙烯绝缘电缆	YJV22-15kV	供电局4♯仓库	45	719.80	32391.00
m013	户外真空断路器	ZW12-12	供电局4♯仓库	1	13600.00	13600.00

基于 mat_no 建立了聚集索引后，如果在 Stock 表中增加一条记录(m010，户外真空断路器，ZW12-12，供电局4♯仓库，1,13600.00,13600.00)，那么该记录会按照 mat_no 的顺序存放于 m009 和 m011 之间。如果没有建立聚集索引，这条记录会被添加为表的最后一条记录。

在 MySQL 的 InnoDB 引擎和 SQL Server 中，默认主键就是聚集索引。

6.1.3　非聚集索引

非聚集索引不会影响数据表中记录的实际存储顺序。例如，在 Stock 表的 mat_no 字段已经建立聚集索引的前提下，在规格字段 speci 建立一个非聚集索引，虽然索引中的 speci 顺序是按照升序排列的，但是 Stock 表中记录的实际存储顺序不会因为该索引的创建而发生变化。也正因如此，一张表只能具有一个聚集索引，但是可以有多个非聚集索引。

因此，非聚集索引不能像聚集索引那样，利用数据表本身的顺序查找记录。为了查找给定键值的记录，必须在非聚集索引中为每个键值建立一个索引项。索引项的第1个字段保存索引键值，第2个字段保存与索引键值对应的记录指针。

下面举例说明聚集索引和非聚集索引的区别。

汉语字典的正文本身就是一个聚集索引。例如，要查"安"字，翻开字典的前几页，因为"安"的拼音是 an，而按照拼音排序汉字的字典是以英文字母 a 开头并以 z 结尾的，那么"安"字就自然地排在字典的前部。如果翻完了所有以 a 开头的部分仍然找不到这个字，那么就说明字典中没有这个字。同样地，如果查"舟"字，将字典翻到最后部分，因为"舟"的拼音是zhou。也就是说，字典的正文部分本身就是一个已排序的索引，不需要再去查其他索引来找到需要找的内容。把这种正文内容本身就是一种按照一定规则排列的目录称为"聚集索引"。

如果认识某个字，可以快速地从字典中查到这个字。但也可能会遇到不认识的字，不知道它的发音，这时就需要根据"偏旁部首"查到要找的字，然后根据这个字后的页码直接翻到某页找到要找的字。但结合"部首目录"和"检字表"而查到的字的排序并不是真正的正文的排序方法。例如，查"张"字，可以看到在查部首之后的检字表中"张"的页码是1584页，检字表中"张"的上面是"弛"字，但页码却是723页，"张"的下面是"弝"字，页码是20页。很显然，这些字并不是真正分别位于"张"字的上下方，现在看到的连续的"弛、张、弝"三字实际上就是它们在非聚集索引中的排序,是字典正文中的字在非聚集索引中的映射。可以通过这种方式找到所需要的字,但需要两个过程:先找到索引中的结果,然后再翻到所需要的页码。把这种索引和正文分开的排序方式称为"非聚集索引"。

除了聚集索引以外的索引都是非聚集索引,非聚集索引包含以下几种。

(1) 唯一索引:唯一索引列的值必须唯一,允许有空值,但至多只能有一个空值。如果是组合索引,则列值的组合必须唯一。

(2) 单值索引:这是最基本的非聚集索引,它没有任何限制,但是尽量选择区分度高的列作为索引。例如,选择姓名作为索引,而不会选择性别作为索引。

(3) 组合索引:即一个索引包含多个列。

创建索引的语法格式如下。

```
CREATE [UNIQUE]
INDEX index_name ON table_name (column [ASC|DESC] [,...n])
```

其中,主要参数的说明如下。

- UNIQUE:为表或视图创建一个唯一索引,即不允许该列包含重复值。
- index_name:指定创建的索引的名称。
- table_name:用于创建索引的表的名称。
- column:用于创建索引的列。
- ASC|DESC:指定索引列的排列方式,ASC 为升序(默认值),DESC 为降序。

例如,以下命令在 Stock 表的 mat_name 列上建立一个非聚簇索引。

```
CREATE INDEX Index_mat_name ON Stock(mat_name DESC);
```

以下命令可以创建一个组合索引。

```
CREATE INDEX Index_name_spec ON Salvaging(prj_name,spec);
```

6.1.4　索引的结构 ▶

MySQL 的 InnoDB 引擎和 SQL Server 都将索引组织为 B+树,索引内的每页包含一个页首,页首后面跟着索引行,每个索引行都包含一个键值以及一个指向较低级页或数据行的指针,索引的每个页称为索引节点,B+树的顶端节点称为根节点,索引的底层节点称为叶节点。所以,索引字段要尽量地小,这样 B+树的每个节点占用的空间就会小。

聚集索引的结构如图 6.2 所示,非叶子节点只存储键值信息,数据记录都存放在叶子节点中,所有叶子节点之间形成链式结构,因此可以对 B+树进行两种查找运算:一种是对于主键的范围查找和分页查找;另一种是从根节点开始,进行随机查找。

非聚集索引的结构如图 6.3 所示,其叶层也是索引行,不包含数据页。

数据存储的基本单位是页,在 SQL Server 中,一页的大小是 8KB,MySQL 的 InnoDB 引擎中页的大小为 16KB。以 MySQL 为例,假设表的主键占用 8B,指针类型也一般为 4B 或 8B,也就是说一页(B+树中的一个节点)中大概存储 16KB/(8B+8B)=1K 个键值(为方便计算,这里的 1K 取值为 1000)。也就是说,一棵深度为 3 的 B+树索引可以维护 $1000 \times 1000 \times 1000 = 10$ 亿条记录。

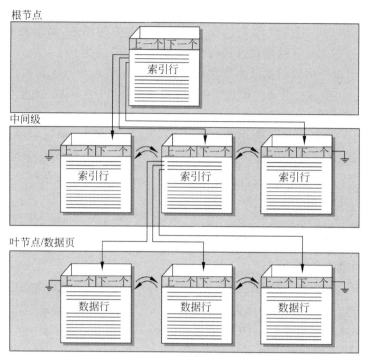

图 6.2　聚集索引的结构

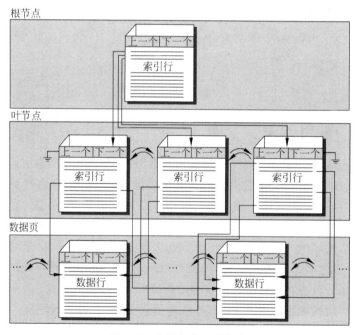

图 6.3　非聚集索引的结构

　　实际上，每个节点可能不能填充满，因此在数据库中，B+树的高度一般都在 2~4 层。MySQL 的 InnoDB 引擎在设计时是将根节点常驻内存的，也就是说，查找某一键值的行记录时最多只需要 1~3 次磁盘 I/O 操作。

6.1.5　何时创建索引

在考虑是否为数据表中的某列创建索引时,应考虑对该列进行查询的方式。如果需要对该列进行以下查询,则推荐在该列上创建索引。

(1) 需要在该列搜索符合特定搜索关键字值的行,即精确匹配查询,如在 WHERE 子句中指定 mat_no＝'m01'。

(2) 需要在该列搜索关键字值属于某一特定范围值的行,即查询范围,如在 WHERE 子句中指定 amount BETWEEN 200 AND 300。

(3) 在表1中搜索根据连接谓词与表2中的某行匹配的行。

(4) 在不进行显式排序操作的情况下(如不用 ORDER BY 子句)产生经排序的查询输出。

(5) 使用 LIKE 进行比较查询,且模式以特定字符串(如 abc％)开头。

(6) 搜索已定义了外键约束的两张表之间匹配的行。

6.1.6　系统如何访问表中的数据

一般地,系统访问数据库中的数据,可以使用两种方法:表扫描和索引查找。

表扫描是指系统将指针放置在该表的表头数据所在的数据页上,然后按照数据页的排列顺序,一页一页地从前向后扫描该表数据所占有的全部数据页,直至扫描完表中的全部记录。在扫描时,如果找到符合查询条件的记录,那么就将这条记录挑选出来。最后,将全部挑选出符合查询语句条件的记录显示出来。

索引查找中,索引是 B+树结构,其中存储了关键字和指向包含关键字所在记录的数据页的指针。当使用索引查找时,系统沿着索引的树状结构,根据索引中关键字和指针,找到符合查询条件的记录。最后,将全部查找到的符合查询语句条件的记录显示出来。

当访问数据库中的数据时,由 DBMS 确定该表中是否有索引存在,是否使用索引。如果没有索引或不使用索引,那么 DBMS 使用表扫描的方法访问数据库中的数据。

当 B+树的索引数据项是复合的数据结构时,如创建了索引:

```
CREATE INDEX index_name_speci ON Stock (mat_name,speci);
```

B+树是按照从左到右的顺序建立搜索树的,称为索引的最左匹配特性。例如查询:

```
SELECT mat_num,mat_name,speci,amount
FROM Stock
WHERE mat_name ＝ '护套绝缘电线'and speci ＝ 'BVV－120';
```

B+树会优先比较 mat_name 确定下一步的搜索方向,如果 mat_name 相同,再依次比较 speci,最后得到检索的数据。

如果是以下查询:

```
SELECT mat_num,mat_name,speci,amount
FROM Stock
WHERE mat_name ＝ '护套绝缘电线';
```

B+树可以用 mat_name 指定搜索方向,但下一个字段 speci 缺失,所以只能把 mat_name 为护套绝缘电线的数据都找到。

但如果是以下查询：

```
SELECT mat_num,mat_name,speci,amount
FROM Stock
WHERE speci = 'BVV - 120';
```

该查询中没有 mat_name 相关的匹配条件，就无法在 B＋树中查找下一个节点。

扫一扫

视频讲解

6.2 查询优化技巧

数据库查询是应用程序与数据库之间重要的交互方式之一，查询的效率直接影响了系统的响应速度和性能。针对大规模数据、复杂查询和高并发访问的情况，进行数据库查询优化是至关重要的。数据库的查询优化涉及很多方面，本节介绍在数据库模式的设计及 SQL 语句的代码编写两个方面的优化技巧。

1. 数据库设计方面

（1）对查询进行优化，应尽量避免全表扫描，首先应考虑在 WHERE 及 ORDER BY 语句涉及的列上建立索引。

（2）应尽量避免在 WHERE 子句中对字段进行 NULL 值判断，否则将导致引擎放弃使用索引而进行全表扫描。例如，SELECT id FROM t WHERE num IS NULL，可以在 num 上设置默认值 0，确保表中 num 列没有 NULL 值，然后这样查询：SELECT id FROM t WHERE num＝0。

（3）并不是所有索引对查询都有效，SQL 是根据表中数据进行查询优化的，当索引列有大量数据重复时，查询可能不会利用索引，如表中有 sex 字段，male、female 几乎各占一半，那么即使在 sex 字段上建了索引也对查询效率起不了作用。

（4）索引并不是越多越好，索引固然可以提高相应的 SELECT 操作的效率，但同时也降低了 INSERT 及 UPDATE 操作的效率，因为 INSERT 或 UPDATE 操作时有可能会重建索引，所以怎样建索引需要慎重考虑，视具体情况而定。

（5）应尽可能地避免更新聚集索引数据列，因为聚集索引数据列的顺序就是表记录的物理存储顺序，一旦该列值改变，将导致整个表记录的顺序的调整，会耗费相当大的资源。

（6）尽量使用数字型字段，只含数值信息的字段尽量不要设计为字符型，这会降低查询和连接的性能，并会增加存储开销。这是因为引擎在处理查询和连接时会逐个比较字符串中每个字符，而对于数字型只需要比较一次就够了。

（7）尽可能使用 varchar/nvarchar 代替 char/nchar。因为，首先，变长字段存储空间小，可以节省存储空间；其次，对于查询，在一个相对较小的字段内搜索效率显然要高些。

2. SQL 语句方面

（1）应尽量避免在 WHERE 子句中使用!＝或<>操作符，否则引擎将放弃使用索引而进行全表扫描。

（2）应尽量避免在 WHERE 子句中使用 OR 连接条件，否则引擎将放弃使用索引而进行全表扫描，如

```
SELECT prj_num FROM Out_stock WHERE mat_num = 'm001' OR mat_num = 'm002';
```

可以这样查询：

```
SELECT prj_num FROM Out_stock WHERE mat_num = 'm001'
UNION ALL
SELECT prj_num FROM Out_stock WHERE mat_num = 'm002';
```

（3）IN 和 NOT IN 也要慎用，否则会导致全表扫描，如

```
SELECT id FROM t WHERE num IN(1,2,3)
```

对于连续的数值，能用 BETWEEN 就不要用 IN，如

```
SELECT id FROM t WHERE num BETWEEN 1 AND 3
```

（4）应尽量避免在 WHERE 子句中对索引字段进行表达式操作，这将导致引擎放弃使用索引而进行全表扫描，如

```
SELECT id FROM t WHERE num/2 = 100
```

应改为

```
SELECT id FROM t WHERE num = 100 * 2
```

下面的查询也将导致全表扫描。

```
SELECT id FROM t WHERE name LIKE '% abc %'
```

（5）应尽量避免在 WHERE 子句中对字段进行函数操作，这将导致引擎放弃使用索引而进行全表扫描，如

```
SELECT id FROM t WHERE SUBSTRING(name,1,3) = 'abc'
SELECT id FROM t WHERE DATEDIFF(day,createdate,'2005 - 11 - 30') = 0
```

应改为

```
SELECT id FROM t WHERE name LIKE 'abc %'
SELECT id FROM t WHERE createdate > = '2005 - 11 - 30' AND createdate <'2005 - 12 - 1'
```

（6）很多时候，用 EXISTS 代替 IN 是一个好的选择，如

```
SELECT num FROM a WHERE num IN(SELECT num FROM b)
```

可替换为

```
SELECT num FROM a WHERE EXISTS(SELECT 1 FROM b WHERE num = a.num)
```

（7）任何地方都不要使用 SELECT ＊ FROM t，用具体的字段列表代替 ＊，不要返回用不到的任何字段。

（8）能用 DISTINCT 的就不用 GROUP BY，如

```
SELECT prj_num FROM Out_stock WHERE amount > 2 GROUP BY prj_num
```

可改为

```
SELECT DISTINCT prj_num FROM Out_stock WHERE amount > 2
```

（9）如果应用程序有很多 JOIN 查询，应该确认两张表中连接的字段是被建立过索引的。这样，DBMS 内部会启动优化 JOIN 的 SQL 语句的机制。而且，这些被用来 JOIN 的字段，应该是相同的类型的。例如，如果要把 DECIMAL 字段和一个 INT 字段 JOIN 在一起，DBMS 可能无法使用它们的索引。

（10）任何在 ORDER BY 语句的非索引项或有计算表达式的都将降低查询速度。优化方法如下。①重写 ORDER BY 语句以使用索引；②为所使用的列建立另外一个索引；③绝对避免在 ORDER BY 子句中使用表达式。

（11）尽量避免使用游标，因为游标的效率较差。

（12）尽量避免向客户端返回大数据量，若数据量过大，应该考虑相应需求是否合理。

（13）尽量避免大事务操作，提高系统并发能力。

3. 优化数据库，提高数据库的性能

1）硬件调整性能

最有可能影响性能的是磁盘和网络吞吐量，解决办法是扩大虚拟内存，并保证有足够可以扩充的空间；把数据库服务器上的不必要服务关闭；把数据库服务器和主域服务器分开；把 SQL 数据库服务器的吞吐量调为最大；在具有一个以上处理器的机器上运行 SQL。

2）调整数据库

若对表的查询频率比较高，则建立索引；建立索引时，想对表的所有查询搜索操作，按照 WHERE 选择条件建立索引，尽量为整型键建立有且只有一个的簇集索引，数据在物理上按顺序存储在数据页上，缩短查找范围，为在查询经常使用的全部列建立非簇集索引，能最大地覆盖查询；但是索引不可太多，执行 UPDATE、DELETE、INSERT 语句，用于维护这些索引的开销量急剧增加；避免在索引中有太多的索引键；避免使用大型数据类型的列作为索引；保证每个索引键值有少数行。

3）使用存储过程

应用程序的实现过程中，能够采用存储过程实现的对数据库的操作，尽量通过存储过程来实现，因为存储过程是存放在数据库服务器上，一次性被设计、编码、测试，并被再次使用，需要执行该任务的应用可以简单地执行存储过程，并且只返回结果集或数值，这样不仅可以使程序模块化，同时提高响应速度，减少网络流量，并且通过输入参数接受输入，使得在应用中完成逻辑的一致性实现。

4）应用程序结构和算法

建立查询条件索引仅仅是提高速度的前提条件，响应速度的提高还依赖于对索引的使用。因为人们在使用 SQL 时往往会陷入一个误区，即太关注所得的结果是否正确，特别是对数据量不是特别大的数据库操作时，是否建立索引和使用索引的好坏对程序的响应速度并不大，因此程序员在编写程序时就忽略了不同的实现方法之间可能存在的性能差异，这种性能差异在数据量特别大时或在大型、复杂的数据库环境中表现得尤为明显，如联机事务处理（On-Line Transaction Processing，OLTP）或决策支持系统（Decision-making Support System，DSS）。在工作实践中发现，不良的 SQL 往往来自不恰当的索引设计、不充分的连接条件和不可优化的 WHERE 子句。在对它们进行适当的优化后，其运行速度有了明显的提高。

小结

本章介绍了索引的相关概念，介绍了非聚集索引和聚集索引的存储结构。

索引不是不可缺少的，良好的索引可以显著提高数据库的性能。一般应用中，特别是在查询应用中，索引能显著提高查询的速度和效率。但并不是索引越多越好，因为索引本身要占用很大的数据空间，并且它在提高查询效率的同时，也降低了插入、删除数据的速度。在实际应用中到底该建立多少个索引以及建立什么索引，还需要认真分析实际问题，找出各个事物之间的联系才能确定。

习题 6

1. 解释下列概念和术语：索引、聚集索引、非聚集索引、唯一索引。

2. 为什么要对数据文件建立索引？

3. 简述聚集索引和非聚集索引的区别。

4. 为什么一个数据文件只能有一个聚集索引？

5. 假设 T 是一张已经创建好的表,表中包含 a、b、c 列,分析下列查询对应的索引。

（1）如果 SQL 语句为

```
SELECT * FROM T WHERE a = 1 AND B = 2 AND c = 3;
```

如何建立索引？

（2）如果 SQL 语句为

```
SELECT * FROM T WHERE a > 1 AND b = 2;
```

如何建立索引？

（3）如果 SQL 语句为

```
SELECT * FROM T WHERE a = 1 ORDER BY b;
```

如何建立索引？

第 7 章

关系数据库设计理论

前面介绍了数据库中涉及的基本概念、关系模型的 3 个组成部分(关系数据结构、关系操作集合和关系完整性)以及关系数据库的标准语言,但是还有一些很基本的问题没有提及,就是针对一个具体的问题应该构造几个关系模式,每个关系模式由哪些属性组成,各属性之间的依赖关系及其对关系模式性能的影响等。关系数据库的规范化理论为用户设计合理的数据库提供了有利的工具。

本章将介绍如何有效地消除关系模式中存在的数据冗余和更新异常等现象,从而设计出优秀的关系数据库模式,即主要讨论关系数据库规范化的理论,这是数据库逻辑设计的理论依据。

扫一扫

视频讲解

7.1 问题的提出

数据库的逻辑设计为什么要遵循一定的规范化理论? 什么是好的关系模式? 某些"不好"的关系模式会导致哪些问题? 对于这些问题,可以通过一个现实生活中普遍存在的例子加以分析。

【例 7.1】 假设有一个用于电力设备存放管理的数据库,其关系模式如下。

WAE(仓库号,所在区域,区域主管,设备号,数量)

并且有语义如下。

(1) 一个区域有多个仓库,一个仓库只能属于一个区域。

(2) 一个区域只有一个区域主管。

(3) 一个仓库可以存放多种设备,每种设备可以存放在多个仓库中。

(4) 每个仓库的每种设备都有一个库存数量。

在此关系模式中填入一部分具体的数据,则可得到 WAE 关系模式的实例,如图 7.1 所示。

这个关系模式存在以下几方面的问题。

(1) 数据冗余:每个区域主管的姓名重复出现,这将浪费大量的数据空间。

(2) 更新异常:如果某区域主管更换,则该主管对应的所有记录都要逐一修改,稍有不慎,就有可能漏改某些记录,这就造成了数据的不一致性,破坏了数据的完整性。

(3) 插入异常:如果某个仓库刚刚建成,尚未有设备存入,则仓库的信息无法插入数据库中。因为在这个关系模式中,(仓库号,设备号)是主键。根据关系的实体完整性约束,主键的值不能为空,而这时没有设备,设备号为空,因此不能完成插入操作。

仓库号	所在区域	区域主管	设备号	数量
WH1	A 区	赵龙	P1	100
WH1	A 区	赵龙	P2	150
WH1	A 区	赵龙	P3	120
WH2	B 区	张立	P2	200
WH2	B 区	张立	P4	500
WH2	B 区	张立	P5	300
WH3	A 区	赵龙	P1	200
WH3	A 区	赵龙	P4	300

图 7.1 WAE 关系模式

(4) 删除异常:如果某个仓库的设备全部出库,仓库已空,要删除该仓库全部设备的记录,这时仓库号、所在区域、区域主管的信息也将被删除,事实上这个仓库依然存在,但在数据库中却无法找到该仓库的信息。

鉴于以上存在的种种问题,可以得出结论:上述 WAE 关系模式不是一个好的关系模式。

假如把这个单一的关系模式改造一下,分解为 3 个关系模式:

- W(仓库号,所在区域);
- A(区域,区域主管);
- WE(仓库号,设备号,数量)。

这时图 7.1 可以分解为如图 7.2 所示的 3 个关系模式。这 3 个模式都不会发生插入异常、删除异常的问题,数据的冗余也得到了控制。

W

仓库号	所在区域
WH1	A 区
WH2	B 区
WH3	C 区

A

区域	区域主管
A 区	赵龙
B 区	张立

WE

仓库号	设备号	数量
WH1	P1	100
WH1	P2	150
WH1	P3	120
WH2	P2	200
WH2	P4	500
WH2	P5	300
WH3	P1	200
WH3	P4	300

图 7.2 把 WAE 关系模式分解为 W、A 和 WE 共 3 个关系模式

一个"不好"的关系模式会有哪些不好的性质?如何改造一个"不好"的关系模式?这是下面将要讨论的问题。

7.2 基本概念

为了使数据库设计的方法趋于完备,人们研究了规范化理论。从 1971 年起,E. F. Codd 就提出了这一理论,规范化理论的研究已经取得了很多成果。这一理论主要致力于解决关

扫一扫

视频讲解

系模式中不合适的数据依赖问题,而函数依赖与多值依赖是最重要的数据依赖。

7.2.1 函数依赖 ▶

1. 函数依赖的概念

对于数学中形如 $Y=f(X)$ 的函数,大家十分熟悉,它代表 X 和 Y 数值上的一个对应关系,即给定一个 X 值,都有一个 Y 值和它对应,X 函数决定 Y 或 Y 函数依赖于 X。

在关系数据库中同样存在函数依赖的概念。例如,在学生关系模式——学生(学号,姓名,性别,出生年月)中,给定一个同学的学号,一定能找到唯一一个与之对应的同学姓名,姓名=f(学号),也一定能找到唯一一个对应的性别和出生年月。这里,学号是自变量 X;姓名、性别、出生年月是因变量 Y,并且把 Y 函数依赖于 X 或 X 函数决定 Y 表示为 $X \rightarrow Y$。

再举一个电力抢修工程数据库的例子,在配电抢修物资领料出库表 Out_stock(prj_num,mat_num,amount,get_date,department)中,只有确定了工程项目编号 prj_num 和物资编号 mat_num,才能知道领取物资的数量 amount、领料日期 get_date 及领料部门 department,即 prj_num 和 mat_num 函数决定 amount、get_date 和 department,可以表示为 (prj_num,mat_num)→amount,(prj_num,mat_num)→get_date,(prj_num,mat_num)→department。

下面对函数依赖给出严格的形式化定义。

定义 7.1 设 $R(U)$ 是属性集 U 上的一个关系模式,X、Y 是 U 的子集。对于 $R(U)$ 上的任何一个可能的关系 r,如果 r 中不存在两个元组,它们在 X 上的属性值相同,而在 Y 上的属性值不同,则称"X 函数决定 Y"或"Y 函数依赖 X",记作 $X \rightarrow Y$。

对于函数依赖,需要说明以下几点。

(1) 函数依赖不是指关系模式 R 的某个或某些关系实例满足的约束条件,而是指 R 的所有关系实例均要满足的约束条件。

(2) 用户只能根据语义确定一个函数依赖,不能按照其形式化定义证明一个函数依赖是否成立。例如,对于上述 WAE 关系模式,在区域主管不存在重名的情况下,可以得到:区域主管→所在区域。这种函数依赖成立的前提条件是区域主管无重名,否则就不存在函数依赖了,所以函数依赖反映了一种语义完整性约束。

(3) 函数依赖存在时间无关性。由于函数依赖是指关系中的所有元组应该满足的约束条件,而不是指关系中某个或某些元组所满足的约束条件,关系中元组的增加、删除或更新都不能破坏这种函数依赖。因此,用户必须根据语义确定属性之间的函数依赖,而不能单凭某一时刻关系中的实际数据值来判断。例如,对于上述 WAE 关系模式,根据语义,只能存在函数依赖"所在区域→区域主管",而不应该存在"区域主管→所在区域",因为如果新增加一个重名的区域主管,这个函数依赖必然不存在。

(4) 若 $X \rightarrow Y$,则称 X 为这个函数依赖的决定因素(Determinant)。

(5) 若 $X \rightarrow Y$,并且 $Y \rightarrow X$,则记为 $X \leftrightarrow Y$。

(6) 若 Y 不函数依赖于 X,则记为 $X \nrightarrow Y$。

2. 平凡函数依赖与非平凡函数依赖

定义 7.2 设 $R(U)$ 是属性集 U 上的一个关系模式,X、Y 是 U 的子集。如果 $X \rightarrow Y$,并且 $Y \nsubseteq X$,则称 $X \rightarrow Y$ 是非平凡函数依赖。如果 $Y \subseteq X$,则称 $X \rightarrow Y$ 是平凡函数依赖。

很显然,对于任意关系模式,平凡函数依赖都是必然存在的,它不反映新的语义,因此若不特别声明,我们总是讨论非平凡函数依赖。

3. 完全函数依赖与部分函数依赖

定义 7.3 在 $R(U)$ 中,如果 $X \rightarrow Y$,并且对于 X 的任何一个真子集 X' 都有 $X' \nrightarrow Y$,则称 Y 对 X 完全函数依赖,记作 $X \xrightarrow{f} Y$。

如果 $X \rightarrow Y$,但不完全函数依赖于 X,则称 Y 对 X 部分函数依赖,记作 $X \xrightarrow{p} Y$。

4. 传递函数依赖

定义 7.4 在 $R(U)$ 中,如果 $X \rightarrow Y$,$Y \rightarrow Z$,且 $Y \nsubseteq X$,$Y \nrightarrow X$,则称 Z 传递函数依赖于 X,记作 $X \xrightarrow{t} Z$。

在这里加上条件 $Y \nrightarrow X$,是因为如果 $Y \rightarrow X$,则 $X \leftrightarrow Y$,实际上就是 $X \xrightarrow{直接} Y$,是直接函数依赖,而不是传递函数依赖。

例如,在上述关系模式 WAE(仓库号,所在区域,区域主管,设备号,数量)中,存在非平凡函数依赖"仓库号→所在区域""所在区域→区域主管""(仓库号,设备号)→数量"。其中,有完全函数依赖"(仓库号,设备号)$\xrightarrow{f}$数量",另外,根据"仓库号→所在区域""所在区域→区域主管"可以得到传递函数依赖"仓库号$\xrightarrow{t}$区域主管"。

7.2.2 码 ▶

前面章节给出了关系模式的码的非形式化定义,这里使用函数依赖的概念严格定义关系模式的码。

定义 7.5 设 K 为 $R<U,F>$ 中的属性或属性组合。若 $K \xrightarrow{f} U$,则 K 为 R 的候选码(Candidate Key)。若候选码多于一个,则选定其中的一个作为主键(Primary Key)。

包含在任何一个候选码中的属性称为主属性(Prime Attribute),不包含在任何码中的属性称为非主属性(Nonprime Attribute)或非码属性(Non-key Attribute)。最简单的情况是单个属性是码。最极端的情况是整个属性组是码,称为全码(All-Key)。

例如,在 WAE 关系模式中,(仓库号,设备号)$\xrightarrow{f} U$,所以(仓库号,设备号)是该关系的码。

定义 7.6 关系模式 R 中属性或属性组 X 并非 R 的码,但 X 是另一个关系模式 S 的码,则称 X 为 R 的**外键**(Foreign Key)。

7.3 规范化

扫一扫
视频讲解

扫一扫
视频讲解

规范化的理论是 E. F. Codd 于 1971 年提出的,目的是要设计"好的"数据库关系模式,其基本思想是消除关系模式中的数据冗余,消除数据依赖中不合适的部分,以解决数据插入、删除时发生的异常现象,这就要求在关系数据库中设计出来的关系模式要满足一定的条件。

通常把关系数据库的规范化过程中为不同程度的规范化要求设立的不同标准称为范式(Normal Form,NF)。根据关系模式满足的不同性质和规范化的程度,把关系模式分为第一范式(1NF)、第二范式(2NF)、第三范式(3NF)、BC 范式(BCNF)、第四范式(4NF),直到第五范式(5NF)。各种范式存在以下联系。

$$1NF \supset 2NF \supset 3NF \supset BCNF \supset 4NF \supset 5NF$$

通常情况下，把某一关系模式 R 的第 n 范式简记为 $R \in n$NF。一个低一级别的关系模式通过模式分解可以转换为若干个高一级别范式的关系模式的集合，这种过程称为规范化。

7.3.1 第一范式

定义 7.7 如果关系模式 R 的所有属性均为简单属性，即每个属性都是不可再分的，则称 R 属于第一范式，简称 1NF，记作 $R \in 1$NF。

目前，世界上绝大多数商用关系数据库管理系统都规定关系模式的属性是原子性的，也就是要求关系模式都为第一范式。因此，数据库语言的语法决定了关系模式必须是第一范式。不满足第一范式的数据库模式不能称为关系数据库。

然而，一个关系模式仅仅满足属于第一范式是不够的。前面探讨的 WAE 关系模式属于第一范式，但它具有大量的数据冗余和插入异常、删除异常、更新异常等弊端。为什么会存在这种问题呢？我们来分析一下 WAE 关系模式中的函数依赖关系，它的码是（仓库号，设备号）这一属性集，所以有

(仓库号，设备号) $\xrightarrow{f}$ 数量

仓库号 → 所在区域，(仓库号，设备号) $\xrightarrow{p}$ 所在区域

仓库号 $\xrightarrow{t}$ 区域主管，(仓库号，设备号) $\xrightarrow{t,p}$ 区域主管

由此可见，在 WAE 关系模式中既存在非主属性对码的完全函数依赖，又存在非主属性对码的部分函数依赖和传递函数依赖。正是由于关系中存在着复杂的函数依赖，才导致数据操作中出现了种种弊端，出现了例 7.1 中提到的 4 个问题。因此，有必要用投影运算将关系模式分解，去掉过于复杂的函数依赖，向高一级的范式转化。

7.3.2 第二范式

定义 7.8 如果关系模式 $R \in 1$NF，且每个非主属性都完全函数依赖于 R 的码，则称 R 属于第二范式，简称 2NF，记作 $R \in 2$NF。

在 WAE 关系模式中，仓库号、设备号为主属性；所在区域、区域主管和数量为非主属性。经过分析，我们发现存在着非主属性对码的部分函数依赖，故 WAE $\notin 2$NF。

为了消除部分函数依赖，采用投影分解法，把 WAE 分解为两个关系模式，即

WE(仓库号，设备号，数量)
WA(仓库号，所在区域，区域主管)

其中，WE 的码为（仓库号，设备号），函数依赖为

(仓库号，设备号) $\xrightarrow{f}$ 数量

WA 的码为仓库号，非主属性为所在区域和区域主管，函数依赖为

仓库号 → 所在区域，所在区域 → 区域主管，仓库号 $\xrightarrow{t}$ 区域主管

显然，在分解后的关系模式中，非主属性都完全函数依赖于码。例 7.1 中提到的 4 个问题在一定程度上得到了解决。

（1）如果某个仓库刚刚建成，尚未有设备存入，该仓库的记录可以插入 WA 关系模式中。

（2）如果某个仓库被清空，仍不会影响该仓库信息在 WA 关系模式中的记录。

（3）由于仓库的存储情况与仓库的基本情况分开存储在两个关系模式中，因此无论该仓库中存储多少种设备，仓库信息在 WA 关系模式中都只存储一次，这就大大减少了数据冗余。

但同时可以看到，WA 关系模式中也存在着一定的异常。

（1）若某个区域刚刚设立，还没有仓库，则所在区域和区域主管的值无法插入，造成插入异常。

（2）有一定的数据冗余，当多个仓库处于同一个区域时，区域主管的值被多次存储。

（3）若某区域要更换区域主管，要逐一修改该区域的所有区域主管记录，稍有不慎，就有可能漏改某些记录，造成更新异常。

因此，WA 仍不是一个好的关系模式。

7.3.3　第三范式

定义 7.9　如果关系模式 $R \in 2NF$，且每个非主属性都不传递函数依赖于 R 的候选码，则称 R 属于第三范式，简称 3NF，记作 $R \in 3NF$。

对于 WA 关系模式（仓库号，所在区域，区域主管），存在的函数依赖为"仓库号→所在区域""所在区域→区域主管""仓库号 $\xrightarrow{t}$ 区域主管"，主码为仓库号，主属性为仓库号，非主属性为所在区域及区域主管。由于存在着非主属性区域主管对码为仓库号的传递函数依赖，故 $WA \notin 3NF$。

同样，采用投影分解法把 WA 分解为两个关系模式，即

```
W(仓库号,所在区域)
A(所在区域,区域主管)
```

在 W 关系模式中，存在函数依赖"仓库号→所在区域"，码为仓库号；在 A 关系模式中，存在函数依赖"所在区域→区域主管"，码为所在区域。这两个关系模式均满足 3NF，原关系中的某些数据冗余也不存在了。

WAE 关系模式规范到 3NF 后，所存在的异常现象已经全部消失。但是，3NF 只规定了非主属性对码的依赖关系，没有限制主属性对码的依赖关系。如果发生了这种依赖，仍有可能存在数据冗余、插入异常、删除异常和更新异常的情况。

为了消除主属性对码的依赖关系，1974 年，Boyce 和 Codd 共同提出了一个新范式的定义，这就是 Boyce-Codd 范式，通常简称为 BCNF 或 BC 范式。

7.3.4　BC 范式

定义 7.10　如果关系模式 $R \in 1NF$，且对于所有函数依赖 $X \to Y (Y \notin X)$，决定因素 X 都包含了 R 的一个候选码，则称 R 属于 BC 范式（Boyce-Codd Normal Form，BCNF），记作 $R \in BCNF$。

一个满足 BCNF 的关系模式具有以下 3 个性质。

（1）所有非主属性都完全函数依赖于每个候选码。

（2）所有主属性都完全函数依赖于每个不包含它的候选码。

（3）没有任何属性完全函数依赖于非码的任何一组属性。

由上面的定义可知 BC 范式既检查非主属性，又检查主属性，显然比第三范式的限制更严格。当我们只检查非主属性而不检查主属性时，就成了第三范式。因此，可以说任何满足 BC 范式的关系都必然满足第三范式。

在上述 W 和 A 关系模式中都只有一个主键，以作为唯一的候选码，且都只有一个函数依赖，为完全函数依赖，符合 BC 范式的条件，所以 W 和 A 都满足 BC 范式。

【例 7.2】 关系模式 SPJ(学号，课程号，名次)，假设每个学生选修每门课程的成绩都有一个名次，每门课程中每个名次只有一个学生（即没有并列名次）。由语义可以得到以下函数依赖。

(学号,课程号)→名次,(名次,课程号)→学号

因此，(学号，课程号)与(名次，课程号)都可以作为候选码。在这个关系模式中显然没有非主属性，也不存在非主属性对码的部分或传递函数依赖，所以 SPJ∈3NF。而且，除了(学号，课程号)与(名次，课程号)外没有其他的决定因素，所以 SPJ∈BCNF。

再举一个属于 3NF 但不属于 BCNF 的例子。

【例 7.3】 假设有电力设备管理关系模式 WES(仓库号，设备号，职工号)，它所包含的语义如下。

（1）一个仓库可以有多名职工。

（2）一名职工仅在一个仓库工作。

（3）在每个仓库，一种设备仅由一名职工保管，但每名职工可以保管多种设备。

根据以上语义，有函数依赖"职工号→仓库号""(仓库号，设备号)→职工号"，该关系模式的码是(仓库号，设备号)，根据范式的定义，该关系模式属于 3NF，因为不存在非主属性对码的传递函数依赖，但不属于 BCNF，因为职工号是决定因素，职工号不包含候选码。

给出 WES 的一个关系实例，如图 7.3 所示，仍可发现一些问题。例如，某位职工刚分配到一个仓库工作，但尚未负责具体设备，这样的信息就无法插入。另外，如果插入记录('WH3','E7','S4')，这样职工 S4 将同时属于 WH3 和 WH2，这是违背第（2）条语义的，但却无法防止。

仓库号	设备号	职工号
WH1	E1	S1
WH1	E2	S1
WH1	E3	S1
WH1	E4	S2
WH1	E5	S2
WH1	E6	S2
WH1	E7	S2
WH2	E4	S3
WH2	E1	S3
WH2	E3	S4
WH2	E2	S4
WH2	E7	S4
WH3	E5	S5
WH3	E6	S5
WH3	E8	S5

图 7.3　WES 的一个关系实例

解决以上问题的方法仍然是关系模式分解，如分解为 WS(仓库号，职工号)和 WE(职工号，设备号)，而且 WS、WE 都属于 BCNF。但是，这样的分解破坏了第（3）条语义，即函数依赖关系"(仓库号，设备号)→职工号"在关系模式分解后丢失。

7.3.5　多值依赖与第四范式 ▶

上面讨论的都是函数依赖范畴内的关系模式的范式问题。一个关系模式达到 BCNF 以后是否很完美了呢？看一看下面对例 7.3 的进一步分析。

对例 7.3 中提到的电力设备管理关系模式 WES(仓库号,设备号,职工号),为它赋予新的语义如下。

(1) 一个仓库可以有多名职工,每名职工可以管理一个仓库中的多种设备。

(2) 一名职工可以管理多个仓库的设备。

(3) 每种设备可以存放在多个仓库。

可以用一个非规范化的关系表示三者之间的关系,如图 7.4 所示。

把图 7.4 转换为规范化的关系,如图 7.5 所示。

很显然,该关系模式具有唯一的候选码(仓库号,设备号,职工号),即全码,因而属于 BCNF,但该关系模式仍存在一些问题。

仓库	职工	设备
WH1	S1	E1
WH1	S1	E2
WH1	S1	E3
WH1	S2	E1
WH1	S2	E2
WH1	S2	E3
WH2	S1	E2
WH2	S1	E3
WH2	S3	E2
WH2	S3	E3

图 7.5　规范后的关系

仓库	职工	设备
WH1	{S1, S2}	{E1, E2, E3}
WH2	{S1, S3}	{E2, E3}

图 7.4　规范前的关系

(1) 数据冗余:仓库号、设备号、职工号的信息被多次存储。

(2) 插入异常:如职工 S4 被分配到仓库 WH1 工作,这时必须插入('WH1','S4','E1')、('WH1','S4','E2')、('WH1','S4','E3')3 个元组。

(3) 更新异常:职工 S1 换成职工 S6,则要修改多行记录。

(4) 删除异常:如果设备 E3 不再存放在仓库 WH1 中,这时要删除元组('WH1','S1','E3')、('WH1','S2','E3')、('WH1','S4','E3')。

BCNF 的 WES 关系模式之所以会产生上述问题,主要是因为以下两个原因。

(1) 对于一个“仓库”值,如 WH1,有多个“设备”值与之对应。

(2) 仓库与设备的对应关系与职工无关。

从上述两方面可以看出,仓库与设备之间的联系显然不是函数依赖,在此称为多值依赖(Multivalue Dependence,MVD)。

定义 7.11 设 $R(U)$ 是属性集 U 上的一个关系模式,X、Y、Z 是 U 的子集,并且 $Z = U - X - Y$。关系模式 $R(U)$ 中多值依赖 $X \rightarrow\rightarrow Y$ 成立,当且仅当对 $R(U)$ 的任意关系 r,给定的一对 (x,z) 值,有一组 Y 的值,这组值仅仅取决于 x 值而与 z 值无关。

如果 $X \rightarrow\rightarrow Y$,而 $Z = \Phi$,则称 $X \rightarrow\rightarrow Y$ 为平凡的多值依赖,否则称 $X \rightarrow\rightarrow Y$ 为非平凡的多值依赖。

结合上面的电力设备管理关系模式,很显然存在着非平凡的多值依赖,即“仓库 $\rightarrow\rightarrow$ 设备”“仓库 $\rightarrow\rightarrow$ 职工”。

多值依赖具有以下性质。

(1) 对称性:若 $X \rightarrow\rightarrow Y$,则 $X \rightarrow\rightarrow Z$,其中 $Z = U - X - Y$。

（2）传递性：若 $X \longrightarrow Y, Y \longrightarrow Z$，则 $X \longrightarrow Z - Y$。

（3）合并性：若 $X \longrightarrow Y, X \longrightarrow Z$，则 $X \longrightarrow YZ$。

（4）分解性：若 $X \longrightarrow Y, X \longrightarrow Z$，则 $X \longrightarrow (Y \bigcap Z), X \longrightarrow Z - Y, X \longrightarrow Y - Z$ 均成立。即如果两个相交的属性子集均多值依赖于另一个属性子集，则这两个属性子集因相交而分割成的 3 部分也都多值依赖于该属性子集。

（5）函数依赖可看作多值依赖的特例，即若 $X \rightarrow Y$，则 $X \longrightarrow Y$。这是因为当 $X \rightarrow Y$ 时，对于 X 的每个值 x，Y 都有一个确定的值 y 与之对应，所以 $X \longrightarrow Y$。

有了多值依赖，是否意味着不需要函数依赖了呢？恰恰相反，一般来讲，不仅要找出关系模式中的所有多值依赖，而且要找出关系模式中的所有函数依赖，这样，一个完整的关系模式就可能既包含一个函数依赖集，又包含一个多值依赖集。

从上面的例子可以看出，一个存在多值依赖的关系模式存在着严重的数据异常现象，如果把它分解为 WS（仓库，职工）和 WE（仓库，设备）两个关系模式，它们的数据异常情况会得到很好的解决。

在职工关系模式中，虽然也有"仓库 $\longrightarrow$ 职工"，但它是平凡的多值依赖，同样设备关系模式中也存在平凡的多值依赖"仓库 $\longrightarrow$ 设备"，为此引入第四范式（4NF）的概念。

定义 7.12 关系模式 $R < U, F > \in 1NF$，如果对于 R 的每个非平凡多值依赖 $X \longrightarrow Y(Y \not\subseteq X)$，$X$ 都含有码，则称 $R < U, F > \in 4NF$。

通过 4NF 的定义可知，4NF 就是限制关系模式的属性之间不允许有非平凡且非函数依赖的多值依赖。

在前面讨论的 WES 关系模式中，"仓库 $\longrightarrow$ 职工""仓库 $\longrightarrow$ 设备"都是非平凡的多值依赖。而"仓库"不是码，关系模式的码是（仓库，职工，设备），故该关系模式不属于 4NF。分解后的关系模式 WS 和 WE 中虽然分别有"仓库 $\longrightarrow$ 职工""仓库 $\longrightarrow$ 设备"，但它们都是平凡的多值依赖，且都不是函数依赖，因此都属于 4NF。

7.3.6 关系模式的规范化

在关系数据库中，对关系模式的最基本的规范化要求就是每个分量不可再分，在此基础上逐步消除不合适的数据依赖。

关系模式的规范化具体可分为以下几步。

（1）对 1NF 关系进行投影，消除原关系中非主属性对码的部分函数依赖，将 1NF 关系转换为若干个 2NF 关系。

（2）对 2NF 关系进行投影，消除原关系中非主属性对码的传递函数依赖，将 2NF 关系转换为若干个 3NF 关系。

（3）对 3NF 关系进行投影，消除原关系中主属性对码的部分函数依赖和传递函数依赖（即决定因素都包含一个候选码），得到一组 BCNF 关系。

上述 3 步可以概括为一步：对原关系进行投影，消除决定属性不是候选码的任何函数依赖。

（4）对 BCNF 关系进行投影，消除原关系中非平凡且非函数依赖的多值依赖，得到一组 4NF 关系。

规范化过程基本步骤如图 7.6 所示。

在数据库规范化过程中，如果范式过低，可能会存在插入异常、删除异常、更新异常、数据冗余等问题，需要转换为高一级的范式。高范式的优点是避免数据冗余，提高数据完整

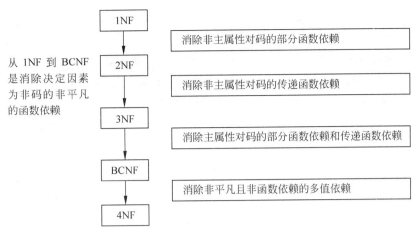

图 7.6 规范化过程

性,减少数据库的空间占用;缺点是操作难,经常需要多表连接,数据库性能影响极大。因此,并不是规范化程度越高的关系模式就越好。例如,当我们对数据库的操作主要是查询,而更新较少时,为了提高查询效率,可能宁愿保留适当的数据冗余,让关系模式中的属性多一些,而不愿把模式分解得太小,否则为了查询一些数据,常常要做大量的连接运算,这样会花费大量时间,或许得不偿失,因此保留适量冗余,达到以空间换时间的目的。目前的计算机技术,空间不是问题,但对查询速度要求极高。因此,在充分利用关系数据库的 3 个完整性约束条件保证数据完整性的基础上,达到 3NF 已经足够了,这也是模式分解的一个重要原则。

7.4 函数依赖的公理系统

W. W. Armstrong 在 1974 年提出了函数依赖的一套推理规则,即 Armstrong 公理系统。数据依赖的一个有效而完备的公理是模式分解算法的理论基础。

7.4.1 Armstrong 公理系统

定义 7.13 对于满足一组函数依赖 F 的关系模式 $R<U,F>$,其任何一个关系 r,若函数依赖 $X{\rightarrow}Y$ 都成立(即 r 中的任意两个元组 t、s,若 $t[X]=s[X]$,则 $t[Y]=s[Y]$),则称 F 逻辑蕴涵 $X{\rightarrow}Y$。

Armstrong 公理 设关系模式 $R<U,F>$,其中,U 为属性集,F 是 U 上的一组函数依赖,那么有以下推理规则。

(1) A1 自反律(Reflexivity):若 $Y{\subseteq}X{\subseteq}U$,则 $X{\rightarrow}Y$ 为 F 所蕴涵。

(2) A2 增广律(Augmentation):若 $X{\rightarrow}Y$ 为 F 所蕴涵,且 $Z{\subseteq}U$,则 $XZ{\rightarrow}YZ$ 为 F 所蕴涵。

(3) A3 传递律(Transitivity):若 $X{\rightarrow}Y$,$Y{\rightarrow}Z$ 为 F 所蕴涵,则 $X{\rightarrow}Z$ 为 F 所蕴涵。

根据上述 3 条推理规则,又可推出以下 3 条推理规则。

(1) 合并规则:若 $X{\rightarrow}Y$,$X{\rightarrow}Z$,则 $X{\rightarrow}YZ$ 为 F 所蕴涵。

(2) 伪传递律:若 $X{\rightarrow}Y$,$WY{\rightarrow}Z$,则 $XW{\rightarrow}Z$ 为 F 所蕴涵。

(3) 分解规则:若 $X{\rightarrow}Y$,$Z{\subseteq}Y$,则 $X{\rightarrow}Z$ 为 F 所蕴涵。

7.4.2 闭包 ▶

根据上述合并规则和分解规则，我们很容易得到一个重要事实。

引理 7.1 $X \rightarrow A_1 A_2 \cdots A_k$ 成立的充分必要条件是 $X \rightarrow A_i$ 成立，$i = 1, 2, \cdots, k$。

由引理 7.1 可以得出函数依赖的闭包 F^+ 和属性的闭包 X_F^+ 的定义。

定义 7.14 关系模式 $R < U, F >$ 中为 F 所蕴涵的函数依赖的全体称为 F 的闭包，记为 F^+。

定义 7.15 设 F 为属性集 U 上的一组函数依赖，$X \subseteq U$，$X_F^+ = \{A \mid X \rightarrow A$ 能由 F 根据 Armstrong 公理导出$\}$，则称 X_F^+ 为属性集 X 关于函数依赖集 F 的闭包。

引理 7.2 设 F 为属性集 U 上的一组函数依赖，$X \subseteq U$，$Y \subseteq U$，$X \rightarrow Y$ 能由 F 根据 Armstrong 公理导出的充分必要条件是 $Y \subseteq X_F^+$。

这样，判定 $X \rightarrow Y$ 是否由 F 根据 Armstrong 公理导出的问题就转化为求 X_F^+，判定 Y 是否为 X_F^+ 的子集的问题。这一问题可由以下算法解决。

算法 7.1 求属性集 $X(X \subseteq U)$ 关于 U 上的函数依赖集 F 的闭包 X_F^+。

输入：X, F

输出：X_F^+

步骤：

(1) 令 $X^{(0)} = X$，$i = 0$；

(2) 求 B，这里 $B = \{A \mid (\exists V)(\exists W)(VW \in F \land V \subseteq X^{(i)} \land A \in W)\}$；

(3) $X^{(i+1)} = B \bigcup X^{(i)}$；

(4) 判断 $X^{(i+1)} = X^{(i)}$ 是否成立；

(5) 若相等，或 $X^{(i)} = U$，则 $X^{(i)}$ 为属性集 X 关于函数依赖集 F 的闭包，且算法终止；

(6) 若不相等，则 $i = i + 1$，返回步骤(2)。

【例 7.4】 已知关系模式 $R < U, F >$，$U = \{A, B, C, D, E\}$，$F = \{A \rightarrow B, D \rightarrow C, BC \rightarrow E, AC \rightarrow B\}$，求 $(AE)_F^+$ 和 $(AD)_F^+$。

解 先求 $(AE)_F^+$。

由上述算法，设 $X^{(0)} = AE$。

计算 $X^{(1)}$：逐一扫描 F 中的各个函数依赖，找到左部为 A、E 或 AE 的函数依赖，得到 $A \rightarrow B$，故有 $X^{(1)} = AE \bigcup B = ABE$。

因为 $X^{(0)} \neq X^{(1)}$，继续。

计算 $X^{(2)}$：逐一扫描 F 中的各个函数依赖，找到左部为 ABE 或 ABE 子集的函数依赖，因为找不到这样的函数依赖，所以 $X^{(1)} = X^{(2)}$，算法终止，$(AE)_F^+ = ABE$。

再求 $(AD)_F^+$：设 $X^{(0)} = AD$。

计算 $X^{(1)}$：逐一扫描 F 中的各个函数依赖，找到左部为 A、D 或 AD 的函数依赖，得到 $A \rightarrow B$、$D \rightarrow C$ 两个函数依赖，故有 $X^{(1)} = AD \bigcup BC = ABCD$。

计算 $X^{(2)}$：逐一扫描 F 中的各个函数依赖，找到左部为 $ABCD$ 或 $ABCD$ 子集的函数依赖，得到 $BC \rightarrow E$、$AC \rightarrow B$ 两个函数依赖，故有 $X^{(2)} = ABCD \bigcup E$，所以 $X^{(2)} = ABCDE = U$，算法终止，$(AD)_F^+ = ABCDE$。

7.4.3 函数依赖集的等价和最小化

从蕴涵的概念出发,可以引出两个函数依赖集等价和最小函数依赖集的概念。

定义 7.16 一个关系模式 $R<U,F>$ 上的两个函数依赖集 F 和 G,如果 $F^+=G^+$,则称 F 和 G 是等价的,记作 $F\equiv G$。

若 $F\equiv G$,则称 G 是 F 的一个覆盖,反之亦然。两个等价的函数依赖集在表达能力上是完全相同的。

引理 7.3 $F^+=G^+$ 的充分必要条件是 $F\subseteq G^+$,$G\subseteq F^+$。

定义 7.17 如果函数依赖集 F 满足下列条件,则称 F 为最小函数依赖集或最小覆盖。

(1) F 中的任何一个函数依赖的右部仅含有一个属性。

(2) F 中不存在这样一个函数依赖 $X\to A$,使 F 与 $F-\{X\to A\}$ 等价。

(3) F 中不存在这样一个函数依赖 $X\to A$,X 有真子集 Z 使 $F-\{X\to A\}\bigcup\{Z\to A\}$ 与 F 等价。

定理 7.1 每个函数依赖集 F 均等价于一个最小函数依赖集 F_{min},此 F_{min} 称为 F 的依赖集。

求最小函数依赖集,可用分解的算法。

算法 7.2 求最小函数依赖集。

输入:一个函数依赖集。

输出:F 的一个等价的最小函数依赖集 G。

步骤:

(1) 用分解的规则使 F 中的任何一个函数依赖的右部仅含有一个属性。

(2) 去掉多余的函数依赖:从第 1 个函数依赖 $X\to Y$ 开始将其从 F 中去掉,然后在剩下的函数依赖中求 X 的闭包 X^+,看 X^+ 是否包含 Y。若是,则去掉 $X\to Y$;否则不能去掉,依次做下去,直到找不到冗余的函数依赖。

(3) 去掉各依赖左部多余的属性:逐个检查函数依赖左部非单个属性的依赖 $X\to Y$,设 $X=B_1B_2\cdots B_m$,逐一考查 $B_i(i=1,2,\cdots,m)$,若 $Y\in(X-B_i)_F^+$,则用 $X-B_i$ 取代 X。

【例 7.5】 已知关系模式 $R<U,F>$,$U=\{A,B,C,D,E,G\}$,$F=\{AB\to C,C\to A,CG\to BD,ACD\to B\}$,求 F 的最小函数依赖集。

解 (1) 利用分解规则将所有函数依赖变成右边都是单个属性的函数依赖。
$$F=\{AB\to C,C\to A,CG\to B,CG\to D,ACD\to B\}$$

(2) 去掉 F 中多余的函数依赖,具体可分解为以下几步。

① 设 $AB\to C$ 为多余的函数依赖,则去掉 $AB\to C$ 得
$$F_1=\{C\to A,CG\to B,CG\to D,ACD\to B\}$$
因为从 F_1 中找不到左部为 AB 或 AB 子集的函数依赖,则 $(AB)_{F_1}^+=\Phi$,所以 $AB\to C$ 为非多余的函数依赖,不能去掉。

② 设 $CG\to B$ 为多余的函数依赖,则去掉 $CG\to B$ 得
$$F_2=\{AB\to C,C\to A,CG\to D,ACD\to B\}$$
则 $(CG)_{F_2}^+=ABCDG$。

由于 $B\subset ABCDG$,所以 $CG\to B$ 为多余的函数依赖,应从 F 中去掉。去掉 $CG\to B$ 后的

函数依赖集仍记为 F，$F=\{AB\rightarrow C,C\rightarrow A,CG\rightarrow D,ACD\rightarrow B\}$。

同理，可以推导出函数依赖 $C\rightarrow A$、$CG\rightarrow D$ 及 $ACD\rightarrow B$ 均不能从 F 中去掉。

故有 $F=\{AB\rightarrow C,C\rightarrow A,CG\rightarrow D,ACD\rightarrow B\}$。

（3）去掉 F 中各依赖左部多余的属性。

因为存在函数依赖 $C\rightarrow A$，故函数依赖 $ACD\rightarrow B$ 的属性 A 是多余的，得到新的函数依赖集为

$$F^1=\{AB\rightarrow C,C\rightarrow A,CG\rightarrow D,CD\rightarrow B\}$$

考查 $AB\rightarrow C$，由于 $A_{F^1}^+=A$，$B_{F^1}^+=B$，$A_{F^1}^+$ 和 $B_{F^1}^+$ 中均不包含 C，所以 $AB\rightarrow C$ 的左边无多余属性。

同理，可以推出 $CG\rightarrow D$、$CD\rightarrow B$ 的左边均无多余属性。

所以，最小函数依赖集 $F_{\min}=\{AB\rightarrow C,C\rightarrow A,CG\rightarrow D,CD\rightarrow B\}$。

需要注意的是，F 的最小函数依赖集 $F_{\min}$ 不一定是唯一的，它与对各函数依赖 FD_i 及 $X\rightarrow A$ 中 X 各属性的处理顺序有关。

7.5 模式分解

在数据库规范化过程中，人们为了获得操作性能较好的关系模式，通常把一个关系模式分解为多个关系模式。模式的分解涉及属性的划分和函数依赖集的划分。

7.5.1 模式分解的准则 ▶

定义 7.18 设 F 是关系模式 $R<U,F>$ 的函数依赖集，$U_1\subseteq U$，$F_1=\{X\rightarrow Y\mid X\rightarrow Y\in F^+\wedge X,Y\subseteq U_1\}$，称 F_1 是 F 在 U_1 上的投影，记为 $F(U_1)$。

由上述定义可以看出，F 投影的函数依赖的左部和右部都在 U_1 中，这些函数依赖可在 F 中出现，也可不在 F 中出现，但一定可由 F 推出。

【例 7.6】 已知关系模式 $R<U,F>$，$U_1=\{A,D\}\subseteq U$，$F=\{A\rightarrow B,B\rightarrow C,C\rightarrow D,BC\rightarrow A\}$，求 F 在 U_1 上的投影。

解 在 F 中没有左部和右部都在 U_1 中的函数依赖。但由 $A\rightarrow B$，$B\rightarrow C$，$C\rightarrow D$ 可以得出 $A\rightarrow D\in F^+$，所以 $F(U_1)=\{A\rightarrow D\}$。

定义 7.19 关系模式 $R<U,F>$ 的一个分解是指 $\rho=\{R_1(U_1,F_1),R_2(U_2,F_2),\cdots,R_n(U_n,F_n)\}$，其中 $U=\bigcup_{i=1}^{n}U_i$，并且没有 $U_i\subseteq U_j$，$1\leq i,j\leq n$，F_i 是 F 在 U_i 上的投影，$F_i=\{X\rightarrow Y\mid X\rightarrow Y\in F^+\wedge X,Y\subseteq U_i\}$。

对于模式分解有以下说明。

（1）分解是完备的，U 中的属性全部分散在分解 ρ 中。

（2）在分解中，由于 U_i 的属性构成不同，可能使某些函数依赖消失，即不能保证分解对函数依赖集 F 是完备的，但应尽量保留 F 所蕴涵的函数依赖，所以对每个子模式 R_i 均取 F 在 U_i 上的投影。

（3）分解是不相同的，不允许在 ρ 中出现一个子模式 U_i 被另一个子模式 U_j 包含的情况。

（4）当需要对若干个关系模式进行分解时，可分别对每个关系模式进行分解。

对一个给定的关系模式进行分解，使分解后的关系模式与原来的关系模式等价，其判定的准则有以下3种。

（1）分解要保持函数依赖。

（2）分解具有无损连接性。

（3）分解既要具有无损连接性，又要保持函数依赖。

按照不同的分解准则，关系模式所能达到的分离程度各不相同，各种范式就是对分离程度的测度。

7.5.2 分解的函数依赖保持性和无损连接性

首先看一个模式分解的例子。

【例 7.7】 已知关系模式 $R<U,F>$，其中，$U=\{$仓库号，所在区域，区域主管，设备号，数量$\}$，$F=\{$仓库号→所在区域，所在区域→区域主管，（仓库号，设备号）→数量$\}$。

$R<U,F>$ 的一个分解 ρ_1：$U_1=\{$仓库号，所在区域$\}$，$F_1=\{$仓库号→所在区域$\}$；$U_2=\{$所在区域，区域主管$\}$，$F_2=\{$所在区域→区域主管$\}$；$U_3=\{$仓库号，设备号，数量$\}$，$F_3=\{$（仓库号，设备号）→数量$\}$。此时，$F_1\cup F_2\cup F_3=F$，该分解没有丢失函数依赖。

$R<U,F>$ 的另一个分解 ρ_2：$U_1=\{$仓库号，所在区域，区域主管$\}$，$F_1=\{$仓库号→所在区域，所在区域→区域主管$\}$；$U_2=\{$设备号，数量$\}$，$F_2=\Phi$。此时 $F_1\cup F_2\neq F$，F 中每个仓库的每种设备都有一个库存数量的语义丢失了。

由此可见，不会因模式分解而丢失函数依赖是分解的一个重要标准。

定义 7.20 设 $\rho=\{R_1<U_1,F_1>,R_2<U_2,F_2>,\cdots,R_n<U_n,F_n>\}$ 是关系模式 $R<U,F>$ 的一个分解。若 $\bigcup_{i=1}^{n}F_i^+=F^+$，则称分解 ρ 具有函数依赖保持性。

例如，对上述例 7.7 的分解 ρ_1 就是一个保持函数依赖的分解。在分解 ρ_1 中，保留了 $R<U,F>$ 中的所有语义，即所有函数依赖。函数依赖的保持性反映了模式分解的依赖等价原则，依赖等价保证了分解后的模式与原有的模式数据语义上的一致性。

在模式分解时，除了希望保持函数依赖外，还希望分解后的关系再连接时能恢复到分解前的状态，这就是所谓的无损连接分解。

定义 7.21 设 $\rho=\{R_1<U_1,F_1>,R_2<U_2,F_2>,\cdots,R_n<U_n,F_n>\}$ 是关系模式 $R<U,F>$ 的一个分解。若任何属于 $R<U,F>$ 的关系 r，令 $r_1=\pi_{R_1}(r)$，$r_2=\pi_{R_2}(r)$，$\cdots$，$r_n=\pi_{R_n}(r)$，有 $r=r_1\bowtie r_2\bowtie\cdots\bowtie r_n$ 成立，则称分解 ρ 具有无损连接性。

这里，$\pi_{R_i}(r)(i=1,2,\cdots,n)$ 是 r 在 U_i 上的投影。

一个分解可能只满足函数依赖或只满足无损连接，或同时满足二者，最理想的情况是同时满足二者，其次是满足无损连接性。看下面的例子。

【例 7.8】 设关系模式 $R<U,F>$ 中 $U=\{S,T,U,V\}$，$F=\{S\rightarrow T,U\rightarrow V\}$，请分析下列分解 ρ 的函数依赖保持性和无损连接性。

ρ：$U_1=\{S,T\}$，$F_1=\{S\rightarrow T\}$；

$U_2=\{U,V\}$，$F_2=\{U\rightarrow V\}$。

解 因为 $F_1\cup F_2=F$，故 ρ 具有函数依赖保持性，但 ρ 不具有无损连接性，如可以对 r

进行如下分析。

$r:$

	S	T	U	V
	s_1	t_1	u_1	v_1
	s_2	t_2	u_2	v_2

$r_1:$

	S	T
	s_1	t_1
	s_2	t_2

$r_2:$

	U	V
	u_1	v_1
	u_2	v_2

$r_1 \bowtie r_2:$

	S	T	U	V
	s_1	t_1	u_1	v_1
	s_1	t_1	u_2	v_2
	s_2	t_2	u_1	v_1
	s_2	t_2	u_2	v_2

很显然 $r \neq r_1 \bowtie r_2$，故 ρ 不是无损连接分解。

采用定义 7.21 鉴别一个分解的无损性是比较困难的，定理 7.2 和算法 7.3 将给出判别的方法。

定理 7.2 设 $R<U,F>$，$\rho = \{R_1<U_1,F_1>,R_2<U_2,F_2>\}$ 是 R 的一个分解，F 是 R 上的函数依赖，ρ 具有无损连接性的充要条件为

$$(U_1 \cap U_2) \rightarrow (U_1 - U_2) \in F^+$$

或

$$(U_1 \cap U_2) \rightarrow (U_2 - U_1) \in F^+$$

【例 7.9】 设 $R<U,F>$，$U=\{A,B,C\}$，$F=\{A \rightarrow B,C \rightarrow B\}$，分解 $\rho_1 = \{AB,BC\}$，则

$$U_1 \cap U_2 = B, \quad U_1 - U_2 = A, \quad B \rightarrow A \notin F^+$$
$$U_2 - U_1 = C, \quad B \rightarrow C \notin F^+$$

所以，分解 ρ_1 不具有无损连接性。

分解 $\rho_2 = \{AC,BC\}$，则

$$U_1 \cap U_2 = C, \quad U_1 - U_2 = A, \quad C \rightarrow A \notin F^+$$
$$U_2 - U_1 = B, \quad C \rightarrow B \in F^+$$

所以，分解 ρ_2 具有无损连接性。

算法 7.3 判别一个分解的无损连接性。

设 $\rho = \{R_1<U_1,F_1>,R_2<U_2,F_2>,\cdots,R_k<U_k,F_k>\}$ 是关系模式 $R<U,F>$ 的一个分解，$U=\{A_1,A_2,\cdots,A_n\}$，$F=\{FD_1,FD_2,\cdots,FD_p\}$，设 F 是一个最小函数依赖集，记函数依赖 FD_i 为 $X_i \rightarrow A_{1j}$，则判定步骤如下。

（1）建立一张 n 列 k 行的表，每列对应一个属性，每行对应分解中的一个关系模式。若属性 $A_j \in U_i$，则在 j 列 i 行上填上 a_{ij}，否则填上 b_{ij}。

（2）对于每个 FD_i 进行如下操作：找到 X_i 对应的列中具有相同符号的行。考查这些行中 l_i 列的元素，若其中有 a_{l_i}，则全部改为 a_{l_i}，否则全部改为 b_{ml_i}，m 是这些行的行号最小值。

应当注意的是，若某个 b_{tl_i} 被更改，那么该表的 l_i 列中凡是 b_{tl_i} 的符号（不管它是开始找到的哪些行）均应相应更改。

如果在某次更改后有一行成为 $a_1,a_2,\cdots,a_n$，则算法终止，ρ 具有无损连接性，否则 ρ 不具有无损连接性。

对 F 中 p 个 FD 逐一进行一次这样的处理，称为对 F 的一次扫描。

（3）比较扫描前后表有无变化，如有变化，则返回步骤（2），否则算法终止。若发生循环，那么前次扫描至少应使该表减少一个符号，表中符号有限，因此，循环必然终止。

【例 7.10】　设有关系模式 $R<U,F>$，其中，$U=\{A,B,C,D,E\}$，$F=\{A\rightarrow D,E\rightarrow D,D\rightarrow B,BC\rightarrow D,DC\rightarrow A\}$。判断 $\rho=\{AB,AE,CE,BCD,AC\}$ 是否为无损连接分解。

解　（1）构造 ρ 的无损连接性的初始判断表，如图 7.7(a) 所示。

（2）逐一考查 F 中的函数依赖 $F=\{A\rightarrow D,E\rightarrow D,D\rightarrow B,BC\rightarrow D,DC\rightarrow A\}$。

考查 $A\rightarrow D$，因为属性列 A 上的第 1、2、5 行的值都为 a_1，因此可使属性列 D 上对应的值全相同，如将 b_{24}、b_{54} 改为 b_{14}，如图 7.7(b) 所示。

考查 $E\rightarrow D$，因为属性列 E 的第 2、3 行的值为 a_5，因此属性列 D 上对应的值也相等，可将 b_{34} 改为 b_{14}，如图 7.7(c) 所示。

R_i	A	B	C	D	E
AB	a_1	a_2	b_{13}	b_{14}	b_{15}
AE	a_1	b_{22}	b_{23}	b_{24}	a_5
CE	b_{31}	b_{32}	a_3	b_{34}	a_5
BCD	b_{41}	a_2	a_3	a_4	b_{45}
AC	a_1	b_{52}	a_3	b_{54}	b_{55}

（a）初始判断表

R_i	A	B	C	D	E
AB	a_1	a_2	b_{13}	b_{14}	b_{15}
AE	a_1	b_{22}	b_{23}	b_{14}	a_5
CE	b_{31}	b_{32}	a_3	b_{34}	a_5
BCD	b_{41}	a_2	a_3	a_4	b_{45}
AC	a_1	b_{52}	a_3	b_{14}	b_{55}

（b）考查 $A\rightarrow D$

R_i	A	B	C	D	E
AB	a_1	a_2	b_{13}	b_{14}	b_{15}
AE	a_1	b_{22}	b_{23}	b_{14}	a_5
CE	b_{31}	b_{32}	a_3	b_{14}	a_5
BCD	b_{41}	a_2	a_3	a_4	b_{45}
AC	a_1	b_{52}	a_3	b_{14}	b_{55}

（c）考查 $E\rightarrow D$

R_i	A	B	C	D	E
AB	a_1	a_2	b_{13}	b_{14}	b_{15}
AE	a_1	a_2	b_{23}	b_{14}	a_5
CE	b_{31}	a_2	a_3	b_{14}	a_5
BCD	b_{41}	a_2	a_3	a_4	b_{45}
AC	a_1	a_2	a_3	b_{14}	b_{55}

（d）考查 $D\rightarrow B$

图 7.7　无损连接分解的判定

R_i	A	B	C	D	E
AB	a_1	a_2	b_{13}	b_{14}	b_{15}
AE	a_1	a_2	b_{23}	b_{14}	a_5
CE	b_{31}	a_2	a_3	a_4	a_5
BCD	b_{41}	a_2	a_3	a_4	b_{45}
AC	a_1	a_2	a_3	a_4	b_{55}

（e）考查 $BC \rightarrow D$

R_i	A	B	C	D	E
AB	a_1	a_2	b_{13}	b_{14}	b_{15}
AE	a_1	a_2	b_{23}	b_{14}	a_5
CE	a_1	a_2	a_3	a_4	a_5
BCD	a_1	a_2	a_3	a_4	b_{45}
AC	a_1	a_2	a_3	a_4	b_{55}

（f）考查 $DC \rightarrow A$

图 7.7 （续）

考查 $D \rightarrow B$，因为 D 列上第 1、2、3、5 行的值相同，均为 b_{14}，因此 B 列上对应行的值也应相同，将 b_{22}、b_{32}、b_{52} 全改为 a_2，如图 7.7(d)所示。

考查 $BC \rightarrow D$，B、C 列的第 3、4、5 行值相同，均为 a_2、a_3，可使 D 列的第 3、4、5 行的值全为 a_4，如图 7.7(e)所示。

考查 $DC \rightarrow A$，D、C 列上第 3、4、5 行的值相同，都为 a_3、a_4，所以可将 b_{31}、b_{41} 全改为 a_1，如图 7.7(f)所示。

（3）因为第 3 行已出现了 $a_1, a_2, \cdots, a_5$ 这样的行，因此此分解具有无损连接性。

7.5.3　模式分解的算法 ▶

针对上述模式分解的准则，规范化理论提供了一套完整的模式分解的算法，按照这套算法可以做到以下几点。

（1）若要求分解保持函数依赖，那么模式分解一定能够达到 3NF，但不一定能够达到 BCNF。

（2）若要求分解既具有无损连接性，又保持函数依赖，则模式分解一定能够达到 3NF，但不一定能够达到 BCNF。

（3）若要求分解具有无损连接性，那么模式分解一定能够达到 4NF。

以上分别由算法 7.4、算法 7.5 和算法 7.6 来实现。

算法 7.4　转换为 3NF 的保持函数依赖的分解。

给定关系模式 $R<U,F>$，求分解 $\rho = \{R_1<U_1,F_1>, R_2<U_2,F_2>, \cdots, R_n<U_n,$

$F_n>\}$，使 ρ 中的关系模式 R_i 满足 3NF，且 $\bigcup_{i=1}^{n} F_i^+ = F^+$ 成立。算法可分为 4 步。

（1）求 F 的最小函数依赖集 $F_{\min}$。

（2）分组。对 $F_{\min}$ 中的函数依赖按左边相同原则进行分组。设可分为 m 组，即 U_1，$U_2, \cdots, U_m$，它们分别以 $X_1, X_2, \cdots, X_m$ 为左部的函数依赖集分组后得到的属性集。

（3）吸收。在 $\{U_1, U_2, \cdots, U_m\}$ 中，若存在 $U_i \subseteq U_j (i \neq j, i,j=1,2,\cdots,m)$，则用 U_j 吸收 U_i，去掉 U_i，经过吸收后，得到 $U_1, U_2, \cdots, U_k (k \leqslant m)$，使得在 $\{U_1, U_2, \cdots, U_k\}$ 中不存在

$U_i \subseteq U_j (i \neq j, i, j = 1, 2, \cdots, k)$。

(4) 对不在 F 中出现的属性,把它们单独作为一组,记为 U_0。

通过以上 4 步,所得到的分解为保持函数依赖的 3NF 分解。

【例 7.11】 对于给定的关系模式 $R<U,F>$,$U = \{A,B,C,D,E\}$,$F = \{AB \rightarrow C, A \rightarrow B, D \rightarrow BC, C \rightarrow B\}$,求 R 保持函数依赖的 3NF 分解。

解 (1) 求 F 的最小函数依赖集 F_{min}。

① 将所有函数依赖变成右边都是单个属性的函数依赖,得

$F_1 = \{AB \rightarrow C, A \rightarrow B, D \rightarrow B, D \rightarrow C, C \rightarrow B\}$

② 去掉多余的函数依赖,得

$F_2 = \{AB \rightarrow C, A \rightarrow B, D \rightarrow C, C \rightarrow B\}$

③ 去掉 F_2 中各依赖左边多余的属性,得

$F_3 = \{A \rightarrow C, A \rightarrow B, D \rightarrow C, C \rightarrow B\}$

对 F_3 进行分析,发现还存在多余的函数。

④ 去掉 F_3 中多余的函数依赖,得

$F_{min} = \{A \rightarrow C, D \rightarrow C, C \rightarrow B\}$

(2) 分组:$U_1 = \{A,C\}$,$U_2 = \{D,C\}$,$U_3 = \{B,C\}$。

(3) 吸收:$\{U_1, U_2, U_3\}$ 中不存在需要吸收的子模式。

(4) 因为 $E \notin \{A,B,C,D\}$,所以 $U_0 = \{E\}$。

由此得到 R 的一个保持函数依赖的分解 ρ 如下。

$R_0: U_0 = \{E\}$,$F_0 = \Phi$;

$R_1: U_1 = \{A,C\}$,$F_1 = \{A \rightarrow C\}$;

$R_2: U_2 = \{D,C\}$,$F_2 = \{D \rightarrow C\}$;

$R_3: U_3 = \{B,C\}$,$F_3 = \{C \rightarrow B\}$。

算法 7.5 转换为 3NF 的保持函数依赖和无损连接的分解。

该算法也分为 4 步。

(1) 求 F 的最小函数依赖集 F_{min}。

(2) 分组:与算法 7.4 相同。

(3) 吸收:与算法 7.4 相同。

(4) 若存在 R_i,使 U_i 中包含 R 的码,则算法结束;否则,令 X 是 R 的码,把 $R(X, F_x)$ 添加到分解 ρ 中,算法结束。

【例 7.12】 对于给定的关系模式 $R<U,F>$,$U = \{A,B,C,D,E\}$,$F = \{AB \rightarrow D, C \rightarrow B, B \rightarrow C, BD \rightarrow A, D \rightarrow A\}$。试将 R 保持函数依赖且无损连接地分解到 3NF。

解 (1) 求 F 的最小函数依赖集 F_{min}。

$$F_{min} = \{AB \rightarrow D, C \rightarrow B, B \rightarrow C, D \rightarrow A\} \quad （过程略）$$

(2) 分组。

$$U_1 = \{B,C\}, \qquad F_1 = \{C \rightarrow B, B \rightarrow C\}$$

$$U_2 = \{A,B,D\}, \quad F_2 = \{AB \rightarrow D, D \rightarrow A\}$$

$$U_3 = \{A,D\}, \qquad F_3 = \{D \rightarrow A\}$$

（3）吸收。由于 $U_3 \subseteq U_2$，去掉 U_3，得

$$\rho = \{R_1 < U_1, F_1 >, R_2 < U_2, F_2 >\}$$

（4）ABE 是 R 的码，因为 ρ 中各子模式无 R 的码，将 $U_3 = \{A, B, E\}$ 加入 ρ 中，最后得

$$\rho: U_1 = \{B, C\}, \qquad F_1 = \{C \to B, B \to C\}$$
$$U_2 = \{A, B, D\}, \qquad F_2 = \{AB \to D, D \to A\}$$
$$U_3 = \{A, B, E\}, \qquad F_3 = \Phi$$

算法 7.6 转换为 BCNF 的无损连接分解。

算法步骤如下。

（1）求 F 的最小函数依赖集 $F_{\min}$，令 $\rho = \{R\}$。

（2）二项分解。

① 若 ρ 中所有 R_i 属于 BCNF，则算法结束，ρ 为所要求的分解，否则转至步骤②。

② 若存在 $R_i \in \rho$，R_i 不属于 BCNF，则在 R_i 的 F_i 上存在函数依赖集 $X \to Y$，且 X 不是 R_i 的码。

③ 对步骤②中已找到的 $X \to Y$ 做如下二项分解。

$R_{i1}: U_{i1} = X \bigcup Y, F_{i1} = F(U_{i1})$；

$R_{i2}: U_{i2} = U - Y, F_{i2} = F(U_{i2})$。

④ 去掉 R_i，并将 R_{i1} 和 R_{i2} 添加到 ρ 中，即 $\rho = \rho \bigcup \{R_{i1}, R_{i2}\} - \{R_i\}$，转至步骤①。

【例 7.13】 对于给定的关系模式 $R < U, F >$，设 $U = \{A, B, C, D, E\}$，$F = \{ABE \to C, BC \to E\}$，求 R 的 BCNF 无损连接的分解。

解 （1）求 F 的最小函数依赖集 $F_{\min}$。

F 已经是最小函数依赖集，有 $F_{\min} = F$。

（2）二项分解。

由于 R 的候选码为 $ABCD$ 及 $ABDE$，所以函数依赖 $ABE \to C$ 及 $BC \to E$ 的左边均不包含码，$R \notin$ BCNF。选择 $BC \to E$ 二项分解：

$R_1: U_1 = \{B, C, E\}, F_1 = \{BC \to E\}$；

$R_2: U_2 = \{A, B, C, D\}, F_2 = \Phi$。

R_1 的码为 BC，$R_1 \in$ BCNF；R_2 的码为 $ABCD$（全码），$R_2 \in$ BCNF。

故得 $R < U, F >$ 的一个 BCNF 分解 $\rho: U_1 = \{B, C, E\}, F_1 = \{BC \to E\}$；$U_2 = \{A, B, C, D\}, F_2 = \Phi$。

小结

本章主要讨论了关系数据库中的模式设计问题，由关系模式的存储异常问题引出了函数依赖的概念，其中包括完全函数依赖、部分函数依赖和传递函数依赖，这些概念是规范化理论的依据和规范化程度的准则。

一个关系只要其分量不可再分，则满足 1NF；消除 1NF 关系中非主属性对码的部分函数依赖，得到 2NF；消除 2NF 关系中非主属性对码的传递函数依赖，得到 3NF；消除 3NF 关系中主属性对码的部分依赖和传递函数依赖，可得到一组 BCNF 关系。这 4 种范式讨论的都是函数依赖范畴内的关系模式的范式问题。

对 BCNF 关系进行投影，消除原关系中非平凡且非函数依赖的多值依赖，得到一组 4NF

关系。函数依赖和多值依赖是数据依赖的重要组成部分。数据依赖的理论基础是Armstrong 公理系统,该系统是正确的、完备的。

　　关系模式在分解时应保持"等价",有数据等价和语义等价两种,分别用无损连接分解和保持函数依赖两个特征来衡量。前者能保持关系在投影操作以后,经过连接操作仍能恢复回来,保持不变;后者能保证数据在投影或连接中语义不变,即不违反函数依赖的语义。由此而确定的判定模式分解前后是否等价的准则有保持函数依赖、具有无损连接性,以及既要具有无损连接性又要保持函数依赖这 3 种。

扫一扫

自测题

习题 7

一、选择题

1. 关系数据库中的二维表至少属于(　　　)。

　　A. 1NF　　　　　　　B. 2NF　　　　　　　C. 3NF　　　　　　　D. BCNF

2. 各级范式之间的关系为(　　　)。

　　A. 1NF⊂2NF⊂3NF⊂BCNF　　　　　　　B. 1NF⊂2NF⊂BCNF⊂3NF

　　C. 1NF⊃2NF⊃3NF⊃BCNF　　　　　　　D. 1NF⊃2NF⊃BCNF⊃3NF

3. 属于 1NF 的关系模式消除了部分函数依赖,则必定属于(　　　)。

　　A. 3NF　　　　　　　B. 2NF　　　　　　　C. 1NF　　　　　　　D. BCNF

4. 关系数据库规范化设计是为了解决关系数据库中(　　　)问题而引入的。

　　A. 插入、删除异常和数据冗余　　　　　B. 提高检索速度

　　C. 减少数据操作的重复性　　　　　　　D. 保证数据的安全性和完整性

5. 二维表的候选码可以有(　　　),主键有(　　　)。

　　A. 1 个,1 个　　　　　　　　　　　　　B. 0 个,1 个

　　C. 1 个或多个,1 个或多个　　　　　　　D. 多个,1 个

6. 设关系模式 $R<U,F>$,U 为 R 的属性集合,F 为 U 上的一种函数依赖,则对于 $R<U,F>$,如果 $X \rightarrow Y$ 为 F 所蕴涵,且 $Z \subseteq U$,则 $XZ \rightarrow YZ$ 为 F 所蕴涵,这是函数依赖的(　　　)。

　　A. 传递性　　　　　B. 合并规则　　　　　C. 自反律　　　　　D. 增广律

7. $X \rightarrow A_i (i=1,2,\cdots,k)$ 成立是 $X \rightarrow A_1 A_2 \cdots A_k$ 成立的(　　　)。

　　A. 充分条件　　　　　　　　　　　　　B. 必要条件

　　C. 充要条件　　　　　　　　　　　　　D. 既不充分也不必要条件

8. 设有关系模式运货路径(顾客姓名,顾客地址,商品名,供应商姓名,供应商地址),则该关系模式的主键是(　　　)。

　　A. 顾客姓名,供应商姓名　　　　　　　B. 顾客姓名,商品名

　　C. 顾客姓名,商品名,供应商姓名　　　　D. 顾客姓名,顾客地址,商品名

9. 设有关系模式 $R<U,F>$,U 是 R 的属性集合,X、Y 是 U 的子集,则多值函数依赖的传递律为(　　　)。

　　A. 如果 $X \rightarrow Y$,且 $Y \rightarrow Z$,则 $X \rightarrow Z$

　　B. 如果 $X \rightarrow\rightarrow Y$,$Y \rightarrow\rightarrow Z$,则 $X \rightarrow\rightarrow (Z-Y)$

　　C. 如果 $X \rightarrow\rightarrow Y$,则 $X \rightarrow\rightarrow (U-Y-X)$

D. 如果 $X \twoheadrightarrow Y, V \subseteq W$,则 $WX \twoheadrightarrow VY$

10. 下列有关范式的叙述中正确的是(　　)。

    A. 如果关系模式 $R \in$ 1NF,且 R 中主属性完全函数依赖于主键,则 $R \in$ 2NF

    B. 如果关系模式 $R \in$ 3NF,$X,Y \in U$,若 $X \rightarrow Y$,则 $R \in$ BCNF

    C. 如果关系模式 $R \in$ BCNF,若 $X \twoheadrightarrow Y$ 是平凡的多值依赖,则 $R \in$ 4NF

    D. 一个关系模式如果属于 4NF,则一定属于 BCNF,反之则不成立

二、简答题

1. 解释下列术语的含义:函数依赖、平凡函数依赖、非平凡函数依赖、部分函数依赖、完全函数依赖、传递函数依赖、1NF、2NF、3NF、BCNF、多值依赖、4NF、最小函数依赖集、函数依赖保持性、无损连接性。

2. 什么是关系模式分解?模式分解要遵循什么准则?

3. 3NF 与 BCNF 的区别和联系是什么?

4. 试证明全码(All-Key)的关系模式必属于 3NF,也必属于 BCNF。

5. 设一个关系模式为学生(学号,姓名,年龄,所在系,出生日期),此关系模式属于第几范式?为什么?

6. 关系规范化一般应遵循的原则是什么?

三、综合题

1. 设关系模式 $R(A,B,C,D)$,如果规定关系中 B 值与 D 值之间是一对多联系,A 值与 C 值之间是一对多联系,试写出相应的函数依赖。

2. 设关系模式 $R(A,B,C)$,F 是 R 上成立的函数依赖集,$F = \{A \rightarrow C, B \rightarrow C\}$,求 R 的码和 F 在模式 AB 上的投影。

3. 设关系模式 $R(A,B,C,D)$,F 是 R 上成立的函数依赖集,$F = \{A \rightarrow B, C \rightarrow D, D \rightarrow B\}$,分析 $\{AD, BC, BD\}$ 相对于 R 是否具有无损连接性。

4. 下列关系模式最高属于第几范式?候选码是什么?解释原因。

    (1) $R(A,B,C,D,E)$,函数依赖为 $AB \rightarrow CE, E \rightarrow AB, C \rightarrow D$;

    (2) $R(A,B,C,D)$,函数依赖为 $B \rightarrow D, D \rightarrow B, AB \rightarrow C$;

    (3) $R(A,B,C)$,函数依赖为 $A \rightarrow B, B \rightarrow A, A \rightarrow C$;

    (4) $R(A,B,C,D)$,函数依赖为 $A \rightarrow C, D \rightarrow B$。

5. 关系模式 $R(A,B,C,D,E,F,G,H,I,J)$ 满足下列函数依赖:

$$\{ABD \rightarrow E, AB \rightarrow G, B \rightarrow F, C \rightarrow J, CJ \rightarrow I, G \rightarrow H\}$$

该函数依赖集是最小函数依赖集吗?给出该关系的候选码。

6. 已知学生关系模式 S(Sno, Sname, SD, Sdname, Course, Grade)。其中,Sno 表示学号;Sname 表示姓名;SD 表示系名;Sdname 表示系主任名;Course 表示课程;Grade 表示成绩。

    (1) 写出关系模式 S 的基本函数依赖;

    (2) 求 S 的主键;

    (3) 将关系模式无损并保持函数依赖地分解成 3NF。

7. 在一个订货数据中存有顾客、货物、订货单的信息。

每个顾客数据库包含顾客号(唯一的)、收货地址(一个顾客可以有几个地址)、赊购限额、余额以及折扣。

每个订货单包含订单号、顾客号、收货地址、订货日期、订货细则(每个订货单有若干条)。每条订货细则内容为货物号和订货数量。

每种货物包含货物号、制造厂商、每个厂商的实际存货量、规定的最低存货量和货物描述。

由于处理上的要求,每个订货单的每条细则中还有一个未发量(此值初始时为订货数量,随着发货将减为0)。

请设计一个数据库关系模式,并给出一个合理的数据依赖。

第8章

CHAPTER 8

数据库设计

数据库设计是信息系统设计与开发的关键性工作。一个信息系统的好坏,在很大程度上取决于数据库设计的好坏。在给定的 DBMS、操作系统和硬件环境下,表达用户的需求,并将其转换为有效的数据库结构,构成较好的数据库模式,这个过程称为数据库设计。数据库及其应用系统开发的全过程可分为两大阶段:数据库系统的分析与设计阶段;数据库系统的实施、运行与维护阶段。本章主要介绍数据库设计的基本概念、步骤、方法以及 E-R 模型设计的方法与原则。

扫一扫

视频讲解

8.1 数据库设计概述

数据库设计是根据用户需求设计数据库结构的过程。具体地讲,数据库设计是对于给定的应用环境,在关系数据库理论的指导下,构造最优的数据库模式,在数据库管理系统上建立数据库及其应用系统,使之能有效地存储数据,满足用户的各种需求的过程。

数据库设计的基本任务如图 8.1 所示。

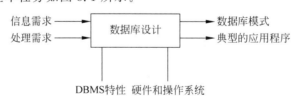

图 8.1 数据库设计的基本任务

从图 8.1 可以看出,数据库设计包括两方面的内容:结构设计和行为设计。

数据库结构设计是指针对给定的应用环境,进行数据库的关系模式或子模式的设计。它包括数据库的概念设计、逻辑设计和物理设计。关系模式给出各应用程序共享的结构,是静态和稳定的,一经形成后通常情况下不容易改变。

数据库行为设计是确定数据库用户的行为和动作,用户的行为和动作是对数据库的操作,这些通过应用程序来实现。而用户的行为总是使数据库的内容发生变化,所以行为设计是动态的。

大型数据库的设计是一项庞大的工程,在一定程度上属于软件工程范畴,其开发周期长,耗资多,失败的风险大,必须把软件工程的原理和数据库工程的方法应用到数据库建设中来。相应地,对于数据库设计人员,他们必须具备多方面的技术和知识,如网络技术、数据库技术、软件工程的原理与方法、软件开发技术和应用领域的环境、专业业务技术等。

8.1.1　数据库的生命周期 ▶

数据库的生命周期模型是观察数据库演变过程的重要工具。数据库的生命周期可分为两个阶段:①数据库分析和设计阶段;②数据库实现和操作阶段。

数据库的分析和设计阶段分为 4 个子阶段:①需求分析;②概念设计;③逻辑设计;④物理设计。

数据库的实现和操作阶段由两个子阶段组成:①数据库的实现;②数据库系统的运行与维护。

8.1.2　数据库设计方法 ▶

数据库设计方法有很多种,概括起来可分为 3 类:直观设计法、规范设计法、计算机辅助设计法。

1. 直观设计法

直观设计法是最原始的数据库设计方法,它利用设计者的经验和技巧设计数据库的关系模式,由于缺乏科学理论的指导,很难保证设计的质量,这种方法越来越不适应现在信息系统开发的需要。

2. 规范设计法

规范设计法比较普遍,常见的有新奥尔良设计方法、基于 E-R 模型的数据库设计方法、基于 3NF 的设计方法等。

新奥尔良(New Orleans)设计方法是于 1978 年 10 月提出的,它是目前公认的比较完整和权威的一种规范设计法。它将数据库设计分为 4 个阶段:需求分析(分析用户要求)阶段、概念设计阶段(信息分析和定义)、逻辑设计阶段(设计实现)和物理设计阶段(物理数据库设计),如图 8.2 所示。其后,S. B. Yao 和 I. R. Palmer 等对该方法进行了改进。目前,常用的规范设计方法大多起源于新奥尔良设计方法,并在设计的每个阶段采用一些辅助方法来实现。

基于 E-R 模型的数据库设计方法是由 P. P. S. Chen 于 1976 年提出的。其基本思想是在需求分析的基础上,用 E-R(实体-联系)图构造一个反映现实世界实体之间联系的企业模式,然后再将此模式转换为某一特定 DBMS 下的概念模式。

基于 3NF 的设计方法是由 S. Atre 提出的结构化设计方法。其思想是在需求分析的基础上,首先确定数据库的模式、属性及属性间的依赖关系,然后将它们组织在一个单一的关系模式中,再分析模式中不符合 3NF 的约束条件,进行模式分解,规范成若干 3NF 关系模式的集合。

3. 计算机辅助设计法

计算机辅助设计法是指在数据库设计过程中以领域专家的知识或经验为主导,模拟某一规范化设计的方法,通过人机交互的方式完成设计的某些过程。目前许多计算机辅助软

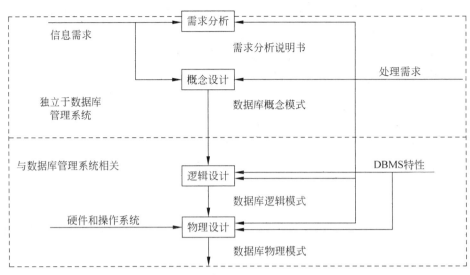

图 8.2　新奥尔良设计方法的设计过程

件工程(Computer Aided Software Engineering,CASE)工具可以用来帮助数据库设计人员完成数据库设计的一些工作,如 Rational 公司的 Rational Rose、CA 公司的 Erwin 和 Bpwin、Sybase 公司的 PowerDesigner 以及 Oracle 公司的 Oracle Designer 等。

8.1.3　数据库的设计过程

在数据库设计过程中,需求分析和概念设计可以独立于任何数据库管理系统进行。逻辑设计和物理设计与具体的数据库管理系统密切相关。

按照规范化设计的方法和软件工程生命周期的思想,也可以把数据库设计分为 6 个阶段。

1. 需求分析阶段

这一阶段是整个数据库设计的基础。通过详细调查,了解并收集用户的需求,并加以分析和规范化,整理成需求分析说明书。需求分析说明书是需求分析阶段的成果,也是后续阶段设计的依据,主要包括用户对数据库的信息需求、处理需求、安全性需求、完整性要求及企业的环境特征等,并以数据流程图和数据字典等书面形式确定下来。

2. 概念设计阶段

这一阶段通过对用户需求进行综合、归纳与抽象,形成一个独立于 DBMS 的概念数据模型,用来表述数据与数据之间的联系。由于概念数据模型直接面向现实世界,因而很容易被用户理解,也很方便数据库设计者与用户交流。该阶段先设计与用户具体应用相关的数据结构,即"用户视图",再对视图进行集成、修改,最后得到一个能正确、完整地反映该单位数据及联系并满足各种处理要求的数据模型。

3. 逻辑设计阶段

将上述概念数据模型转换为某一 DBMS 所支持的数据模型,同时将用户视图转换为外模式,并针对 DBMS 的特点对数据模型进行限制与优化。

4. 物理设计阶段

为给定的一个逻辑数据模型选择最适合应用环境的物理结构,主要包括数据的存取方法和存储结构。

5．数据库实现阶段

设计者根据逻辑设计与物理设计的结果，运用 DBMS 所提供的数据操纵语言及宿主语言，在实际的计算机系统中建立数据库的结构、载入数据、测试程序、对数据库系统进行试运行等。

6．数据库的运行与维护阶段

数据库系统的各项性能已基本达到用户的要求，这时可正式投入运行了。投入运行后由 DBA 承担数据库系统的日常维护工作。

整个数据库设计过程如图 8.3 所示。需要说明的是，这一过程既包括数据库设计的过程，也包括数据库应用系统的设计过程。它将用户的信息需求与处理需求二者有机地结合起来，并在不同阶段进行相互参照、相互补充，以完善两方面的设计。

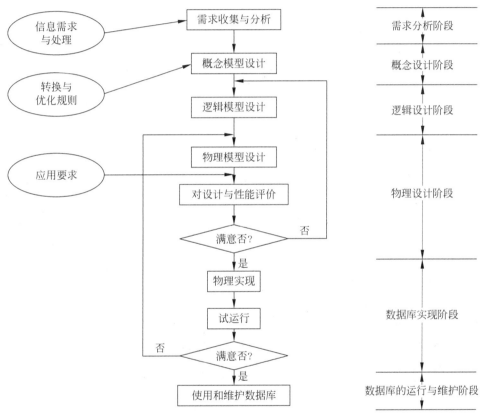

图 8.3　数据库设计过程

8.2　需求分析阶段

需求分析的任务是调查应用领域，对应用领域中各种应用的信息要求和操作要求进行详细分析，形成需求分析说明书。需求分析的目标是给出应用领域中数据项、数据项之间的关系和数据操作任务的详细定义，为数据库的概念设计、逻辑设计和物理设计奠定坚实的基础，为优化数据库的逻辑结构和物理结构提供可靠依据。

需求分析阶段要做的工作可概括为以下几步。

1．调查分析用户活动

调查未来系统所涉及用户的当前职能、业务活动及其流程等。具体做法如下。

（1）调查组织机构情况，包括该组织的部门组成情况、各部门的职责和任务等。

（2）调查各部门的业务活动情况，包括各部门用户在业务活动中要输入什么数据，对这些数据的格式、范围有何要求。另外，还需了解用户会使用什么数据，如何处理这些数据，经过处理的数据的输出内容、格式是什么。最后还应明确处理后的数据该送往何处等。其结果可以用业务流程图等图表表示出来。

2．收集和分析需求数据，确定系统边界

在熟悉业务活动的基础上，协助用户明确对新系统的各种需求，包括用户的信息需求、处理需求、安全性和完整性需求等，并确定哪些功能由计算机或将来由计算机完成，哪些活动由人工完成。

（1）信息需求主要明确用户在数据库中需存储哪些数据，以此确定各实体集以及实体集的属性，各属性的名称、别名、类型、长度、值域、数据量，实体之间的联系及联系的类型等。

（2）处理需求指用户要对得到的数据完成什么处理功能，对处理的响应时间有何要求，处理的方式是联机处理还是批处理等。

（3）安全性和完整性需求。在定义信息需求和处理需求的同时必须确定相应的安全性和完整性约束等。

3．编写系统需求分析报告

作为需求分析阶段的一个总结，设计者最后要编写系统需求分析报告。该报告应包括系统概况、系统的原理和技术、对原系统的改善、经费预算、工程进度、系统方案的可行性等内容。

随需求分析报告一起，还应提供以下附件。

（1）系统的硬件、软件支持环境的选择及规格要求（如操作系统、计算机型号及网络环境等）。

（2）组织机构图、业务流程图、各组织之间的联系图等。

（3）数据流程图、功能模块图及数据字典等图表。

系统需求分析报告一般经过设计者与用户多次讨论与修改以后才能达成共识，并经双方签订后生效，具有一定的权威性；同时也是后续各阶段工作的基础。

下面对数据流程图和数据字典进行简单的介绍。

1）数据流程图

在结构化分析方法中，任何一个系统都可抽象成如图 8.4 所示的数据流程图（Data Flow Diagram，DFD）。

在数据流程图中，用命名的箭头表示数据流，用矩形或其他形状表示存储，用圆圈表示处理。图 8.5 给出了一个客户关系管理的数据流程图示例。

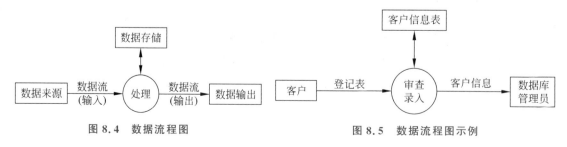

图 8.4　数据流程图　　　　　　　　图 8.5　数据流程图示例

通常用数据流程图描述一个系统时,所涉及的系统结构比较复杂,这时可以进行细化和分解,形成若干层次的数据流程图,直到表达清楚为止。

数据流程图清楚地表达了数据与处理之间的关系。在结构化分析方法中,处理过程常常借助判定表或判定树来描述,而系统中的数据则用数据字典来描述。

2) 数据字典

数据字典(Data Dictionary,DD)是数据库系统中各类数据详细描述的集合。在数据库设计中,它提供了对各类数据描述的集中管理,是一种数据分析、系统设计和管理的有力工具。数据字典要有专人或专门小组进行管理,及时对数据字典进行更新,保证字典的安全可靠。

数据字典通常包括数据项、数据结构、数据流、数据存储和处理过程5部分。

(1) 数据项是最小的数据单位,它通常包括属性名称、含义、别名、类型、长度、取值范围、与其他数据项的逻辑联系等。

(2) 数据结构反映了数据之间的组合关系。一个数据结构可以由若干数据项组成,也可由若干数据结构组成,或由数据项与数据结构混合组成,包括关系名称、含义、组成的成分等。

(3) 数据流表示数据项或数据结构在某一加工过程的输入或输出。数据流包括数据流名称、说明、输入/输出的加工名、组成的成分等。

(4) 数据存储是数据结构停留并保存的地方,也是数据流的来源和去向之一。它可以是手工文档或凭单,也可以是计算机文档。它包括数据存储名称、说明、输入/输出数据流、组成的成分(数据结构或数据项)、存取方式、操作方式等。

(5) 处理过程的具体处理逻辑一般用判定表或判定树来描述。它包括处理过程名称、说明、输入/输出数据流、处理的简要说明等。

以在校学生信息的数据为例,建立一个简单的数据字典如下。

> 学生信息＝学号＋系名＋专业＋班级＋姓名＋性别＋出生年月＋入学时间＋政治面貌＋登录密码
>
> 学号＝入学年份＋序号
>
> 系名＝【计算机系,电子信息系,…,电子科学系】
>
> 专业＝【计算机,软件工程,信息安全,…,电子信息,通信】
>
> 班级＝年份＋专业编号＋序号
>
> 姓名＝2{汉字}4
>
> 性别＝【男,女】
>
> 出生年月＝年＋月＋日
>
> 入学时间＝年＋月＋日
>
> 政治面貌＝【党员,团员,群众】
>
> 登录密码＝6{【字母,数字】}24

8.3　概念设计阶段

系统需求分析报告反映了用户的需求,但只是现实世界的具体要求是远远不够的,还要将其转换为计算机能够识别的信息世界的结构,这就是概念设计阶段所要完成的任务。

扫一扫

视频讲解

扫一扫

视频讲解

概念设计阶段要做的工作不是直接将需求分析得到的数据存储格式转换为 DBMS 能处理的数据库模式,而是将需求分析得到的用户需求抽象为反映用户观点的概念模型。

8.3.1 概念模型的特点 ▶

作为概念结构设计的表达工具,概念模型为数据库提供一个说明性结构,是设计数据库逻辑结构(即逻辑模型)的基础。因此,概念模型应具有以下特点。

(1) 语义表达能力丰富。概念模型能充分地反映现实世界的特点,能满足用户的信息需求与处理需求,它是现实世界的一个真实模型。

(2) 面向用户,易于理解。作为设计者与用户沟通的桥梁,概念模型应做到表达自然、直观和容易理解,以便和不熟悉计算机的用户交换意见。在概念结构设计中,用户的理解和参与是保证数据库设计成功的关键。

(3) 易于更改和扩充。当应用需求和现实环境发生变化时,可以方便地修改或扩充。

(4) 易于向各种数据模型转换。由于概念模型独立于特定的 DBMS,因而更加稳定和可靠,能方便地向网状模型、层状模型和关系模型等各种数据模型转换。

人们提出了许多种概念模型。描述概念模型的强有力的工具是 P. P. S. Chen 提出的实体-联系模型(E-R 模型),它将现实世界的信息结构统一用属性、实体以及它们之间的联系来描述。

8.3.2 实体-联系模型 ▶

1. 实体和属性

实体-联系模型简称 E-R 模型。实体是 E-R 模型的基本对象,是现实世界中各种事物的抽象。实体可以是物理存在的事物,如人、汽车;也可以是抽象的概念,如学校、课程。每个实体都有一组特征或性质,称为实体的属性。例如,教师实体具有姓名、地址、性别等属性。实体属性的一组特定值确定了一个特定的实体。实体的属性值是数据库中存储的主要数据。图 8-6 给出了一个实体的例子。这个实体是教师,具有姓名、性别、地址、工资、生日等属性,它们的值分别是“周平”“男”“200090 上海市杨浦区平凉路 2103 号”“3200 元”“1970 年 7 月 10 日”。

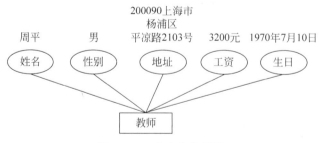

图 8.6 一个实体的例子

某些属性可以划分为多个具有独立意义的子属性。例如,地址属性可以划分为邮编、省市、区县和街道子属性。街道可以进一步划分为街道名和门牌号码两个子属性,我们称这类属性为复合属性。复合属性具有层次结构,图 8.7 描述了地址属性的层次结构。复合属性能准确模拟现实世界的复合信息结构,当用户既需要把复合属性作为一个整体使用,也需要单独使用各子属性时,属性的复合结构十分重要。

多数实体属性都是单值属性,即对于同一个实体只能取一个值。例如,同一个人只能具有一个年龄,所以人的年龄属性是一个单值属性。但是,在某些情况下,实体的一些属性可能取多个值,这样的属性称为多值属性。例如,人的学位属性就是一个多值属性,因为有的人具有一个学位,有的人具有两个学位,也有的人具有 3 个学位。实体属性之间可能具有某种关系。例如,人的年龄属性和生日属性就具有一种相互依赖关系。从当前日期和生日属性的值可以确定年龄属性的值,即年龄属性的值可以由其他属性导出,我们称这样的属性为导出属性。导出属性的值不仅可以从另外的属性导出,也可以从有关的实体导出。例如,一个公司实体的雇员数属性的值可以通过累计该公司所有部门雇员数得到。在某些情况下,实体的有些属性可能没有适当值可设置,这些属性通常被设置为一个称为空值的特殊值,如一个未获得任何学位的人的学位属性只能被设置为空值。

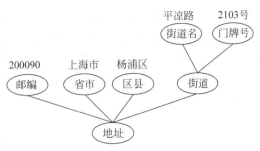

图 8.7　地址属性的层次结构

2.实体型、键属性和属性的值域

一个数据库通常存储很多类似的实体。例如,一所大学有上千名教师,需要在数据库中存储每个教师的信息,而所有教师的信息都是类似的,如姓名、年龄等。这些教师实体具有相同的属性。但是,对于不同的教师,这些属性的值不同。我们把这些类似的实体抽象为一个实体型。实体型是一个具有相同属性的实体集合,由一个实体型名字和一组属性来定义。实体型的定义称为实体模式,描述一组实体的公共结构。实体型所表示的实体集合中的任意实体称为该实体型的实例,简称实体。在任意时刻,一个实体型的所有实体的集合称为该实体型的外延。同一个实体型的不同实体是现实世界中不同的对象。

在 E-R 模型中,每个实体型具有一个由一个或多个属性组成的键,用来区别不同的实体。对于同一实体型的不同实体,键的值必须相异。例如,由于不同大学不能具有相同的名字,大学实体型的名字属性是键。由一个属性构成的键称为简单键;由多个属性构成的键称为复合键。在不引起混淆的情况下,我们统称它们为键。键是实体型的一个重要完整性约束,规定了不同的实体在键上不能取相同的值。一个实体型可以具有多个键。例如,人实体型的姓名和生日属性是一个键,而身份证号属性是另一个键。

实体型的每个简单属性都具有一个值域,说明这个属性的可能取值范围。例如,我们可以定义人实体型的年龄属性的值域为 1～150 的整数,则属性年龄的取值只能是大于或等于1,小于或等于 150 的整数。又例如,人实体型的名字属性的值域可以定义为字符串集合。

3.实体间的联系

现实世界中,事物内部或事物之间总是有联系的,联系反映了实体之间或实体内部的关系。实体内部的联系通常是指组成实体的各属性之间的联系;实体之间的联系通常是指不同实体集之间的联系。例如,员工实体集(Employee)和部门实体集(Depart)之间的联系是归属联系,即每个员工实体必然属于某个部门实体。

联系集是同类型的联系的集合,是具有相互关联的实体之间联系的集合,可分为两个实体间的联系集和多个实体间的联系集。

两个实体间的联系集可分为 3 种:

(1)一对一联系:如果对于实体集 A 至少和实体集 B 中的一个实体有联系,反之亦然,则称实体集 A 和实体集 B 具有一对一联系,记为 1∶1。

例如,假设每个部门只能有一个负责人,每个负责人只能负责一个部门,则部门与负责人这两个实体之间是一对一联系。

(2) 一对多联系:如果实体集 A 中每个实体与实体集 B 中任意多个(含零个或多个)实体有联系,而实体集 B 中每个实体至多与实体集 A 中一个实体有联系,就称实体集 A 和实体集 B 具有一对多联系,记为 $1∶n$。

例如,每个部门可能有多个员工,而每个员工只能属于一个部门,则部门实体集(Depart)和员工实体集(Employee)之间是一对多联系。

(3) 多对多联系:如果实体集 A 中每个实体与实体集 B 中任意多个(含零个或多个)实体有联系,而实体集 B 中每个实体与实体集 A 中任意多个(含零个或多个)实体有联系,就称实体集 A 和实体集 B 具有多对多联系,记为 $m∶n$。

例如,一个工程项目可能需要多个员工参与,而每个员工还可以参与其他项目,则工程项目与员工之间就是多对多联系。

可以用图形表示两个实体之间的这 3 类联系,如图 8.8 所示。

同一个实体集内的各实体之间也可以存在一对一、一对多、多对多的联系。例如,员工实体集(Employee)各具体实体之间具有领导与被领导的关系,即某一员工"领导"若干名员工,而一名员工仅被另外一名员工直接领导,这就是一对多联系。员工与员工之间还有配偶联系,由于一名员工只能有一个配偶,所以员工之间的"配偶"联系就是一对一联系,如图 8.9 所示。

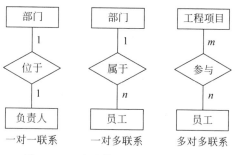

图 8.8　两个实体间的 3 类联系示例

一般地,两个以上实体型之间也存在一对一、一对多、多对多的联系。例如,学生选课系统中,有教师、学生、课程 3 个实体,并且有语义:同样一门课程可能同时有几位教师开设,而每位教师都可能开设几门课程,学生可以在选课的同时选择教师。这时,只用学生和课程之间的联系已经无法完整地描述学生选课的信息了,必须用如图 8.10 所示的三向联系。

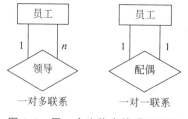

图 8.9　同一个实体内的联系示例

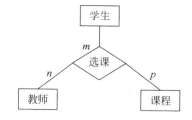

图 8.10　3 个实体型之间的联系示例

4. 弱实体

实际领域中经常存在一些实体型,它们没有自己的键。这样的实体型称为弱实体型,弱实体型的实体称为弱实体。弱实体型的不同实体的属性值可能完全相同,难以区别。为了区别弱实体,弱实体型需要与一般的实体型相关联。设联系 R 关联弱实体型 A 和一般实体型 B。弱实体型 A 的不同实体可以通过与 B 的有关实体相结合加以区别。B 称为弱实体型 A 的识别实体型。R 称为弱实体型 A 的识别联系。识别联系对于弱实体型必须具有全域关联约束。一个弱实体型可以具有多个识别实体型和多个识别联系。

例如,假设有一个父亲实体型和一个孩子实体型。孩子实体型具有孩子名、年龄、性别等属性。不同父亲的孩子可以具有相同的名字、年龄和性别。显然,孩子实体型是一个弱实体型。因为同一个父亲的孩子一定具有不同的名字,可以在父亲实体型和孩子实体型之间建立一个识别实体型,使父亲实体型作为孩子实体型的识别实体型。弱实体型必须具有一个或多个属性,使这些属性可以与识别实体型的键相结合形成相应弱实体型的键。这样的弱实体属性称为弱实体型的部分键。给定一个弱实体型,可以使用它的识别实体型的键和它的部分键识别不同的弱实体。例如,在上面的例子中,孩子名是孩子弱实体型的部分键。

弱实体型可以通过在其识别实体型中增加一个多值复合属性来表示。这个多值属性由弱实体型的全部属性构成。例如,可以在父亲实体型中增加一个由孩子实体型的全部属性构成的复合属性代替孩子弱实体型。弱实体型是否这样表示需要由数据库设计者决定。一般来说,如果一个弱实体型具有很多属性或由多个联系型关联,则不适合用复合属性代替。

5. 实体-联系图设计

实体-联系图是表示 E-R 模型的图形工具,简称 E-R 图。下面介绍 E-R 图中所有与 E-R 模型的各种成分相对应的基本图形符号。

(1) 实体集:用矩形表示,矩形框内写明实体名。

(2) 属性:用椭圆形表示,并用无向边将其与相应的实体集连接起来;多值属性用双层的椭圆形表示;键值属性用下画线表示。

例如,学生实体集具有学号、姓名、性别、出生年月、班级、联系方式等属性,其中联系方式为多值属性,用 E-R 图表示,如图 8.11 所示。

(3) 联系:用菱形表示,菱形框内写明联系的名称,并用无向边分别与有关实体集连接起来,同时在无向边上标明联系的类型($1:1$、$1:n$ 或 $m:n$)。如果联系具有属性,则该属性仍用椭圆形表示,仍需要用无向将属性与对应的联系连接起来。对于图 8.10 所示的多个实体型之间的联系,假设每个学生选修某门课就有一个成绩,给实体及联系加上属性,如图 8.12 所示。

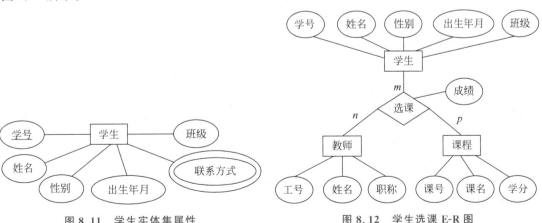

图 8.11　学生实体集属性　　　　图 8.12　学生选课 E-R 图

用虚边矩形和虚边菱形分别表示弱实体和弱实体之间的联系。

【例 8.1】　某电力公司的配电物资存放在仓库中,假设一个仓库可以存放多种配电物资,一种配电物资只能存放在一个仓库中;一个配电抢修工程可能需要多种配电物资,一种配电物资可以应用到多个抢修工程中。仓库包含仓库编号、仓库名称、面积等属性,配电物资包含物资编号、物资名称、单价、规格、数量等属性,抢修工程包含工程编号、工程名称、开始日期、结束日期、工程状态(工程是否完工)等属性。某一抢修工程领取某配电物资时,必须标明领取数量、领取日期、领取部门。其E-R图如图8.13所示。

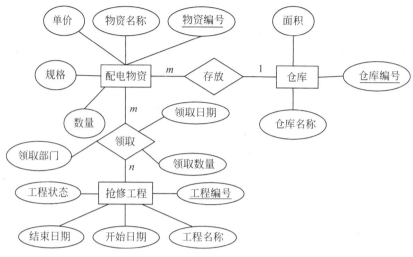

图 8.13　电力物资抢修工程 E-R 图

【例 8.2】　某工厂有若干车间及仓库,一个车间可以生产多种零件,每种零件只能在一个车间生产,一种零件可以组装在不同产品中,一种产品需要多种零件,每种零件和产品都只能存放在一个仓库中;车间有工人,工人有家属。各实体的属性如下。

(1) 车间:车间号、车间主任姓名、地址和电话;

(2) 工人:职工号、姓名、年龄、性别、工种;

(3) 工厂:工厂名、厂长名;

(4) 产品:产品号、产品名、价格;

(5) 零件:零件号、零件规格、价格;

(6) 仓库:仓库号、仓库负责人、电话;

(7) 家属:家属姓名、亲属关系。

工厂生产 E-R 图如图 8.14 所示。

6. 扩展的实体-联系模型

扩展的实体-联系模型是 E-R 模型的扩充,简称 EER 模型。EER 模型包括了 E-R 模型的所有概念。此外,它还包括子类、超类、演绎、归纳、范畴、属性层次等概念。下面将讨论这些概念。

1) 子类和超类

在很多实际应用中,一个实体型的实体需要进一步划分为多个子集合,并要明确表示出来。例如,教师实体型的成员实体可以分为教授、副教授、讲师和助教 4 个实体集合。这些集合都是教师实体集合的子集合,可以定义为子实体型。我们称这些子实体型为教师实体型的子类,教师实体型称为这些子实体型的超类。超类与子类之间的关系称为 IS-A 联系。例如,教师与教授之间具有 IS-A 联系。子类的成员必须是超类的成员,否则不能在数据库中出现。但是,超类的某些成员可以不属于任何子类。

属性继承性是 IS-A 联系的重要概念。因为一个子类的任意实体必为其超类中的某个

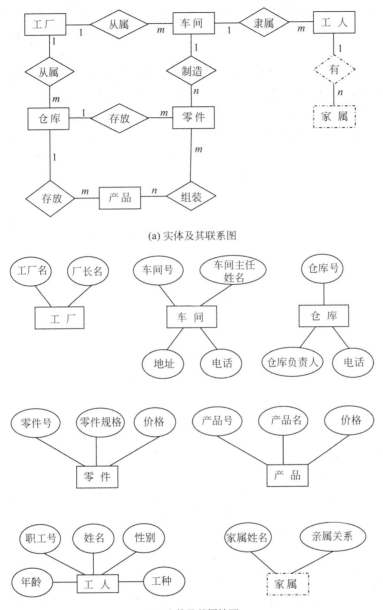

(a) 实体及其联系图

(b) 实体及其属性图

图 8.14　工厂生产 E-R 图

实体,所以该实体除了包括其作为子类所具有的特殊属性之外,还要包括超类中该实体的所有属性。我们称这种性质为子类的属性继承性。显然,子类本身的特殊属性加上它从超类继承过来的属性形成了一个实体型。

EER 模型中引入超类/子类联系的原因有两个。第 1 个原因是在一个实体型中,某些实体可能具有一些特殊的属性,而其他实体不具有这些属性。子类定义的目的之一就是要把一个实体型中具有特殊属性的各类实体加以明确区别。每个子类都共享其超类的属性,同时又具有自己的特殊属性。例如,教授子类和讲师都具有教师的公共属性,又具有自己的特殊属性。教授具有“是否为博士生导师”特殊属性,讲师就没有这个属性。第 2 个原因是某些联系型可能只关联一个实体型的某个子类的实体。例如,若“大学”数据库中有一个助教进修班实体型,显然,只有助教才能参加助教进修班。这个事实可以在数据库中表示为:首先建立一个助教子类,然后建立一个联系型把助教子类与助教进修班相关联。

2) 演绎

演绎是定义一个实体型子类的过程。这个实体型称为演绎超类。演绎过程是按照给定的规则对演绎超类的实体进行分类的过程。例如,由教师实体型形成教授、副教授、讲师、助教子类的演绎过程是按照教师的职称对教师实体进行分类的过程。值得注意的是,同一个实体型可以使用不同的分类规则进行多种演绎。例如,可以按照教师的专业对教师实体型进行演绎,得到文科教师、理科教师、外语教师子类。图 8.15 给出了由教师实体型构造子类演绎的过程。用ⓓ表示教师实体型被划分为 3 个不相交的子类。演绎也是一种联系型。

3) 归纳

归纳过程是演绎过程的逆过程。归纳过程从多个实体型出发,识别这些实体型的共同特点,抽取公共属性,产生这些实体型的超类。这种超类称为归纳超类。归纳也是一种联系型。图 8.16 给出了一个由飞机、火车和汽车实体型产生运输工具超类的归纳过程。用双线表示运输工具实体型的每个实体必须属于一个子类。

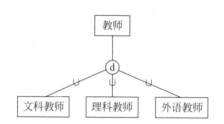

图 8.15　由教师实体型构造子类演绎的过程

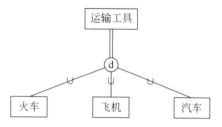

图 8.16　归纳过程

4) 演绎和归纳的性质

(1) 由属性谓词定义子类。

在演绎过程中,可以通过超类属性上的谓词定义子类。例如,假设教师实体型具有一个所属学科属性,在教师实体型的职称属性上的"所属学科-文科"谓词定义了教师的子类文科教师。我们称这样定义的子类为谓词定义子类。如果在一个演绎过程中,一个超类的所有子类皆由同一个属性上的谓词定义,这个演绎称为由属性谓词定义的演绎,相应的属性称为演绎属性。其他类型的演绎称为用户定义的演绎。在用户定义的演绎中,超类的每个实体所属的子类由用户逐个说明。图 8.17 给出了教师实体型的属性谓词演绎,其演绎属性为职称。

(2) 演绎和归纳的约束条件。

这里仅讨论演绎的约束条件,这些条件也适用于归纳。演绎过程的一类重要约束称为正交约束。演绎过程的正交约束规定了演绎过程的所有子类必须互不相交。如果由属性谓词定义的演绎过程的演绎属性是单值属性,这个演绎必满足正交约束。图 8.17 中ⓓ表示教师实体型到文科教师、理科教师、外语教师的演绎是具有正交约束的演绎。

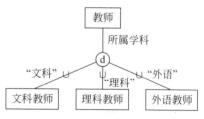

图 8.17　教师实体型的属性谓词演绎

如果一个演绎的子类相交,则称其为相交演绎。图 8.18 给出了一个相交演绎的例子。ⓞ表示相应的演绎是相交演绎。

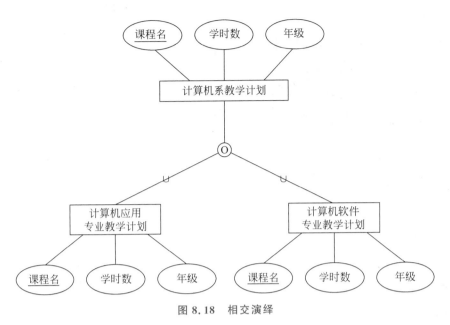

图 8.18　相交演绎

演绎过程的另一个重要约束是完全性约束。完全性约束分为全域约束和部分约束。演绎过程的全域约束规定,超类的每个实体必须属于一个子类。图 8.16 中使用双线表示的归纳具有全域完全性约束。演绎的部分约束表示该演绎的超类的实体可以不属于任何子类。图 8.15 中由单线表示的演绎是一个具有部分完全性约束的演绎。正交约束和完全性约束是相互独立的。

因此,演绎过程可以分为 4 类:①正交、全域演绎;②正交、部分演绎;③相交、全域演绎;④相交、部分演绎。

(3) 多层演绎和共享子类。

在 EER 模型中,一个子类可以进一步分为多个子类,形成一个演绎层次结构。例如,教师实体型可以划分为教授、副教授、讲师、助教子类。教授子类可以进一步分为文科教授、理科教授、外语教授 3 个子类。在多层演绎过程中,子类继承它的所有前辈超类的属性。例如,外语教授子类既继承教授超类的属性,也继承教师超类的属性。

在 EER 模型中,一个实体型可以是多个超类的子类。我们称这样的子类为共享子类。例如,博士生导师可以是文科教授、理科教授、外语教授的子类。图 8.19 给出了一个具有多层演绎和共享子类的实例。

5) 范畴与范畴化

在上述讨论中,每个超类/子类联系都只有一个超类。在某些情况下,需要具有多个超类的超类/子类联系。我们称具有多个超类的超类/子类联系中的子类为范畴。例如,假设有 3 个实体型:教师、工人、行政干部。在一个住房分配数据库中,一套房子的住户可能是教师、工人或行政干部。在这个数据库中,需要建立一个包含所有这 3 类住户的类。为了这个目的,可以建立一个住户范畴,它是教师、工人、行政干部这 3 个实体型的并集的子类。图 8.20 给出了这个例子的图示。ⓤ表示住户是教师、工人、行政干部的范畴。范畴是多个超类的并集的子类。范畴的每个实体仅继承包含这个实体的超类的属性。范畴也具有全域约束和部分约束。图 8.20 的实例是一个具有部分约束的范畴。

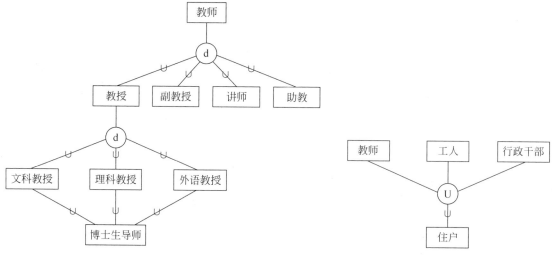

图 8.19   具有多层演绎和共享子类的实例

图 8.20   住户范畴实例

6) EER 图

EER 图是 E-R 图的扩充，是在 E-R 图的基础上，增加了表示 EER 模型新概念的图形。图 8.21 给出了 EER 模型的各种新概念的图形表示方法。读者可以试给出一个用 EER 模型描述的概念数据库实例，并画出这个概念数据库的 EER 图。

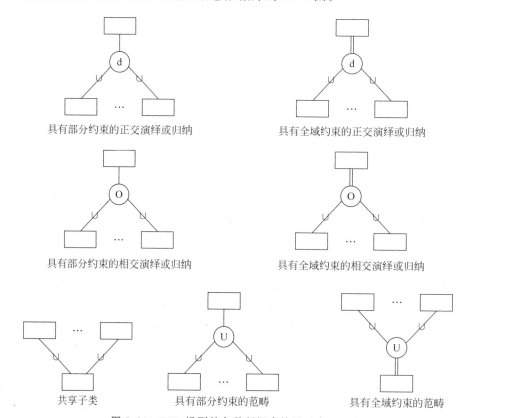

图 8.21   EER 模型的各种新概念的图形表示方法

8.3.3 概念模型的设计方法与步骤 ▶

概括起来,设计概念模型的总体策略和方法可以归纳为 4 种。

(1)自顶向下法。首先认定用户关心的实体及实体间的联系,建立一个初步的概念模型框架,即全局 E-R 模型,然后再逐步细化,加上必要的描述属性,得到局部 E-R 模型,如图 8.22 所示。

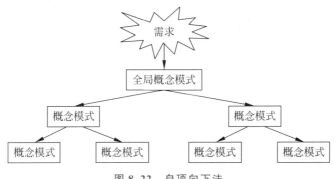

图 8.22 自顶向下法

(2)自底向上法,有时又称为属性综合法。先将需求分析说明书中的数据元素作为基本输入,通过对这些数据元素的分析,把它们综合成相应的实体和联系,得到局部 E-R 模型,然后在此基础上进一步综合成全局 E-R 模型,如图 8.23 所示。

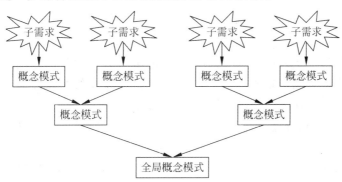

图 8.23 自底向上法

(3)逐步扩张法。先定义最重要的核心概念 E-R 模型,然后向外扩充,以滚雪球的方式逐步生成其他概念 E-R 模型,如图 8.24 所示。

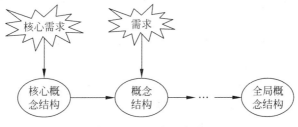

图 8.24 逐步扩张法

(4)混合策略。将单位的应用划分为不同的功能,每种功能相对独立,针对各个功能设计相应的局部 E-R 模型,最后通过归纳合并,消除冗余与不一致,形成全局 E-R 模型。

其中,最常用的策略是自底向上法,即先进行自顶向下的需求分析,再进行自底向上的概念设计,如图8.25所示。按此方法,在设计概念结构时可以分为两步。

(1) 进行数据抽象,设计局部 E-R 模型,即设计用户视图。

(2) 集成各局部 E-R 模型,形成全局 E-R 模型,即视图的集成。

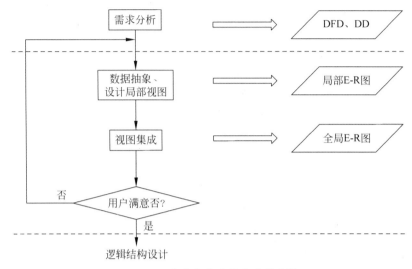

图 8.25　自底向上设计方法的步骤

1. 局部 E-R 模型设计

局部 E-R 模型设计可以分为两个步骤。

1) 确定局部 E-R 图描述的范围

根据需求分析所产生的文档,可以确定每个局部 E-R 图描述的范围。通常采用的方法是将单位的功能划分为几个系统,每个系统又分为几个子系统。设计局部 E-R 模型的第 1 步就是划分适当的系统或子系统,在划分时,过细或过粗都不太合适。划分过细将造成大量的数据冗余和不一致,划分过粗有可能漏掉某些实体。一般可以遵循以下两条原则进行功能划分。

(1) 独立性原则。划分在一个范围内的应用功能具有独立性与完整性,与其他范围内的应用有最少的联系。

(2) 规模适度原则。局部 E-R 图规模应适度一般以 6 个左右实体为宜。

2) 画出局部 E-R 图

例如,某校的教务管理系统中,分为学籍管理、选课管理和教师开课管理部分,学籍管理涉及系、专业、班级、学生等信息,有以下语义约束。

(1) 一个系开设有多个专业,一个专业只能属于一个系。

(2) 一个专业有多个班级,一个班级只属于一个专业。

(3) 一个班级有多个学生,一个学生只属于一个班级。

选课管理涉及学生选课,有以下语义约束。

(1) 一个系可以开设多门课程,不同系开设的课程必须不同。

(2) 一个学生可选修多门课程,一门课程可为多个学生选修。

教师开课管理有以下语义约束。

(1) 一个部门可有多名教师,一名教师只能属于一个部门。

（2）一个部门只有一个负责人。

（3）一名教师可以讲授多门课程，一门课程可由多名教师讲授。

根据上述约定，可以得到如图 8.26 所示的学籍管理局部 E-R 图、如图 8.27 所示的选课管理局部 E-R 图以及如图 8.28 所示的教师开课局部 E-R 图。

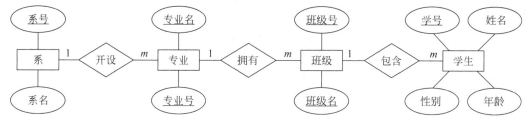

图 8.26　学籍管理局部 E-R 图

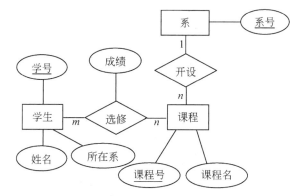

图 8.27　选课管理局部 E-R 图

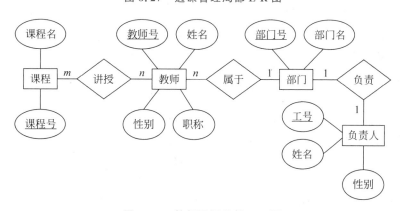

图 8.28　教师开课局部 E-R 图

形成局部 E-R 模型后，这时应该返回征求用户意见，以求改进和完善，使之如实地反映现实世界。

2. 局部 E-R 模型的集成

由于局部 E-R 模型反映的只是单位局部子功能对应的数据视图，局部 E-R 图之间可能存在不一致之处，还不能作为逻辑设计的依据，这时可以去掉不一致和重复的地方，将各个局部视图合并为全局视图，即局部 E-R 模型的集成。局部 E-R 模型的集成有两种方法。

（1）多元集成法。一次性将多个局部 E-R 图合并为一个全局 E-R 图。

（2）二元集成法。用累加的方式一次集成两个局部 E-R 图。

在实际应用中一般根据系统的复杂程度选择集成的方法。如果各个局部 E-R 图比较简单，可以采用多元集成法，一般情况下采用二元集成法。

无论采用哪种集成法，每次集成都分为两个阶段：第 1 阶段是合并，以消除各局部 E-R 图之间的不一致情况，生成初步 E-R 图；第 2 阶段是优化，消除不必要的数据冗余，生成全局 E-R 图。

1）合并

由于各个局部应用所面临的问题不同，且通常是由不同的设计人员进行局部 E-R 图的设计，这就导致各个局部 E-R 图之间必定会存在许多不一致的地方，称为冲突。合理地消除冲突，形成一个能为全系统中所有用户共同理解和接受的统一的概念模型，成为合并各局部 E-R 图的主要工作。

冲突一般分为 3 种：属性冲突、命名冲突和结构冲突。

（1）属性冲突。

- 属性域冲突，即属性值的类型、取值范围不一致。例如，学生的学号是数值型还是字符型。又如，有些部门以出生日期的形式来表示学生的年龄，而另一些部门用整数形式来表示学生的年龄。
- 属性取值单位冲突。例如，学生的成绩，有的以百分制计，而有的则以五分制计。

这一类问题是用户业务上的约定，必须由用户协商解决。

（2）命名冲突。命名冲突可能发生在实体、属性和联系上，其中属性的命名冲突更为常见。处理命名冲突通常可以采取行政手段进行协商解决。

- 同名异义，即不同意义的对象在不同的局部应用中具有相同的名字。例如，"单位"既可表示人员所在的部门，也可作为长度、重量的度量等属性。
- 异名同义，有时又叫一义多名，即同一意义的对象在不同的局部应用中具有不同的名字。例如，图 8.27 中的系实体和图 8.28 中的部门实体实际上是同一实体，相应的属性也应得到统一。

（3）结构冲突。

- 同一对象在不同的局部应用中具有不同的身份。例如，"系"在图 8.26 中当作实体，而图 8.27 中"所在系"则作为学生实体的属性。解决方法：将实体转换为属性或将属性转换为实体以使同一对象具有相同的身份，但仍然要遵循身份指派的原则。
- 同一对象在不同的局部应用中对应的实体属性组成不完全相同。例如，对同一类对象"学生"，图 8.26 中学生实体由学号、姓名、性别、年龄等 4 个属性组成，而图 8.27 中则由学号、姓名、所在系 3 个属性组成。解决方法：对实体的属性取其在不同局部应用中的并集，并适当设计好属性的次序。
- 实体之间的联系在不同的局部应用中具有不同的类型。例如，在局部应用 A 中 E1 和 E2 实体是一对多联系，而在局部应用 B 中却是多对多联系；又如，在局部应用 C 中 E1 和 E2 实体发生联系，而在局部应用 D 中 E1、E2 和 E3 实体三者之间有联系。解决方法：根据应用的语义对实体联系的类型进行综合或调整。

通过解决上述冲突后将得到初步 E-R 图，这时需要进行仔细分析，消除冗余，以形成最后的全局 E-R 图。

2）优化

冗余包括冗余的数据和实体间冗余的联系。冗余的数据是指可由其他数据导出的数据,冗余的联系是指可由其他联系导出的联系。冗余的存在容易破坏数据的完整性,造成数据库的维护困难,应予以消除。

数据字典是分析冗余数据的依据,还可以通过数据流程图分析冗余的联系。利用数据库逻辑设计的一些规则可以去掉一些冗余的联系,还可以使用规范化的概念进行分析。

例如,如果学生实体同时具有年龄和出生年月属性,年龄可由当前年份减去出生年月中的年份得到,因此年龄是冗余的数据。

又如,系实体与课程实体之间的"开设"联系,可以由系与教师实体之间的"属于"联系和教师与课程实体之间的"讲授"联系推导出来,所以它属于冗余的联系。

将图 8.26~图 8.28 的 3 个局部 E-R 图经过合并、消除冗余数据和冗余联系后,得到全局 E-R 图,如图 8.29 所示。

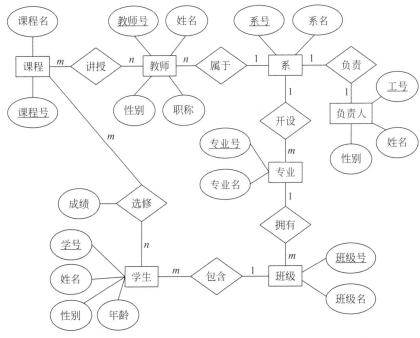

图 8.29　教务管理系统的全局 E-R 图

8.4　逻辑设计阶段

概念设计阶段得到的 E-R 模型是针对用户的数据模型,独立于任何一个具体的 DBMS。但为了能够用某一 DBMS 实现用户需求,还必须将概念结构进一步转换为相应的数据模型,这正是数据库逻辑结构设计所要完成的任务。

首先,选择一种合适的 DBMS 存放数据,这是由系统分析员和用户(一般为企业的高级管理人员)决定的。需要考虑的因素包括 DBMS 产品的性能、价格、稳定性以及所设计系统的功能复杂程度等。目前的 DBMS 产品一般只支持关系、网状、层次 3 种模型中的某一种,对于某一种数据模型,各个机器系统又有不同的限制,提供不同的环境和工具。这里只讨论目前比较流行的关系数据库,其逻辑结构设计阶段一般要分为 3 步进行。

(1) 将 E-R 图转换为关系数据模型。

(2) 关系模式规范化。

（3）关系模式优化。

1. 将 E-R 图转换为关系数据模型

关系数据模型是一组关系模式的集合,而 E-R 图是由实体、属性和实体之间的联系三要素组成的。所以,将 E-R 图转换为关系数据模型实际上是要将实体、属性和实体之间的联系转换为关系模式。转换过程中要遵循以下原则。

（1）一个实体转换为一个关系模式。实体的属性就是关系的属性,实体的码就是关系的码。

例如,图 8.29 中的每个实体都可以转换为如下关系模式,关系的码用下画线标出。

- 负责人(<u>工号</u>,姓名,性别)
- 系(<u>系号</u>,系名)
- 专业(<u>专业号</u>,专业名)
- 班级(<u>班级号</u>,班级名)
- 学生(<u>学号</u>,姓名,性别,年龄)
- 课程(<u>课号</u>,课程名)
- 教师(<u>教师号</u>,姓名,性别,职称)

（2）如果属性中存在多值属性,该多值属性加上实体的码组成一个独立的关系,实体的码就是该关系的码。图 8.11 中学生实体的联系方式为多值属性,需要独立转换为一个关系,关系名可以取实体和多值属性名称的结合:

- 学生联系方式(<u>学号</u>,联系方式)

（3）一个弱实体转换为一个关系模式,弱实体的属性再加上与之相联系的强实体的码组成该关系模式的属性,强实体的码是该关系的码。例如,图 8.14 中的家属弱实体转换为如下关系模式。

- 家属(<u>职工号</u>,家属姓名,家属关系)

（4）一个 1∶1 联系可以转换为一个独立的关系模式,也可以与任意一端对应的关系模式合并。

如果转换为一个独立的关系模式,则与该联系相连的各实体的码以及联系本身的属性均转换为关系的属性,每个实体的码均是该关系的候选码。

如果与某一端对应的关系模式合并,则需要在该关系的属性中加入另一个关系模式的码和联系本身的属性。

1∶1 联系与哪一端关系模式合并,应视具体应用环境而定。由于连接操作比较费时,因此应以尽量减少连接操作为目标。

例如,如图 8.29 所示的负责人和系之间的 1∶1 联系,可以转换为如下关系。

- 系(<u>系号</u>,系名,负责人工号)
- 负责人(<u>工号</u>,姓名,性别)

或

- 系(<u>系号</u>,系名)
- 负责人(<u>工号</u>,姓名,性别,系号)

（5）一个 1∶n 联系可以转换为一个独立的关系模式,也可以与 n 端对应的关系模式合并。

如果转换为一个独立的关系模式,则与该联系相连的各实体的码以及联系本身的属性均转换为关系的属性,而关系的码为 n 端实体的码。

例如,图 8.29 中的"开设"联系转换为一个独立的关系模式:

- 开设(<u>系号</u>,<u>专业号</u>)

与 n 端对应的"专业"关系模式合并,关系模式如下。

- 专业(<u>专业号</u>,专业名,系号)

(6) 一个 $m:n$ 联系转换为一个独立的关系模式。与该联系相连的各实体的码以及联系本身的属性均转换为关系的属性,关系的码为各实体码的组合。

例如,图 8.29 中的"选修"联系为 $m:n$ 联系,可以转换为如下关系模式。

- 选修(<u>学号</u>,<u>课程号</u>,成绩)

(7) 3 个或 3 个以上实体间的一个多元联系转换为一个独立的关系模式。与该多元联系相连各实体的码以及联系本身的属性均转换为关系的属性。而关系的码为各实体码的组合。

如图 8.30 所示,供应商、项目、零件 3 个实体之间有"供应"这一多对多的联系,该联系有"数量"这一属性,则可转换为如下关系模式。

- 供应(<u>供应商号</u>,<u>项目号</u>,<u>零件号</u>,数量)

(8) 将具有相同码的关系模式合并。合并的方法是取两个关系模式属性的并集,去掉同义的属性。

例如,以下关系模式:

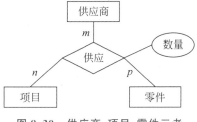

图 8.30　供应商、项目、零件三者之间的 E-R 图

- 开设(<u>系号</u>,<u>专业号</u>)
- 专业(<u>专业号</u>,专业名)

它们都以专业号为码,可以将它们合并为一个关系模式:

- 专业(<u>专业号</u>,专业名,系号)

按照上述原则,图 8.29 中的实体和联系可转换为以下关系模式。

- 系(<u>系号</u>,系名)
- 专业(<u>专业号</u>,专业名,*系号*)
- 班级(<u>班级号</u>,班级名,*专业号*)
- 学生(<u>学号</u>,姓名,性别,年龄,*班级号*)
- 课程(<u>课程号</u>,课程名)
- 教师(<u>教师号</u>,姓名,性别,职称,*系号*)
- 选修(<u>学号</u>,*课号*,成绩)
- 讲授(<u>教师号</u>,*课程号*)

其中,下画线表示的属性是关系的主键;斜体字表示的属性代表了关系之间的联系,即关系的外键。

2. 超类/子类联系的变换

设实体型 C 是实体型 E1,E2,…,Em 的超类;k,A1,A2,…,An 是 C 的属性,k 是 C 的键。可以使用 4 种方法把这个超类/子类联系变换为关系模式。

方法 1　建立一个表示 C 的关系 L。L 的属性包括 k,A1,A2,…,An,k 是键。对于 $1 \leqslant i \leqslant m$,建立表示 Ei 的关系 Li。Li 的属性包括 k 和 Ei 的所有属性,而且 k 是 Li 的键。这个方法要求 Li 在属性 k 上的投影必须是 L 在属性 k 上的投影的子集合。

方法 2　对于 $1 \leqslant i \leqslant m$,建立与 Ei 对应的关系 Li。Li 的属性包括 Ei 和 C 的所有属

性。k 是 Li 的键。这个方法适用于具有正交约束和全域约束的演绎。如果不满足全域约束，这种方法可能丢失不属于任何子类的实体。如果不满足正交约束，属于多个实体型的实体将重复地存储在不同的 Li 中。

方法 3 建立一个关系 L。L 的属性包括所有 C，E1，E2，…，Em 的属性。此外，L 还需要一个特殊属性 t。t 用来说明每个元组所属的子类。这种方法适用于子类互不相交的情况。如果子类的属性很多，L 中将出现大量的空值，将浪费很多存储空间。

方法 4 建立一个关系 L。L 的属性包括所有 C，E1，E2，…，Em 的属性。类似于方法 3，L 需要包括 m 个特殊属性 t1，t2，…，tm，ti 用来说明一个元组是否属于子类 E。这种方法适用于子类相交的情况。这种方法具有类似于方法 3 的缺点。

3. 确定函数依赖集

通过超类/子类联系的变换，概念数据库模式中的所有模型结构都已经变换为关系模式，形成了初始关系数据库模式。最后，需要对初始关系数据库模式中的每个关系模式进行深入的分析，与用户协商，确定每个初始关系的函数依赖集，使用关系数据库设计理论，对关系模式进行规范化处理。

4. 关系模式规范化

通常情况下，数据库逻辑设计的结果不是唯一的。为了进一步提高数据库应用系统的性能，还应努力减少关系模式中存在的各种异常，改善完整性、一致性和存储效率。规范化理论是数据库逻辑设计的重要理论基础和有力工具，规范化过程可分为两个步骤：确定范式级别和实施规范化处理。

（1）确定范式级别。利用规范化理论考查关系模式的函数依赖关系，确定本系统应满足的范式等级，逐一分析各关系模式，考查是否存在部分函数依赖、传递函数依赖等，并确定它们分别属于第几范式。

（2）实施规范化处理。对关系模式进行规范化处理可针对数据库设计的前 3 个阶段进行：

- 在需求分析阶段，用数据依赖概念分析和表示各数据项之间的联系；
- 在概念设计阶段，以规范化理论为指导，确定关系码，消除初步 E-R 图中冗余的联系；
- 在逻辑设计阶段，从 E-R 图向数据模型转换过程中，进行模式合并与分解以达到范式级别。

5. 关系模式优化

为了提高数据库应用系统的性能，需要对关系模式进行修改，调整结构，这就是关系模式的优化，通常采用合并和分解两种方法。

（1）合并。如果多个关系模式具有相同的主键，并且对这些关系模式的处理主要是多关系的查询操作，那么可对这些关系模式按照组合使用频率进行合并。这样便可减少连接操作而提高查询效率。

（2）分解。为了提高数据操作的效率和存储空间的利用率，可以对关系模式进行水平分解和垂直分解。

水平分解把关系模式按分类查询的条件分解成几个关系模式，这样可以减少应用系统每次查询需要访问的记录数，从而提高了查询效率。例如，对于教师关系，如果经常要按照职称处理教师信息，则可以将该关系进行水平分解，分解为高级职称教师、中级职称教师、初级职称教师 3 张表。

垂直分解把关系模式中经常在一起使用的属性分解出来，形成一个子关系模式。

例如,对于学生关系:学生(学号,姓名,性别,年龄,家庭住址,1寸照片),如果大部分情况下只查询学生的学号、姓名、性别、年龄等基本信息,可以将学生模式垂直分解为两个关系模式:

- 学生基本信息(学号,姓名,性别,年龄)
- 学生信息(学号,家庭住址,1寸照片)

很显然,通过垂直分解可以减少查询的数据传递量,提高查询速度。

8.5 物理设计阶段

扫一扫

视频讲解

数据库最终要存储在物理设备上。将逻辑设计中产生的数据库逻辑模型结合指定的DBMS,设计出最适合应用环境的物理结构的过程,称为数据库的物理设计。

数据库的物理设计分为两个步骤:①确定数据库的物理结构;②对所设计的物理结构进行评价。

1. 确定数据库的物理结构

在设计数据库的物理结构前,设计人员必须做好以下工作。

(1) 充分了解给定的DBMS的特点,如存储结构和存取方法、DBMS所能提供的物理环境等。

(2) 充分了解应用环境,特别是应用的处理频率和响应时间要求。

(3) 熟悉外存设备的特性,如分块原则、块因子大小的规定、设备的I/O特性等。

完成上述任务后,设计人员就可以进行物理结构设计的工作了。该工作主要包括以下内容。

(1) 确定数据的存储结构。影响数据存储结构的因素主要包括存取时间、存储空间利用率和维护代价3方面。设计时应当根据实际情况对这3方面综合考虑,如利用DBMS的聚簇和索引功能等,力争选择一个折中的方案。

(2) 设计合适的存取路径,主要指确定如何建立索引,如确定应该在哪些关系模式上建立索引、哪些列上可以建立索引、建立多少个索引为合适、是否建立聚集索引等。

(3) 确定数据的存放位置。为了提高系统的存取效率,应将数据分为易变部分与稳定部分、经常存取部分和不常存取部分,确定哪些存放在高速存储器上,哪些存放在低速存储器上。

(4) 确定系统配置。设计人员和DBA在数据存储时要考虑物理优化的问题,这就需要重新设置系统配置的参数,如同时使用数据库的用户数、同时打开的数据库对象数、缓冲区的大小及个数、时间片的大小、填充因子等,这些参数将直接影响存取时间和存储空间的分配。

2. 评价物理结构

对数据库的物理结构进行评价主要涉及时间、空间效率、维护代价3方面,设计人员必须定量估算各种方案在上述3方面的指标,分析其优缺点,并进行权衡、比较,选择出一个较合理的物理结构。

8.6 数据库实现阶段

设计好数据库的逻辑和物理结构以后,就要在实际的计算机系统中建立数据库并试运行了,这时数据库实现所要完成的工作主要包括:建立数据库结构,装入数据,应用程序编制调试,数据库的试运行和文档的整理。

1. 建立数据库结构

利用DBMS提供的数据定义语言(DDL)建立数据库的结构,包括创建数据库、表、视图、索引、存储过程等。

2．装入数据

装入数据有时又称为数据库加载（Loading），是数据库实现阶段最主要的工作。

一般数据库系统中的数据量都比较大，而且数据分散于一个单位各个部门的数据文件、报表或各种形式的单据中，因此首先要把它们筛选出来，然后按照数据库要求的格式转换为规范的数据，通过手动或工具导入的方式加载到数据库中。同时，为了保证装入的数据正确无误，必须采用多种数据检验技术对输入的数据进行检验。

如果数据库的结构是在老系统的基础上升级的，则只需完成数据的转换和应用程序的转换即可。

3．应用程序编制调试

应用程序编制应该是与数据库的设计同步进行的。当数据库结构建立好后，就可以着手编制和调试应用程序了。应用程序的设计、编码、调试的方法，在一些语言类和软件工程类课程中有详细的讲解，这里不再赘述。

4．数据库的试运行

应用程序编制完毕，加载了一小部分数据后，就可以进行数据库的试运行（又叫作联合调试）了，主要包括以下两方面的工作。

（1）功能测试。即实际运行应用程序，执行对数据库的各种操作，测试一下它们是否能完成预先设计的功能。

（2）性能测试。即测量系统的各项性能指标，分析它们是否符合设计目标。

在物理设计阶段，我们对物理结构的时间和空间指标进行了估计，但这只是一个初步的假设，忽略了许多次要因素，结果可能比较粗糙。数据库试运行可以直接测试各种性能指标，如果不符合系统目标，则应该返回物理设计阶段甚至逻辑设计阶段重新设计或调整。

在数据库试运行时，由于系统不太稳定，系统的操作人员对新系统还不太熟悉，容易对数据库中的数据造成破坏，因此有必要做好数据库的转储和恢复工作，以减少对数据库的破坏。

5．文档的整理

在应用程序编制调试及试运行时，应该随时将发现的问题的解决方案记录下来，整理成文档，以备运行维护和改进时参考。试运行成功后，还应编写测试报告、应用系统的技术说明书和使用说明书，在正式使用时一并交给用户。完整的文档是应用系统的重要组成部分，这一点容易被忽略，应该引起设计人员的充分重视。

8.7 数据库的运行与维护阶段设计

数据库经过试运行后，如果符合系统设计的目标，就可以正式投入运行了。在运行过程中，应用环境、数据库的物理存储等会不断发生变化，这时就应由 DBA 不断对数据库设计进行评价、调整、修改，即对数据库进行经常性的维护。概括起来，维护工作包括以下内容。

1．数据库的转储和恢复

为了防止数据库出现重大的失误（如数据丢失、数据库遭遇物理性损坏等），DBA 应定期对数据库和日志文件进行备份，将其转储到磁带或其他磁介质上。同时，也应能利用数据库和日志文件备份进行恢复，尽可能减少对数据库的破坏。

2. 数据库的安全性和完整性控制

根据用户的实际需求和应用环境的变化,DBA 应根据实际情况调整数据库的安全性和完整性约束,以满足用户的要求。

3. 数据库性能的监督、分析和改造

在数据库运行过程中,DBA 可以利用 DBMS 产品本身提供的监测系统性能参数的工具监督系统运行,对数据库的存储空间状况及响应时间进行分析评价,不断改进系统的性能。

4. 数据库的重组织和重构造

数据库运行一段时间后,随着记录的不断增加、修改、删除,数据库的物理存储将变差,数据库存储空间的利用率和存取效率将降低。例如,逻辑上属于同一记录型或同一关系的数据被分散到不同的文件或文件碎片上,这样大大降低了数据的存取效率。这时 DBA 应对数据库进行重组织,如重新安排数据的存储位置、回收垃圾、减少指针链等。

同时,随着数据库的运行,应用环境也可能发生变化,这将导致数据库的逻辑结构发生变化,如新增一些实体、删除一些实体、增加某些实体的属性、修改实体之间的联系等。这时必须对原来的数据库进行重新构造,适当调整数据库的模式和内模式,以满足应用环境变化的需要。如果变化太大,则应该淘汰旧的系统,重新开发一个新的数据库应用系统。

8.8　数据库设计实例：电网设备抢修物资管理数据库设计

8.8.1　需求分析

电网是一个设备资产密集型的电能传输网络,在整个国民经济中具有关键的地位,它在运行时不能瘫痪,这就意味着电网中众多的设备一旦开始工作,就必须连续不间断地运行。但是,所有设备一旦长时间运行,由于外界环境的影响、设备设计制造的误差、设备长时间的工作等原因,都会产生缺陷,这些缺陷如果不及时消除,就会影响整个设备的正常工作,甚至危及整个电网的安全运行。所以,在电力系统中,设备抢修是一项很重要的工作。电力设备抢修总会涉及设备零部件的更换,所以在仓库中必须要对重要设备的常用零部件进行备货,以满足抢修所需。

每年初,各部门根据以往设备抢修的实际情况预计本年度所需的抢修物资种类和数量,上报电力物资部门,电力物资部门制订一个物资采购计划,然后依照物资采购计划采购物资,当物资到货后办理入库手续。

当电网设备发生故障后,需要安排抢修,抢修前先制订抢修计划,包括项目名称、主要施工内容以及计划领取的备品备件种类和数量。实际抢修时,大部分情况下抢修所需的物资品种和数量与抢修计划相同,但也有例外,有时设备外壳打开,会发现里面的问题比预期严重,所需更换的零部件种类和数量就会超出计划。

实际领用抢修物资时需先办理领用手续,填写的领料单内容包括领用物资的种类、数量、该物资用途等,然后才能实际领用物资。

需要建立一个数据库系统,满足以上需求。

1. 数据流图

根据以上用户提出的对数据库系统的需求,需求分析的主要任务是和用户反复沟通,了解用户在建设电力设备抢修管理系统时需要数据库做什么。用户的需求是多方面的,有些需求需要通过程序来实现,有些需求需要通过数据库来实现。关键是我们必须清楚,数据库主要用于存储数据,所以进行需求分析时,面对繁杂的用户需求叙述,必须紧紧抓住"数据存储"的关键,从中抽取出数据库的真正需求。采用数据流图的分析方法。图 8.31 和图 8.32分别是该系统的第 1 层和第 2 层数据流图。

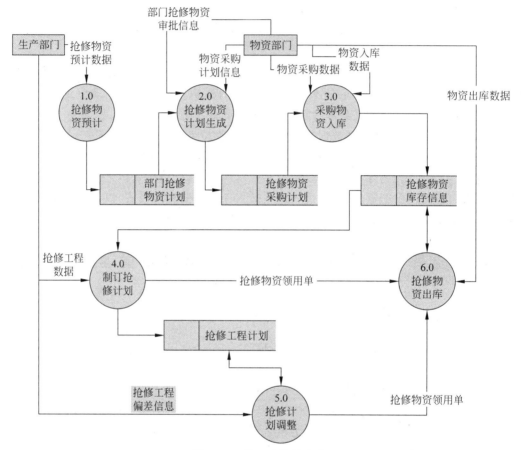

图 8.31　第 1 层数据流图

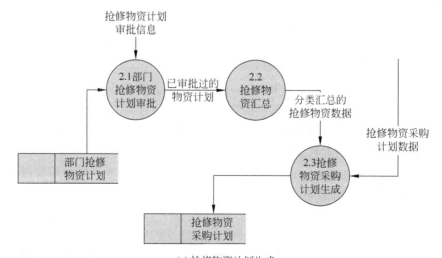

(a) 抢修物资计划生成

图 8.32　第 2 层数据流图

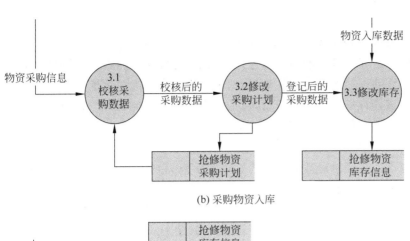

(b) 采购物资入库

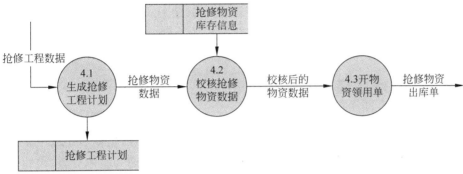

(c) 制订抢修计划

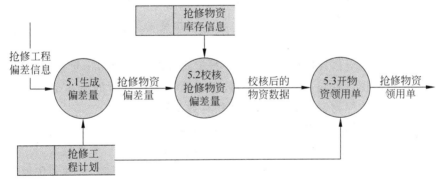

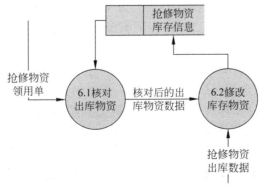

(d) 抢修计划调整和物资出库

图 8.32　（续）

2. **数据库需求**

根据数据流图抽象出的数据库需求如下。

（1）数据库应该能存储部门的预计信息，包括预计抢修所需的物资种类和数量。

（2）数据库应该能存储物资采购计划，包括采购的物资种类和数量。

（3）数据库应该能存储物资入库信息，包括入库物资的种类、数量和时间。

（4）数据库应该能存储设备抢修计划，包括抢修工程名称、抢修工程内容、抢修所需物资和数量。

（5）数据库应该能存储抢修计划所需物资偏差信息，包括工程名称、计划未列而实际所需的物资种类和数量、计划已列但实际未需的物资种类和数量。

（6）数据库应该能存储抢修物资领用信息，包括领用的物资种类和数量。

以上 6 点归纳出的数据库需求是对用户需求概述进行分析，针对需求概述中每个实际的存储要求而列出的数据库需求，它们是后续分析的基础。需要指出：并不是用户需求中每个数据存储要求都需要给它建立一点数据库需求，有些需求可以合并。

8.8.2　概念模型 ▶

1. **识别实体**

识别实体和实体间联系的原则在前面相关章节已经叙述过，纵览本实例中整个数据库需求，有些需要存储的数据带有明显的静态特征描述，可以考虑为实体对象，如物资采购计划、设备抢修计划；有些需要存储的数据，虽然没有明显的静态特征，但经过动态特征静态化处理也可以列入实体考查对象，如预计信息、入库信息、偏差信息和领用信息。这样，在本实例中可以考虑的候选实体是抢修物资预计信息、物资采购计划、采购到货物资、抢修计划、抢修计划偏差和领用物资。

电力设备抢修物资预计信息是每个部门根据本部门管辖设备历年抢修计划数据而作出的本年度所需抢修物资种类和数量的预测，所以预计信息具有的属性是预测年份、预测部门、设备类型、所需抢修物资种类、所需抢修物资数量等。

抢修物资采购计划是由电力物资部门汇总不同部门的预计信息而形成的整个公司本年度抢修物资采购计划，如某电网公司有城东、城西、城南和城北 4 个供电所，每个供电所都预计本年度需要 500 个冷缩中间头作为抢修备用物资，全公司抢修物资计划中就有"冷缩中间头"这一类物资；所需数量为每次储备 500 个，分 4 次采购，全年累计储备 2000 个。这样既保证了下面各个供电所有足够的抢修储备，又不至于一次进货太多而导致资金和仓库面积的紧张。所以，抢修物资采购计划具有的属性是计划年份、计划名称、设备类型、所需物资种类、所需物资总数、采购次数、单次采购数量等。

采购到货物资信息是仓库在抢修物资每次入库时所做的台账记录，首先要记录根据哪一年采购计划完成物资采购，其次要记录入库物资的种类和数量，还要记录物资放在哪些仓库中的哪些仓位中。还是以冷缩中间头为例，第 1 次采购的 500 个放在城东南仓库中，第 2 次采购的 500 个放在城西北仓库中，第 3 次、第 4 次采购的 500 个就要看城东南仓库和城西北仓库各缺货多少，然后分别补满。所以，抢修物资入库信息包含的属性是入库日期、采购计划、入库物资种类、仓库、仓位、入库物资数量（入库量）等。

每次设备发生故障缺陷时，需要技术部门尽快制订设备抢修计划。计划中主要包含抢修工程名称、具体抢修内容、计划所需抢修物资种类和计划所需每种抢修物资的数量，当计划审批通过后,工程队根据计划所列的内容进行物资和人员的配备,然后实施抢修工程。历年形成的设备抢修计划是设备管辖部门制订新一年度抢修物资计划的判断基础。所以,设备抢修计划包含抢修工程名称、抢修工程内容、抢修所需物资种类、抢修所需物资数量等属性。

领用物资信息是抢修时具体发生的物资领用信息,包括哪一个抢修工程发生的物资领用信息、领用日期、领用物资的种类、领用物资的数量、从哪个仓库哪个仓位出的货。例如,城南供电所需要领用冷缩中间头 30 个,东南仓库库存 20 个,西北仓库库存 20 个,那就先从东南仓库领用 20 个,再从西北仓库领用 10 个。所以,物资领用信息包含工程项目名称、领用物资种类、仓库、仓位领用物资数量(出库量)等属性。

当具体抢修打开设备时,有时会发生故障判断预测不准的情况,实际故障性质可能比预测的要严重,这时需要额外增加抢修物资,有时是抢修物资种类不增加,仅需要增加抢修物资的数量,有时会发现新问题,需要额外增加抢修物资的种类和数量;当然,也可能发生实际故障比预测要轻的情况,此时计划所列的物资和数量就不一定全部用上。所以,抢修计划偏差信息包含工程项目名称、抢修偏差物资种类、抢修偏差物资数量、偏差类型(正偏差还是负偏差)等属性。

至此,前面所列的候选实体都具有与电力抢修物资相关的属性,所以它们都可以作为电力抢修数据库概念模型中的实体。但是,在整个分析中还有一些十分重要的属性。例如,每种抢修物资的库存余额,入库时新的库存余额是原始库存余额加上入库量,而出库时新的库存余额是原始库存余额减去出库量,但库存余额在已有的实体中没有反映。又如,到目前为止的所有分析都围绕着物资,仓库的信息很少,入库时往往需要判断目前仓库是否有空,仓库仓位最大库容是多少;而出库时又要设定一条最低库存线,当实际库存低于最低库存时,需要报警启动补货流程。而仓库是否有空、仓位最大库存、最低库存量等这些属性并没有反映到概念模型中。所以,还需要再识别一些实体,库存余额和最低库存量反映的是库存物资的重要特性,所以增加库存物资实体,它包含物资名称、存储数量和最低库存量等属性;而仓库是否有空、仓位最大库容反映的是仓库的重要特征,所以增加仓库实体,它包含仓库号、仓库名称、仓位编号、最大库容等属性。

2. 系统局部 E-R 图

总结以上概念设计,共得到抢修物资预计信息、物资采购计划、采购到货物资、抢修计划、抢修计划偏差、领用物资、库存物资、仓库这 8 个实体,它们描述了现实世界的电网抢修物资,但是单纯用实体描述现实世界中的物资是不够的,实际上从采购计划到入库物资,从入库物资到库存物资,从库存物资到出库物资,它们之间必然是有联系的。所以,实体抽象出来后,接下来应该分析这些实体之间有什么联系。多个部门根据年度的抢修物资预测信息生成一个年度物资采购计划,物资预测信息实体和年度物资采购计划实体之间是一对多联系,如图 8.33 所示。

一个年度采购计划可以确定多种采购到货物资,每种采购到货物资属于某一个年度采购计划,年度采购计划实体和采购到货物资实体之间是一对多联系,如图 8.34 所示。

采购到货物资入库后,需要增加对应的总库存物资信息,采购到货物资和库存物资实体之间是一对一联系;物资出库后应减少对应的总库存信息,领用物资和库存物资实体之间是一对一联系;一种采购到货物资可以存放在多个仓库里,一个仓库可以存放多种采购到货物资,采购到货物资和仓库实体之间是多对多联系;一种抢修领用物资可以从多个仓库中

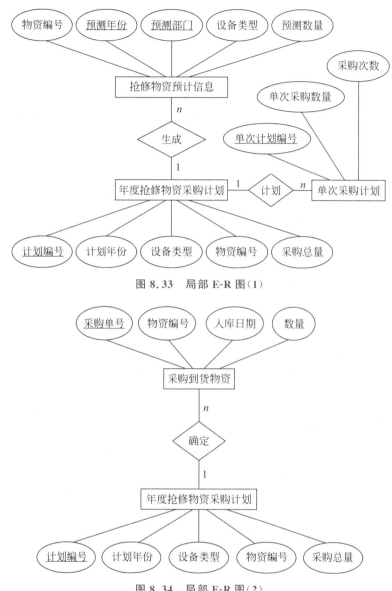

图 8.33　局部 E-R 图（1）

图 8.34　局部 E-R 图（2）

出库，一个仓库可以出库多种抢修物资，领用物资和仓库实体之间是多对多联系，如图 8.35 所示。

一个抢修计划对应一个抢修工程，一个抢修计划需要多次领用抢修物资，每次领用的物资对应某个抢修计划，抢修计划和领用物资实体之间是一对多的联系；一个抢修计划可以有多个计划偏差，但一个计划偏差对应一个抢修计划，抢修计划和抢修计划偏差实体之间是一对多联系，如图 8.36 所示。

将以上的分析用 E-R 图表示，它表示了电网设备抢修过程中物资从计划到采购、从入库到出库的"数据化描述"。在后面的设计中会将这些"数据化描述"映射到数据库中去，从而完成"现实世界的物资"到"数据库世界的物资"的转换。

3. 系统全局 E-R 图

对前面得到的局部 E-R 图进行合并，得到如图 8.37 所示的全局 E-R 图。

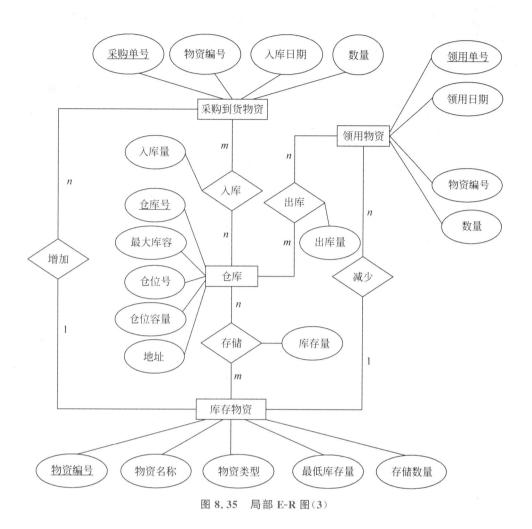

图 8.35　局部 E-R 图（3）

图 8.36　局部 E-R 图（4）

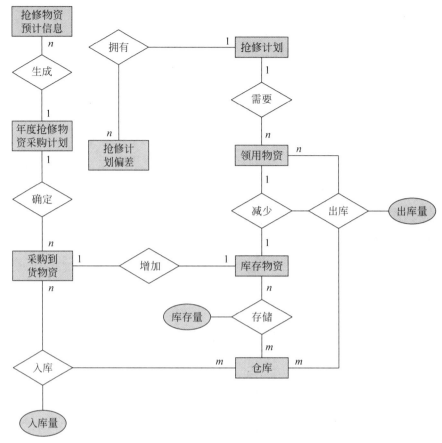

图 8.37 全局 E-R 图

8.8.3 逻辑模型

1. 概念模型转化为逻辑模型

根据将 E-R 图转化为关系模式的准则，将图 8.37 所示的 E-R 模型转化为相应的逻辑模型，实体及实体间的一对多联系转化为如表 8.1 所示的关系模式。

表 8.1 实体转化为关系模式

关系模式	主码	外键
抢修物资预测信息(预测年份、预测部门、设备类型、物资编号、预测数量、计划编号)	预测年份＋预测部门	计划编号
年度抢修物资采购计划(计划编号、计划年份、设备类型、物资编号、采购总量)	计划编号	
单次采购计划(单次计划编号、采购次数、单次采购数量、计划编号)	单次计划编号	计划编号
采购到货物资(采购单号、入库日期、物资编号、计划编号、数量、入库日期)	采购单号	计划编号
抢修计划(工程编号、工程名称、抢修内容、开始日期、结束日期)	工程编号	
抢修计划偏差(偏差编号、工程编号、物资编号、数量、偏差类型)	偏差编号	工程编号
领用物资(领用单号、工程编号、物资编号、数量、领用日期)	领用单号	工程编号
库存物资(物资编号、物资名称、物资类型、存储数量、最低库存量)	物资编号	
仓库(仓库号、最大库容、仓位号、仓位容量、地址)	仓库号＋仓位号	

E-R 图中的实体转化为关系模式后,接下来将 E-R 图中的多对多联系转化为关系模式,如表 8.2 所示。

表 8.2　多对多联系转化为关系模式

关 系 模 式	主 　 码	外 　 键
入库(采购单号、仓库号、仓位号、入库量)	采购单号＋仓库号＋仓位号	采购单号、仓库号＋仓位号
存储(物资编码、仓库号、仓位号、存储量)	物资编号＋仓库号＋仓位号	物资编号、仓库号＋仓位号
出库(领用单号、仓库号、仓位号、出库量)	领用单号＋仓库号＋仓位号	领用单号、仓库号＋仓位号

2. 规范化

当得到全部关系模式后,再检查一下它们是否都属于 3NF。关系模式"仓库"中,码是(仓库号、仓位号),非主属性最大库容及地址部分依赖于码,不属于 3NF。所以,将该关系模式进行分解,得到两个关系模式:

- 仓库(仓库号,最大库存量,地址)
- 仓位(仓位号,仓库号,最大仓位容量)

3. 关系模式优化

在本设计的所有关系模式中,多个关系涉及"物资编号"这个属性,而物资的具体信息(物资名称、类型)均在关系模式"库存物资"中,因此查询时必然会多次涉及这些关系和库存物资关系的连接查询操作。为了提高查询效率,将"库存物资"关系模式垂直分解为两个关系模式:

- 物资(物资编号,物资名称,物资类型)
- 库存物资(物资编号,最低库存量,存储数量)

4. 设计关系模式的属性

对关系模式规范化以后,就可以设计每个关系模式的具体属性,设计内容主要包括属性名称、属性类型、长度和约束,如表 8.3 所示。

表 8.3　关系模式属性

关系模式	属性名称	属性类型	长 度	约 　 束
抢修物资预测信息	预测年份	日期型		主键
	预测部门	字符型	20	主键
	设备类型	字符型	20	
	物资编号	字符型	20	外键
	预测数量	整型		大于或等于 0
	计划编号	字符型		外键
年度抢修物资采购计划	计划编号	整型		主键
	计划年份	日期型		
	设备类型	字符型	20	
	物资编号	字符型	20	外键
	采购总量	整型		大于或等于 0,且小于或等于部门预测数量
单次采购计划	单次计划编号	字符型	20	主键
	计划编号	字符型	20	外键
	采购次数	整型		大于 0
	单次采购数量	整型		大于或等于 0,单次采购数量之和小于或等于对应的计划采购总量

续表

关系模式	属性名称	属性类型	长 度	约 束
采购到货物资	采购单号	字符型	20	主键
	入库日期	日期型		
	物资编码	字符型	20	外键
	计划编号	字符型	20	外键
	入库量	整型		大于或等于0,且小于或等于对应的单次采购数量
抢修计划	工程编号	整型		主键
	工程名称	字符型	60	
	抢修内容	备注型		
	物资编码	字符型	20	外键
	开始日期	日期型		
	结束日期	日期型		结束日期≥开始日期
抢修计划偏差	偏差编号	字符型	20	主键
	工程编号	字符型	20	外键
	物资编号	字符型	20	外键
	数量	整型		大于或等于0
	偏差类型	字符型	8	
领用物资	领用单号	字符型	20	主键
	工程编号	整型		外键
	物资编号	字符型	20	外键
	领用日期	日期型		
	数量	整型		大于或等于0且小于或等于对应物资的存储量
库存物资	物资编号	字符型	20	主键
	存储数量	整型		大于或等于0且等于对应物资入库量和出库量之差
	最低库存量	整型		大于或等于0
仓库	仓库号	整型		主键
	地址	字符型	40	
	最大库容	整型		大于或等于0
仓位	仓位号	整型		主键
	仓库号	整型		主键、外键
	最大仓位容量	整型		大于或等于0
物资	物资编码	整型		主键
	物资名称	字符型	80	
	物资类型	字符型	20	
入库	采购单号	字符型	20	主键、外键
	仓库号	整型		主键、外键
	仓位号	整型		主键、外键
	入库量	整型		大于或等于0,且小于或等于对应物资到货的入库量,且小于或等于对应仓位的最大容量
存储	物资编号	字符型	20	主键、外键
	仓库号	整型		主键、外键
	仓位号	整型		主键、外键
	存储量	整型		大于或等于0,且等于对应入库量和出库量之差,且小于或等于对应仓位的最大容量

续表

关系模式	属性名称	属性类型	长　度	约　　束
出库	领用单号	字符型	20	主键、外键
	仓库号	整型		主键、外键
	仓位号	整型		主键、外键
	出库量	整型		大于或等于0，且小于或等于对应物资的出库量，且小于或等于出库仓位的最大容量

　　设计约束时除了考虑数据库本身的一些约束（如主键、外键、唯一性等）外，还要考虑数据库具体应用的背景。例如，某种物资的采购到货可能存放在一个仓库的一个仓位中，也可能存储在不同仓库的不同仓位中，所以，关系模式"采购到货物资"中的"入库量"属性的约束是大于或等于0且小于或等于对应的单次采购数量，而关系模式"入库"中"入库量"属性是到货物资分别存在不同仓位中的入库量，它的约束是大于或等于0且小于或等于对应物资到货的入库量且小于或等于对应仓位的最大容量。

小结

　　数据库设计包括6个阶段：需求分析、概念设计、逻辑设计、物理设计、数据库实现、数据库的运行与维护。其中重点是概念设计与逻辑设计。

　　数据库设计是一个很复杂的过程，掌握本章所介绍的基本理论，对在实际工作中设计用户所需要的数据库应用系统有着很重要的指导意义。

　　本章中的一些重要概念归纳总结如下。

　　（1）数据库设计的基本任务：根据一个单位的信息需求、处理需求和数据库的支持环境（包括DBMS、操作系统和硬件），设计出数据模式（包括外模式、逻辑（概念）模式和内模式）以及典型的应用程序。

　　（2）需求分析：设计一个数据库，首先必须确认数据库的用户和用途。由于数据库是一个单位的模拟，数据库设计者必须对一个单位的组织结构、各部门的联系、有关事务和活动以及描述它们的数据、信息流程、政策和制度、报表及其格式和有关的文档等有所了解。收集和分析这些资料的过程称为需求分析。

　　（3）概念设计：概念设计的任务包括数据库概念模式设计和事务设计两方面。其中事务设计的任务是考查需求分析阶段提出的数据库操作任务，形成数据库事务的高级说明。数据库概念模式设计的任务是以需求分析阶段所识别的数据项和应用领域的未来改变信息为基础，使用高级数据库模型建立数据库概念模式。

　　（4）逻辑设计：数据库逻辑设计的任务是把数据库概念设计阶段产生的数据库概念模式转换为DBMS所支持的数据库逻辑模式。

　　（5）物理设计：数据库物理设计的任务是在数据库逻辑结构设计的基础上，为每个关系模式选择合适的存取方法和存储结构。最常用的存取方法是索引方法。在常用的连接属性和选择属性上建立索引，可显著提高查询效率。

扫一扫

自测题

习题 8

一、选择题

1. 数据库物理设计不包括（　　）。

　　A. 加载数据　　　　B. 分配空间　　　　C. 选择存取空间　　D. 确定存取方法

2. 如果采用关系数据库实现应用，在数据库的逻辑设计阶段需将（　　）转化为关系数据模型。

　　A. E-R 模型　　　　B. 层次模型　　　　C. 关系模型　　　　D. 网状模型

3. 在数据库设计的需求分析阶段，业务流程一般采用（　　）表示。

　　A. E-R 图　　　　　B. 数据流图　　　　C. 程序结构图　　　D. 程序框图

4. 概念设计的结果是（　　）。

　　A. 一个与 DBMS 相关的概念模式　　　　B. 一个与 DBMS 无关的概念模式

　　C. 数据库系统的公用视图　　　　　　　D. 数据库系统的数据词典

5. 如果采用关系数据库实现应用，在数据库设计的（　　）阶段将关系模式进行规范化处理。

　　A. 需求分析　　　　B. 概念设计　　　　C. 逻辑设计　　　　D. 物理设计

6. 在数据库设计中，当合并局部 E-R 图时，学生在某一局部应用中被当作实体，而在另一局部应用中被当作属性，那么称为（　　）冲突。

　　A. 属性冲突　　　　B. 命名冲突　　　　C. 联系冲突　　　　D. 结构冲突

7. 在数据库设计中，E-R 模型是进行（　　）的一个主要工具。

　　A. 需求分析　　　　B. 概念设计　　　　C. 逻辑设计　　　　D. 物理设计

8. 在数据库设计中，学生的学号在某一局部应用中被定义为字符型，而在另一局部应用中被定义为整型，那么称为（　　）冲突。

　　A. 属性冲突　　　　B. 命名冲突　　　　C. 联系冲突　　　　D. 结构冲突

9. 如果两个实体之间的联系是多对多的，转化为关系时，（　　）。

　　A. 联系本身必须单独转化为一个关系

　　B. 联系本身不必单独转化为一个关系

　　C. 联系本身也可以不单独转化为一个关系

　　D. 将两个实体集合并为一个实体集

10. 下列关于数据库运行和维护的叙述中正确的是（　　）。

　　A. 只要数据库正式投入运行，就标志着数据库设计工作的结束

　　B. 数据库的维护工作就是维护数据库系统的正常运行

　　C. 数据库的维护工作就是发现错误、修改错误

　　D. 数据库正式投入运行标志着数据库运行和维护工作的开始

二、问答题

1. 请简要阐述数据库设计的几个阶段。

2. 数据库设计的需求分析阶段是如何实现的？目标是什么？

3. 概念模型有哪些特点？

4. 概念设计的具体步骤是什么？

5. 试阐述采用 E-R 方法进行数据库概念设计的过程。

6. 在将局部 E-R 模型合并成全局 E-R 模型时,应消除哪些冲突?

7. 试阐述逻辑设计阶段的主要步骤和内容。

8. 规范化理论对数据库设计有什么指导意义?

9. 什么是数据库结构的物理设计?试述其具体步骤。

10. 数据库实现阶段主要做什么工作?

11. 数据库投入运行后,有哪些维护工作?

三、综合题

1. 请设计一个图书馆数据库,此数据库对每位借阅者保存读者记录,包括读者号、姓名、地址、性别、年龄、单位;对每本书有书号、书名、作者、ISBN;对出版每本书的出版社有出版社名、地址、电话、邮编;对每本被借出的书有借出日期、应还日期。要求画出 E-R 图,再将其转换为关系模型。

2. 某商业集团管理系统涉及两个实体类型。商店实体有商店编号、商店名、地址和电话属性;顾客实体有顾客编号、姓名、性别、出生年月和家庭地址属性。顾客与商店之间存在着消费联系。假定一位顾客可去多个商店购物,多位顾客可以前往同一商店购物,必须记下顾客每次购物的消费金额。

(1) 请画出系统 E-R 图。

(2) 将 E-R 图转换为关系模式。

(3) 指出转换后的每个关系模式的关系键。

3. 企事业单位员工基本信息审核表如下。

(1) 为该表设计一个 E-R 图。

(2) 将 E-R 图转换为关系模式。

(3) 指出转换后的每个关系模式的关系键。

企事业单位人员基本信息审核表					
姓　　名		性　　别		出生年月	
民　　族		籍　　贯		出生地	
入　党时　间		参加工作时间		健康状况	
专业技术职务		熟悉专业有何专长			
学　历学　位	全日制教　育			毕业院校系及专业	
	在　职教　育			毕业院校系及专业	
现　任　职　务					
简历					

奖惩情况					
家庭主要成员及重要社会关系	称谓	姓名	年龄	政治面貌	工作单位及职务
呈报单位					年　月　日

审批机关意见		任免机关意见	
	（盖章） 年　月　日		（盖章） 年　月　日

4. 一张交通违规通知书如图 8.38 所示。

(1) 为该图设计一个 E-R 图。

(2) 将 E-R 图转换为关系模式。

(3) 指出转换后的每个关系模式的关系键。

交通违规通知书　编号：XXXXXXX

姓名：XXX　　　　　　　　　　　　驾驶执照编号：XXXXXXX
地址：XXXXXXXXXXXXXXXXXXX
邮编：XXXXXXXXXXX　　　　　　　电话：XXXXXXXXXXX
机动车牌照号：XXXXXXX　　　　　型号：XXXXXXX 制造厂：XXXXXXX　　　　　　　生产日期：XXXXXXXXXXX
违章日期：XXXXXXXXXX　　　　时间：XXXXXXXXXXX 地点：XXXXXXXXX　　　　　　　违章记载：XXXXXXXXXX
处罚方法： ■警告　■罚款　□暂扣驾驶执照
警察签字：XXX　　　　　　　　　警察编号：XXXXXXXXX
被处罚人签字：XXX

图 8.38　交通违规通知书示例

提示：

(1) 一个驾驶执照持有人可能多次违规；

(2) 一辆机动车可能多次违规；

(3) 一张违规通知单可能有多项处罚，如警告＋罚款。

第 **9** 章

数据库安全

> 数据库是重要的共享信息资源,必须加以保护。在前面的章节中已经提到数据系统中的数据是由 DBMS 统一进行管理和控制的。数据库的安全保护就是为了保证数据库系统的正常运行,防止数据被非法访问,并保证数据的一致性,以及数据库遭到破坏后能迅速恢复正常。

扫一扫

视频讲解

9.1 数据库安全概述

数据库安全可以分为数据库的系统安全与数据库的信息安全。

数据库的系统安全主要指攻击者对数据库运行的系统环境进行攻击,使系统无法正常运行,从而导致数据库无法运行。

数据库的信息安全主要指数据被破坏和泄露的威胁,如攻击者入侵数据库获取数据,或者由于内部人员可以直接接触敏感数据导致的数据泄露问题,后者近几年渐渐成为数据泄露的主要原因之一。本章主要介绍数据库的信息安全。

安全性问题不是数据库系统所特有的,所有计算机系统都有这个问题,只是在数据库系统有大量数据集存放,而且为许多最终用户直接共享,从而使安全性问题更为突出。在计算机系统中,安全措施是一级一级层层设置,在如图 9.1 所示的安全模型中,当用户登录操作系统时,系统根据用户标识进行鉴定,只允许合法用户登录。对于已登录系统的用户,DBMS 还要进行存取权限控制,只允许用户进行合法操作。

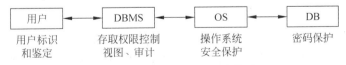

用户	DBMS	OS	DB
用户标识 和鉴定	存取权限控制 视图、审计	操作系统 安全保护	密码保护

图 9.1 数据库系统的安全模型

操作系统一级也会有自己的保护措施,数据最后还可以以密码形式存储到数据库中。操作系统一级的安全措施不在本章讨论之列。本章主要介绍数据库安全保护的常用方法,即存取控制、视图机制、审计及密码保护。现有的数据技术一般都涉及这些技术,以保证数据库的安全,防止未经许可的人员窃取、篡改或破坏数据库的内容。

9.1.1　数据库安全要求 ▶

通常意义上保证数据库的安全一定要做到以下几点。

（1）数据库中数据的保密性。要求数据库中数据必须是保密的，只有合法用户才被允许访问数据库中的数据。

（2）数据库中数据的完整性与一致性。要求数据库中数据的完整性与一致性不会因用户的各种操作而遭到破坏。

（3）数据库中数据的有效性。要求数据库中数据必须是可以使用的，即使攻击者对数据库进行了各种攻击，也必须要通过各种手段对数据进行修复，保证数据一直处于可以使用的状态。

9.1.2　数据库安全威胁 ▶

目前数据库安全面临的威胁主要体现在以下几方面。

（1）外部攻击。攻击者经常利用 Web 应用漏洞，通过 Web 应用窃取数据库中数据，如果 Web 应用没有做好对攻击的防护，可能就会导致数据库中的数据遭到破坏、篡改或窃取。

（2）权限滥用。攻击者有时会利用合法用户的身份对数据库进行攻击，以窃取更高的权限或更高级的敏感数据。有时由于合法用户不当操作也会引起数据库中数据的损坏。

（3）内部人员窃取数据。数据库管理员通常有十分高的权限，可以查看数据库中绝大多数信息，此时如果由于管理员的操作失误或恶意报复等原因对数据进行窃取，就会带来严重的损失。

9.2　数据库安全控制

9.2.1　用户标识与鉴别 ▶

数据库系统只允许合法的用户进行合法的操作。数据库会对用户进行标识，系统内部记录所有合法用户的标识，每次用户要求进入系统时，系统都将对该用户进行鉴定以确定用户的合法性。

用户标识和鉴定的方法有很多，而且往往是多种方法并用，下面介绍几种常用的方法。

（1）用户标识：用一个用户标识（User ID）或用户名（User Name）标明用户的身份。系统根据内部记录的合法用户的标识鉴别此用户是否为合法用户。若是，则可以进入下一步的核实。若不是，则不能使用系统。

（2）口令：用户标识或用户名往往是公开的，不足以成为用户鉴别的凭证，为了进一步核实用户，系统常要求用户输入用户标识（User ID）和口令（Password）进行用户真伪的鉴别。为了保密，通常口令是不显示在显示屏上的。

上述方法简单易行，被人们大量使用。但是，用户名和口令容易被人窃取，因此还可采用更复杂的方法。例如，每个用户可预先约定一个计算函数，鉴别用户身份时，系统提供一个随机数，用户根据预先约定好的计算函数计算出相应的数值，系统根据用户输入的数值鉴别用户身份。

9.2.2 存取控制 ▶

数据库安全性所关心的主要是 DBMS 的存取控制机制。数据库安全最重要的一点就是确保每个用户只能访问他有权存取的数据并执行获权的操作,同时令所有未被授权的用户无法接近数据。这主要是通过数据库系统的存取控制机制实现的。

存取控制机制主要包括以下两部分。

1. 定义用户存取权限

用户存取权限指的是不同用户对于不同的数据对象允许执行的操作权限。系统将用户存取权限登记在数据字典中。定义用户的存取权限称为授权,为此,DBMS 提供了适当的语言描述授权决定,该语言称为数据控制语言(DCL)。

2. 合法权限检查

每当用户发出存取数据库的操作请求后(请求一般应包括操作类型、操作对象和操作用户等信息),DBMS 查找数据字典,根据安全规则进行合法权限检查,若用户的操作请求超出了定义的权限,系统将拒绝执行此操作。

当前 DBMS 一般采用以下两种访问控制策略。

1)自主存取控制

自主存取控制能够通过授权机制有效地控制用户对敏感数据的存取。由于用户对数据的存取权限是"自主"的,用户可以自由地决定将数据的存取权限授予何人、决定是否将"授权"权限也授予别人,而系统对此无法控制。因此称这样的存取控制为自主存取控制。

自主存取控制是目前数据库中使用最普遍的访问手段。用户可以按照自己的意愿对系统的参数适当调整,以决定哪些用户可以访问他们的资源,即一个用户可以有选择地与其他用户共享他的资源。

在自主存取控制方法中,用户对信息的控制基于对用户的鉴别和访问规则的确定。用户对于不同的数据库对象有不同的存取权限,不同的用户对同一对象也有不同的权限,而且在一定条件下,用户还可将其拥有的存取权限转授给其他用户。所以,自主存取控制方法非常灵活。

一般情况下,大型数据库管理系统几乎支持自主存取控制(Discretionary Access Control,DAC)方法,目前 SQL 标准主要通过 GRANT 语句和 REVOKE 语句来实现。用户权限主要由数据对象和操作类型两个要素组成。定义一个用户的存取权限就是要定义这个用户可以在哪些数据对象上进行哪些类型的操作。

在关系数据库系统中,DBA 可以把建立和修改基本表的权限授予用户,用户获得此权限后可以建立和修改基本表,还可以创建所建表的索引和视图。因此,在关系数据库系统中,存取控制的数据对象不仅包括数据本身(如表、属性列等),还有模式、外模式、内模式等数据字典中的内容。

2)强制存取控制

在自主存取控制中,由于用户对数据的存取权限是自主的,在这种授权机制下可能存在数据的"无意泄露"。例如,甲将自己权限范围内的某些数据存取权限授予乙,甲的意图是只允许乙本人操纵这些数据。但是,大家的这种安全性要求并不能得到保证,因为乙一旦获得了对数据的权限,就可以将数据备份,获得自身权限内的副本,并可在不征得甲同意的前提下传播副本。造成这一问题的根本原因就是自主存取机制仅仅通过对数据的存取权限进行安全控制，而数据本身并无安全性标记。强制存取控制能解决这一问题。

强制存取控制（Mandatory Access Control，MAC）方法是指系统按照 TDI/TCSEC 标准中安全策略的要求为保证更高程度的安全性所采取的强制存取检查手段。它不是用户能直接感知或进行控制的，适用于对数据有严格且固定密级分类的部门，如军事部门或政府部门。

在强制存取控制为系统中的每个主体和客体标出不同的安全等级后，这些安全等级由系统控制，并不能随意更改。如果系统认为具有某一等级安全属性的主体不能访问具有一定安全等级属性的客体，那么该主体绝对不能访问客体。

在 MAC 中，DBMS 所管理的全部实体被分为主体和客体两大类。

主体是系统中的活动实体，既包括 DBMS 所管理的实际用户，又包括代表用户的各进程。客体是系统中的被动实体，是受主体操纵的，包括文件、基本表、索引、视图等。对于主体和客体，DBMS 为它们每个实体（值）指派一个敏感度标记（Label）。敏感度标记被分为若干级别，如绝密（Top Secret）、机密（Secret）、可信（Confidential）、公开（Public）等。主体的敏感度标记称为许可证级别（Clearance Level），客体的敏感度标记称为密级（Classification Level）。MAC 机制就是通过对比主体和客体的敏感度标记最终确定主体是否能够存取客体。

当某一用户（或某一主体）以标记 Label 注册系统时，系统要求他对任何客体的存取必须遵循以下规则。

（1）仅当主体的许可证级别大于或等于客体的密级时，该主体才能读取相应的客体。

（2）仅当主体的许可证级别等于客体的密级时，该主体才能写相应的客体。

第 1 条规则的意义是明显的，第 2 条规则需要解释一下。在某些系统中，第 2 条规则与这里的规则有些差别。这些系统规定仅当主体的许可证级别小于或等于客体的密级时，该主体才能写相应的客体，即用户可以为写入的数据对象赋予高于自己的许可证级别的密级。这样，一旦数据被写入，该用户自己也不能再读该数据对象了。这两种规则的共同点在于它们均禁止了拥有高许可证级别的主体更新低密级的数据对象，从而防止了敏感数据的泄露。

强制存取控制是对数据本身进行密级标记，无论数据如何复制，标记与数据是一个不可分割的整体，只有符合密级标记要求的用户才可以操纵数据，从而提供了更高级别的安全性。

较高安全性级别提供的安全保护要包含较低级别的所有保护，因此在实现 MAC 时要首先实现 DAC，即 DAC 与 MAC 共同构成 DBMS 的安全机制。系统首先进行 DAC 检查，对于通过 DAC 检查的允许存取的数据对象再由系统自动进行 MAC 检查，只有通过 MAC 检查的数据对象才可存取。

9.2.3 视图机制

视图是关系数据库系统提供给用户以多种角度观察数据库中数据的重要机制。视图是从一张或几张基本表（或视图）导出的表，它与基本表不同，是一张虚表。数据库中只存放视图的定义，不存放视图对应的数据，这些数据存放在原来的基本表中。所以，基本表中的数据发生变化，从视图中查询出的数据也就随之改变了。从这个意义上讲，视图就像一个窗口，用户通过它可以看到数据库中自己感兴趣的数据及其变化。

视图在概念上与基本表等同，这样就可以为不同的用户定义不同的视图，把数据对象限制在一定的范围内。也就是说,可以指定表中的某些行、列,也可以将多张表中的列组合起来,使这些列看起来就像一张简单的数据库表。

总之,有了视图机制,就可以在设计数据库应用系统时对不同的用户定义不同的视图,使要保密的数据对无权存取的用户隐藏起来,这样视图机制就自动提供了对机密数据的安全保护功能。

【例 9.1】　在前面提到的配电物资表(Stock)中,如果指定用户 U1 只能查看第一仓库的物资,可以先建立第一仓库的配电物资视图,然后在该视图上进一步定义存取权限。

```
CREATE VIEW View_Stock1
AS
SELECT * FROM Stock
WHERE warehouse = '第一仓库';
GRANT SELECT
ON View_Stock1
TO U1;
```

9.2.4　审计　▶

因为任何系统的安全保护措施都不是完美无缺的,蓄意盗窃、破坏数据的人总是想方设法打破控制,审计功能是一种监视措施,它跟踪记录有关数据的访问活动。

使用审计功能把用户对数据的所有操作自动记录下来,存储在一个特殊的文件中,该文件称为审计日志。审计日志中的记录一般包括请求、操作类型(如修改、查询等)、操作终端标识与操作者标识、操作日期时间、操作所涉及的相关数据(如基本表、视图、记录、属性等)、数据的前项和后项等,利用这些信息可以进行分析,从中发现危及安全的行为,找出原因,追究责任,采取防范措施。

审计很费时间和空间,DBA 可以根据应用对安全性的要求,灵活地打开或关闭审计功能,审计功能主要用于安全性要求较高的部门,所以审计功能不是必须存在的。

SQL Server 从 2008 版本开始提供审计功能,审计规范分为服务器级别和数据库级别两种。MySQL 社区版不带审计插件,但可以通过一些其他的方式实现审计。用户也可以通过其他方式达到审计的效果。例 9.2 通过触发器,实现了对 Stock 表中关键值被修改时的记录。

【例 9.2】　为了保证电力抢修工程数据库中 Stock 表的 amount 及 unit 字段不被非法更改,可以创建如下审计表。

```
CREATE TABLE stock_audit(
ID int PRIMARY KEY auto_increment,
/* ID 为自增长字段,SQL Server 中应该写为 ID int IDENTITY(1,1) PRIMARY KEY */
username varchar(20),
change_date datetime,
mat_no char(8),
old_amount int,
new_amount int,
old_unit decimal(18, 2),
new_unit decimal(18, 2)
);
```

当 Stock 表中的 mount 或 unit 字段被修改时,可以通过触发器将更改信息自动写入stock_audit 表中。该触发器的 MySQL 实现如下。

```
DELIMITER &&
CREATE TRIGGER stock_update_audit_trigger
AFTER UPDATE
ON Stock FOR EACH ROW
BEGIN
    INSERT INTO stock_audit(username, change_date,mat_no,old_amount,
                        new_amount,old_unit,new_unit)
    VALUES(user(    ),NOW(     ), NEW.mat_num, OLD.amount, NEW.amount,OLD.unit,NEW.unit);
END
```

触发器创建成功后，当执行以下语句（Stock 表中已经存在物资编号为 m010 的记录）时，stock_audit 表中会自动增加一条记录，如图 9.2 所示。

```
UPDATE Stock SET amount = 10 WHERE mat_num = 'm010';
```

ID	username	change_date	mat_no	old_amount	new_amount	old_unit	new_unit
1	root@localhost	2022-11-03 15:30:36	m010	10	10	13600.00	13600.00

图 9.2　自动增加一条记录

该触发器的 SQL Server 实现如下。

```
CREATE TRIGGER stock_update_audit_trigger
ON Stock
FOR UPDATE
AS
BEGIN
    DECLARE @mat_no char(8)
    DECLARE @amount_old int ,@amount_new int
    DECLARE @unit_old decimal(18, 2) ,@unit_new decimal(18, 2)
    IF (UPDATE(amount) OR UPDATE(unit))
    BEGIN
        SELECT @mat_no = mat_no,@amount_old = amount,@unit_old = unit
        FROM DELETED
        SELECT @amount_new = amount,@unit_new = unit FROM INSERTED
        INSERT INTO stock_audit(username, change_date,mat_no,
                    old_amount,new_amount,old_unit,new_unit)
        VALUES(user_name(    ),getdate(     ), @mat_no,@amount_old,
                @amount_new,@unit_old,@unit_new)
    END
END
```

9.2.5　数据加密

上述提到的数据库保护方式是通过设定口令和访问权限等方法实现的，但对于以下安全隐患，上述方法也无能为力。

（1）数据库管理员可以不加限制地访问和更改数据库中的所有数据。

（2）非法用户盗取文件、磁盘区或内存中的数据。

（3）磁盘及备份设备等存储设备可能被盗窃。

（4）数据库中的数据在网络传输过程中可能被窃听。

数据加密是防止数据库中的数据在存储和传输中失密的有效手段，即使数据不幸泄露或丢失，也难以被破译。目前，基本数据库产品都支持对数据库中的所有数据加密存储。加密的基本思想是根据一定的算法将原始数据（明文）加密为不可直接识别的格式（密文），数据以密文的形式存储和传输。

1. 加密算法

加密系统通常包含明文、密文、加密/解密算法及用于加密解密的钥匙（密钥）。加密算法是一些公式和法则，它规定了明文和密文之间的变换方法。密钥是控制加密算法和解密算法的关键信息，它的产生、传输、存储等工作是十分重要的。

数据加密的基本过程包括对明文（即可读信息）进行翻译，译成密文或密码的代码形式。该过程的逆过程为解密，即将该编码信息转换为其原来的形式的过程。

对称加密（也叫作私钥加密）算法指加密和解密使用相同密钥的加密算法，有时又叫作传统密码算法，就是加密密钥能够从解密密钥中推算出来，同时解密密钥也可以从加密密钥中推算出来。大多数对称加密算法中，加密密钥和解密密钥是相同的，所以也称这种加密算法为秘密密钥算法或单密钥算法。它要求发送方和接收方在安全通信之前商定一个密钥。对称加密算法的安全性依赖于密钥，泄露密钥就意味着任何人都可以对他们发送或接收的消息进行解密，所以密钥的保密性对通信安全性至关重要。

DES(Data Encryption Standard)算法是最常用的对称加密算法，是由IBM公司在1970年以后发展起来的，于1976年11月被美国政府采用，DES算法随后被美国国家标准局和美国国家标准协会(ANSI)承认。DES算法把64位的明文输入块变为64位的密文输出块，它所使用的密钥也是64位，在DES算法中只用到64位密钥中的56位。

AES(Advanced Encryption Standard)是美国高级加密标准算法，将代替DES算法在各个领域中得到广泛应用，尽管人们对AES算法还有不同的看法，但总体来说，AES算法作为新一代的数据加密标准，汇聚了强安全性、高性能、高效率、易用和灵活等优点。AES算法设计有3个密钥长度，即128位、192位、256位，相对而言，AES算法的128位密钥比DES算法的56位密钥强1021倍。AES算法主要包括3方面，即轮变化、圈数和密钥扩展。从理论上讲，此加密方法需要国家军事量级的破解设备运算10年以上时间才可能破译。

与对称加密算法不同，非对称加密算法需要两个密钥，即公开密钥(Public Key，简称公钥)和私有密钥(Private Key，简称私钥)。公钥与私钥是一对，如果用公钥对数据进行加密，只有用对应的私钥才能解密；如果用私钥对数据进行加密，那么只有用对应的公钥才能解密。因为加密和解密使用的是两个不同的密钥，所以这种算法称为非对称加密算法。

RSA公钥加密算法是目前最有影响力的公钥加密算法，它能够抵抗目前已知的绝大多数密码攻击，已被ISO推荐为公钥数据加密标准。它基于一个十分简单的数论事实：将两个大素数相乘十分容易，但是想要对其乘积进行因式分解却极其困难，因此可以将乘积公开作为加密密钥。

非对称加密算法与对称加密算法相比，其安全性更好：对称加密算法的通信双方使用相同的密钥，如果一方的密钥遭泄露，那么整个通信就会被破解。非对称加密算法使用一对密钥，一个用来加密，一个用来解密，而且公钥是公开的，密钥是用户自己保存的，不需要像对称加密算法那样在通信之前先同步密钥；其缺点是加密和解密花费的时间长、速度慢，并且只适合对少量数据进行加密。

2. 数据库数据加密的实现

用户可以考虑在3个不同层次实现对数据库数据的加密，这3个层次分别是操作系统层、DBMS内核层和DBMS外层。

从操作系统的角度来看，操作系统层位于DBMS层之下，所以无法辨认数据库文件中的数据关系，也就无法合理地产生、管理和使用密钥。因此，在操作系统层对数据库文件进行加密目前对于大型数据库还难以实现。

在 DBMS 内核层实现加密是指数据在物理存取之前完成加/解密工作。这种方式的优点是加密功能强，并且加密功能几乎不会影响 DBMS 的功能；缺点是在服务器端进行加（解）密运算，加重了数据库服务器的负载，并且因为加（解）密是在 DBMS 内核中完成的，需要数据库供应商对其进行技术支持，这一点不容易实现。

在 DBMS 外层实现加密是指将数据库加密系统做成 DBMS 的一个外层工具。这种方式的优点是可扩充性强，数据库的加（解）密系统可以做成一个独立于 DBMS 的平台，不需要数据库供应商进行技术支持，并且可以将加密密文直接在网上传输；缺点是数据库的功能和查询效率会受一些限制。

数据库加密系统被分为两个功能独立的主要部件：一个是加密字典管理程序，另一个是数据库加解密引擎。数据库加密系统将用户对数据库信息具体的加密要求以及基础信息保存在加密字典中，通过调用数据加解密引擎实现对数据库表的加密、解密及数据转换等功能。数据库信息的加解密处理是在后台完成的，对数据库服务器是透明的。

按以上方式实现的数据库加密系统具有很多优点。首先，系统对数据库的最终用户是完全透明的，管理员可以根据需要进行明文和密文的转换工作；其次，加密系统完全独立于数据库应用系统，无须改动数据库应用系统就能实现数据加密功能；最后，加（解）密处理在客户端进行，不会影响数据库服务器的效率。

数据库加（解）密引擎是数据库加密系统的核心部件，它位于应用程序与数据库服务器之间，负责在后台完成数据库信息的加（解）密处理，对于应用开发人员和操作人员是透明的。数据库加（解）密引擎没有操作界面，在需要时由操作系统自动加载并驻留在内存中，通过内部接口与加密字典管理程序和用户应用程序通信。数据库加（解）密引擎由三大模块组成，即加（解）密处理模块、用户接口模块和数据库接口模块。

3. 数据库加密需要考虑的问题

由于数据库具有数据复杂、数据的查询操作非常频繁且数据存储时限相对较长等特点，所以设计一个良好的数据库加密系统需要合理地处理以下问题。

1) 数据的安全性

数据库加密系统应满足的首要条件是保证数据的安全性。要求加密算法保证数据的保密性和完整性，防止未授权的数据访问和修改。

2) 加密粒度的选择

可以考虑以字段、记录和数据表为最小加密单元。

按记录加密存在的主要问题是加密后的数据很难再写入原来的数据库中。按字段加密应该是最好的方式，因为这样会使要加密数据的长度最小，但是这种方式需要考虑数据转换的问题，具体选取哪种方式要看现实应用的需要。

3) 加密数据的合理选择

用户必须合理地选择需要加密的字段和数据。由于数据库中存在大量的查询操作，因此加解密效率要求较高，不能引起数据库系统性能的大幅度下降，以保证对密文数据库方便和快速的查询。因此，索引字段和用于关系间连接的字段不适合加密。

4) 密钥的动态管理

数据库的数据对象间存在复杂的逻辑关系，一个逻辑上的数据对象可能对应物理上的不同对象,因此加密数据库中存在大量密钥。由于时限较长和密钥复杂,密钥管理机制应更加安全、灵活和坚固。

5) 数据加密的透明性

数据加密对用户应该是透明的,数据库组织结构对于数据库管理系统不能有太大的变动,应尽可能做到明文和密文长度相等或至少相当。

9.3　MySQL 的安全性

扫一扫

视频讲解

数据库的权限和数据库的安全是息息相关的,不当的权限设置可能会导致各种各样的安全隐患,操作系统的某些设置也会对 MySQL 的安全造成影响。

9.3.1　MySQL 权限系统的工作原理 ▶

MySQL 权限系统通过以下两个阶段进行认证。

(1) 身份认证。对连接到数据库的用户进行身份认证,以此判断此用户是否属于合法的用户,合法的用户通过认证,不合法的用户拒绝连接。

(2) 对通过认证的合法的用户则赋予相应的权限,用户可以在这些权限范围内对数据库做相应的操作。

1. 身份认证

MySQL 通过 IP 地址和用户名联合进行身份认证,同样的一个用户名,如果来自不同的 IP 地址,则 MySQL 将其视为不同的用户。

例如,MySQL 安装后默认创建的用户 root@localhost,表示用户 root 只能从本地(localhost)进行连接才可以通过认证,此用户从其他任何主机对数据库进行的连接都将被拒绝,除非安装时选择了 Enable root access from remote machines 选项,那么创建的就是 root@% 用户,就表示可以从任意主机通过 root 用户进行连接。

2. 权限表的存取

在权限存取的过程中,系统会用到 MySQL 数据库中 user 和 db 这两张最重要的权限表。其中,user 表中的权限是针对所有数据库的;db 表则存储了某个用户对一个数据库的权限。

当用户进行连接时,权限表的存取过程分为两步。

(1) 先从 user 表中的 host、user 和 password 这 3 个字段中判断连接的 IP、用户名和密码是否存在于表中,如果存在,则通过身份验证,否则拒绝连接。

(2) 如果通过身份验证,则按照 user、db、tables_priv、columns_priv 这 4 张权限表的顺序得到数据库权限。在这 4 张权限表中,权限范围依次递减,全局权限覆盖局部权限。

当用户通过权限认证,进行权限分配时,先检查全局权限表(user),如果 user 表中对应权限为 Y,则此用户对所有数据库的权限都为 Y,将不再检查 db、tables_priv 和 columns_priv 表;如果为 N,则到 db 表中检查此用户对应的具体数据库,并得到 db 表中为 Y 的权限,如果 db 中相应权限为 N,则检查 tables_priv 表中此数据库对应的具体表,取得表中为 Y 的权限,如果 tables_priv 表中相应的权限为 N,则检查 columns_priv 表中此表对应的具体列,取得列中为 Y 的权限。

1) user 表

user 表有 39 个字段,这些字段可以分为 4 类。

（1）用户列：包括 host、user、authentication_string 这 3 个字段，分别代表主机名、用户名、密码。

（2）安全列：user 表的安全列及其功能如表 9.1 所示。

表 9.1　user 表的安全列及其功能

名　　称	功　　能
ssl_type	支持 SSL 标准加密安全字段
ssl_cipher	支持 SSL 标准加密安全字段
x509_issuer	支持 x509 标准字段
x509_subject	支持 x509 标准字段
plugin	引入 plugin 以进行用户连接时的密码验证，plugin 创建外部/代理用户
password_expired	密码是否过期（N 为未过期，Y 为已过期）
password_last_changed	记录密码最近修改的时间
password_lifetime	设置密码的有效时间，单位为天数
account_locked	用户是否被锁定（Y 为锁定，N 为未锁定）

（3）资源控制列：user 表的资源控制列及其功能如表 9.2 所示，这些列的默认值均为 0。

表 9.2　user 表的资源控制列及其功能

名　　称	功　　能
max_questions	每小时可以允许执行的查询次数
max_updates	每小时可以允许执行的更新次数
max_connections	每小时可以建立的连接次数
max_user_connections	单个用户可以同时具有的连接数

（4）权限列：user 表的权限列及其功能如表 9.3 所示，这些字段的值只有 Y 和 N。Y 表示该权限可以用到所有数据库上；N 表示该权限不能用到所有数据库上。通常，可以使用 GRANT 语句为用户赋予一些权限，也可以通过 UPDATE 语句更新 user 表的方式设置权限；不过，修改 user 表之后，一定要执行一下 FLUSH PRIVILEGES。

表 9.3　user 表的权限列及其功能

名　　称	功　　能
Select_priv	是否可以通过 SELECT 语句查询数据
Insert_priv	是否可以通过 INSERT 语句插入数据
Update_priv	是否可以通过 UPDATE 语句修改现有数据
Delete_priv	是否可以通过 DELETE 语句删除现有数据
Create_priv	是否可以创建新的数据库和表
Drop_priv	是否可以删除现有数据库和表
Reload_priv	是否可以执行刷新和重新加载 MySQL 所用的各种内部缓存的特定命令，包括日志、权限、主机、查询和表
Shutdown_priv	是否可以关闭 MySQL 服务器。将此权限提供给 root 用户之外的任何用户时，都应当非常谨慎
Process_priv	是否可以通过 SHOW PROCESSLIST 语句查看其他用户的进程
File_priv	是否可以执行 SELECT INTO OUTFILE 和 LOAD DATA INFILE 语句
Grant_priv	是否可以将自己的权限再授予其他用户

续表

名　　称	功　　能
References_priv	是否可以创建外键约束
Index_priv	是否可以对索引进行增、删、查
Alter_priv	是否可以重命名和修改表结构
Show_db_priv	是否可以查看服务器上所有数据库的名字,包括用户拥有足够访问权限的数据库
Super_priv	是否可以执行某些强大的管理功能,如通过 KILL 语句删除用户进程;使用 SET GLOBAL 语句修改全局 MySQL 变量,执行关于复制和日志的各种命令(超级权限)
Create_tmp_table_priv	是否可以创建临时表
Lock_tables_priv	是否可以使用 LOCK TABLES 语句阻止对表的访问/修改
Execute_priv	是否可以执行存储过程
Repl_slave_priv	是否可以读取用于维护复制数据库环境的二进制日志文件
Repl_client_priv	是否可以确定复制从服务器和主服务器的位置
Create_view_priv	是否可以创建视图
Show_view_priv	是否可以查看视图
Create_routine_priv	是否可以更改或放弃存储过程和函数
Alter_routine_priv	是否可以修改或删除存储函数及函数
Create_user_priv	是否可以执行 CREATE USER 语句,这个命令用于创建新的 MySQL 账户
Event_priv	是否可以创建、修改和删除事件
Trigger_priv	是否可以创建和删除触发器
Create_tablespace_priv	是否可以创建表空间

2) db 表

db 表比较常用,是 MySQL 数据库中非常重要的权限表,表中存储了用户对某个数据库的操作权限。db 表中的字段大致可以分为两类,分别是用户列和权限列。

(1) 用户列:db 表的用户列有 3 个字段,分别是 Host、User、Db,标识从某个主机连接某个用户对某个数据库的操作权限,这 3 个字段的组合构成了 db 表的主键。

(2) 权限列:db 表中的权限列和 user 表中的权限列大致相同,只是 user 表中的权限是针对所有数据库的,而 db 表中的权限只针对指定的数据库。如果希望用户只对某个数据库有操作权限,可以先将 user 表中对应的权限设置为 N,然后在 db 表中设置对应数据库的操作权限。

3) 其他权限表

tables_priv 表用来对单张表进行权限设置,columns_priv 表用来对单个数据列进行权限设置,procs_priv 表可以对存储过程和存储函数进行权限设置。可以通过 SELECT 语句查看这些表中的内容,也可以通过 DESC 语句查看字段。例如,以下命令能显示 tables_priv 表中的所有列。

```
DESC tables_priv
```

9.3.2　MySQL 的用户管理 ▶

MySQL 是一个多用户数据库,具有功能强大的访问控制系统,可以为不同用户指定不同权限。

MySQL 在安装时,会默认创建一个名为 root 的用户,该用户拥有超级权限,可以控制整个 MySQL 服务器,拥有所有权限,包括创建用户、删除用户和修改用户密码等管理权限。

在对 MySQL 的日常管理和操作中,为了避免有人恶意使用 root 用户控制数据库,我们通常创建一些具有适当权限的用户,尽可能地不用或少用 root 用户登录系统,以此确保数据的安全访问。MySQL 8.0 提供了以下两种创建用户的方法。

(1) 使用 CREATE USER 语句创建用户。

(2) 在 mysql. user 表中添加用户。

1. 使用 CREATE USER 语句创建用户

可以使用 CREATE USER 语句创建 MySQL 用户,并设置相应的密码。基本语法格式如下。

```
CREATE USER <用户> [ IDENTIFIED BY 'password' ] [ ,用户 [ IDENTIFIED BY 'password' ]]
```

<用户>指定创建用户账号,格式为 user_name'@'host_name。这里的 user_name 为用户名,host_name 为主机名,即用户连接 MySQL 时所用主机的名字。如果在创建的过程中,只给出了用户名,而没指定主机名,那么主机名默认为％,表示一组主机,即对所有主机开放权限。

IDENTIFIED BY 子句用于指定用户密码。新用户可以没有初始密码,若该用户不设密码,可省略此子句。

使用 CREATE USER 语句时应注意以下几点。

(1) CREATE USER 语句可以不指定初始密码。但是,从安全的角度来说,不推荐这种做法。

(2) 使用 CREATE USER 语句必须拥有 mysql 数据库的 INSERT 权限或全局 CREATE USER 权限。

(3) 使用 CREATE USER 语句创建一个用户后,MySQL 会在 mysql 数据库的 user 表中添加一条新记录。

(4) CREATE USER 语句可以同时创建多个用户,多个用户用逗号隔开。

新创建的用户拥有的权限很少,只能执行不需要权限的操作,如登录 MySQL、使用 SHOW 语句查询所有存储引擎和字符集的列表等。如果两个用户的用户名相同,但主机名不同,MySQL 会将它们视为两个用户,并允许为这两个用户分配不同的权限集合。

例如,使用以下语句可以创建一个用户,用户名为 test1,密码为 test1,主机名为 localhost。

```
CREATE USER 'test1'@'localhost' IDENTIFIED BY 'test1';
```

使用以下语句可以创建用户 test3,可以从任何 IP 进行连接。

```
CREATE USER 'test3'@'％' IDENTIFIED BY 'test3';
```

2. 使用 INSERT 语句新建用户

可以使用 INSERT 语句将用户的信息添加到 mysql 数据库的 user 表中,但必须拥有对 mysql 数据库中 user 表的 INSERT 权限。通常 INSERT 语句只添加 Host、User 和 authentication_string 这 3 个字段的值。

例如,使用以下语句可以在 mysql 数据库的 user 表中添加一个用户。

```
INSERT INTO mysql.user(Host, User, authentication_string, ssl_cipher, x509_issuer, x509_
subject) VALUES ('localhost ', 'test2', 'test2', '', '', '');
```

由于 mysql 数据库的 user 表中, ssl_cipher、x509_issuer 和 x509_subject 这 3 个字段没有默认值, 所以向 user 表插入新记录时, 一定要设置这 3 个字段的值, 否则 INSERT 语句将不能执行。

新建用户成功后, 可以使用 FLUSH 语句让 MySQL 刷新系统权限相关表, 使新用户生效。

```
FLUSH PRIVILEGES;
```

需要注意以下两点。

(1) 执行 FLUSH 语句需要 RELOAD 权限。

(2) user 表中的 User 和 Host 字段区分大小写, 创建用户时要指定正确的用户名或主机名。

3. 修改用户

可以使用 RENAME USER 语句修改一个或多个已经存在的用户, 语法格式如下。

```
RENAME USER <旧用户> TO <新用户>
```

4. 删除用户

可以使用 DROP USER 语句删除用户, 也可以直接在 mysql.user 表中删除用户以及相关权限。

(1) 通过 DROP USER 语句删除用户, 语法格式如下。

```
DROP USER <用户 1> [ , <用户 2> ]…
```

例如, 使用以下语句先将用户 test1 改名, 再删除。

```
RENAME USER 'test1'@'localhost' to 'testuser1'@'localhost';
DROP USER ' testuser1'@'localhost';
```

使用 DROP USER 语句时应注意: 必须拥有 mysql 数据库的 DELETE 权限或全局 CREATE USER 权限; 若没有明确地给出账户的主机名, 则该主机名默认为%。

(2) 使用 DELETE 语句直接删除 mysql.user 表中相应的用户信息, 但必须拥有 mysql.user 表的 DELETE 权限。

例如, 使用以下语句可以删除用户 testuser1。

```
DELETE FROM mysql.user WHERE Host = 'localhost'AND User = ' testuser1';
```

注意, 由于 Host 和 User 这两个字段都是 mysql.user 表的主键, 需要两个字段的值才能确定一条记录。

9.3.3　MySQL 的权限管理　▶

数据库的用户默认不具备数据库的任何操作权限, 需要通过授权给用户赋予某些权限。MySQL 提供了 GRANT 语句为用户设置权限。

1. 给用户授权

在 MySQL 中, 拥有 GRANT 权限的用户才可以执行 GRANT 语句, 语法格式如下。

```
GRANT priv_type [(column_list)] ON database.table
TO user [IDENTIFIED BY 'password'][, user[IDENTIFIED BY 'password']] ...
[WITH with_option [with_option]...]
```

其中，priv_type 参数表示权限类型；columns_list 参数表示权限作用于哪些列上，省略该参数时，表示作用于整张表；database.table 用于指定权限的级别；user 参数表示用户账户，由用户名和主机名构成，格式为'username'@'hostname'"；IDENTIFIED BY 子句用来为用户设置密码；password 参数是用户的新密码；WITH 关键字后面带有一个或多个 with_option 参数，该参数有以下 5 个选项。

（1）GRANT OPTION：被授权的用户可以将这些权限赋予给别的用户。

（2）MAX_QUERIES_PER_HOUR count：设置每小时可以允许执行 count 次查询。

（3）MAX_UPDATES_PER_HOUR count：设置每小时可以允许执行 count 次更新。

（4）MAX_CONNECTIONS_PER_HOUR count：设置每小时可以建立 count 个连接。

（5）MAX_USER_CONNECTIONS count：设置单个用户可以同时具有的 count 个连接。

MySQL 中可以授予的权限有以下几组。

（1）列权限，与表中的一个具体列相关。例如，可以使用 UPDATE 语句更新 students 表中 name 列的值的权限。

（2）表权限，与一张具体表中的所有数据相关。例如，可以使用 SELECT 语句查询 students 表的所有数据的权限。

（3）数据库权限，与一个具体的数据库中的所有表相关。例如，可以在已有的 mytest 数据库中创建新表的权限。

（4）用户权限，与 MySQL 中所有的数据库相关。例如，可以删除已有的数据库或创建一个新的数据库的权限。

对应地，在 GRANT 语句中可用于指定权限级别的值有以下几类格式。

（1）＊：表示当前数据库中的所有表。

（2）＊.＊：表示所有数据库中的所有表。

（3）db_name.＊：表示某个数据库中的所有表，db_name 指定数据库名。

（4）db_name.tbl_name：表示某个数据库中的某个表或视图，db_name 指定数据库名，tbl_name 指定表名或视图名。

（5）db_name.routine_name：表示某个数据库中的某个存储过程或函数，routine_name 指定存储过程名或函数名。

（6）TO 子句：如果权限被授予给一个不存在的用户，MySQL 会自动执行一条 CREATE USER 语句创建这个用户，但同时必须为该用户设置密码。

授予数据库权限时，权限类型可以指定为表 9.4 中的值。

表 9.4　数据库权限

权 限 名 称	对应 user 表中的权限	说　　明
SELECT	Select_priv	表示授予用户可以使用 SELECT 语句访问特定数据库中所有表和视图的权限
INSERT	Insert_priv	表示授予用户可以使用 INSERT 语句向特定数据库中所有表添加数据行的权限

续表

权 限 名 称	对应 user 表中的权限	说　　明
DELETE	Delete_priv	表示授予用户可以使用 DELETE 语句删除特定数据库中所有表的数据行的权限
UPDATE	Update_priv	表示授予用户可以使用 UPDATE 语句更新特定数据库中所有数据表的值的权限
REFERENCES	References_priv	表示授予用户可以创建指向特定的数据库中的表外键的权限
CREATE	Create_priv	表示授权用户可以使用 CREATE TABLE 语句在特定数据库中创建新表的权限
ALTER	Alter_priv	表示授予用户可以使用 ALTER TABLE 语句修改特定数据库中所有数据表的权限
SHOW VIEW	Show_view_priv	表示授予用户可以查看特定数据库中已有视图的视图定义的权限
CREATE ROUTINE	Create_routine_priv	表示授予用户可以为特定的数据库创建存储过程和存储函数的权限
ALTER ROUTINE	Alter_routine_priv	表示授予用户可以更新和删除数据库中已有的存储过程和存储函数的权限
INDEX	Index_priv	表示授予用户可以在特定数据库中的所有数据表上定义和删除索引的权限
DROP	Drop_priv	表示授予用户可以删除特定数据库中所有表和视图的权限
CREATE TEMPORARY TABLES	Create_tmp_table_priv	表示授予用户可以在特定数据库中创建临时表的权限
CREATE VIEW	Create_view_priv	表示授予用户可以在特定数据库中创建新的视图的权限
EXECUTE ROUTINE	Execute_priv	表示授予用户可以调用特定数据库的存储过程和存储函数的权限
LOCK TABLES	Lock_tables_priv	表示授予用户可以锁定特定数据库的已有数据表的权限
ALL PRIVILEGES、ALL 或 SUPER	Super_priv	表示以上所有权限/超级权限

授予表权限时,权限类型可以指定为表 9.5 中的值。

表 9.5　表权限

权 限 名 称	对应 user 表中的权限	说　　明
SELECT	Select_priv	授予用户可以使用 SELECT 语句进行访问特定表的权限
INSERT	Insert_priv	授予用户可以使用 INSERT 语句向一个特定表中添加数据行的权限
DELETE	Delete_priv	授予用户可以使用 DELETE 语句从一个特定表中删除数据行的权限
DROP	Drop_priv	授予用户可以删除数据表的权限
UPDATE	Update_priv	授予用户可以使用 UPDATE 语句更新特定数据表的权限

续表

权 限 名 称	对应 user 表中的权限	说　　明
ALTER	Alter_priv	授予用户可以使用 ALTER TABLE 语句修改数据表的权限
REFERENCES	References_priv	授予用户可以创建一个外键参照特定数据表的权限
CREATE	Create_priv	授予用户可以使用特定的名字创建一个数据表的权限
INDEX	Index_priv	授予用户可以在表上定义索引的权限
ALL　PRIVILEGES、ALL 或 SUPER	Super_priv	所有权限名

授予列权限时,权限类型的值只能指定为 SELECT、INSERT 和 UPDATE,同时权限的后面需要加上列名列表 column_list。

授予用户权限时,权限类型除了可以指定为授予数据库权限时的所有值之外,还可以是 CREATE USER(表示授予用户可以创建和删除新用户的权限)和 SHOW DATABASES (表示授予用户可以使用 SHOW DATABASES 语句查看所有已有数据库定义的权限)。

【例 9.3】　用户授权示例。

(1) 创建新用户 test2,密码为 test2,只能从本地进行连接。

```
CREATE USER 'test2'@'localhost' IDENTIFIED BY 'test2';
```

(2) 从 user 表中查看 test2 的用户权限,如图 9.3 所示,可以看到所有权限都为 N。

```
SELECT * FROM user WHERE user = 'test2';
```

Host	User	Select_priv	Insert_priv	Update_priv	Delete_priv	Create_priv	Drop_priv	Reload_priv	Shutdown_priv	Process_priv	File_priv	Grant_
localhost	test2	N	N	N	N	N	N	N	N	N	N	N

图 9.3　用户 test2 的权限

(3) 给用户 test2 赋予可以在所有数据库上执行所有操作的权限。

```
GRANT ALL PRIVILEGES ON *.* TO test2@localhost;
```

可以发现,除了 Grant_priv 权限外,所有权限都为 Y。

(4) 增加对用户 test2 的 GRANT 权限。

```
GRANT ALL PRIVILEGES ON *.* TO test2@localhost WITH GRANT OPTION;
```

当用户 test2 登录时,可以将相关权限转赋给其他用户。

2. 查看用户权限

可以通过查看 mysql.user 表中的数据记录查询相应的用户权限,也可以使用 SHOW GRANTS 语句查询用户的权限。

例如,使用以下语句可以查看所有用户的权限(必须拥有对 user 表的查询权限)。

```
SELECT * FROM mysql.user;
```

使用以下语句可以查看已经创建的用户 test2 的权限。

```
SHOW GRANTS FOR 'test2'@'localhost';
```

3. 收回用户权限

在 MySQL 中,可以使用 REVOKE 语句收回用户的某些权限。

(1) 收回用户某些特定的权限,语法格式如下。

```
REVOKE priv_type [(column_list)] …
ON database.table
FROM user [, user]…
```

其中,priv_type 参数表示权限的类型;column_list 参数表示权限作用于哪些列上,没有该参数时作用于整张表上;user 参数由用户名和主机名构成,格式为 username'@'hostname'。

例如,使用以下语句可以收回用户 test2 的 INSERT 权限。

```
REVOKE INSERT ON *.* FROM 'test2'@'localhost';
```

(2) 收回特定用户的所有权限,语法格式如下。

```
REVOKE ALL PRIVILEGES, GRANT OPTION FROM user [, user] …
```

例如,使用以下语句可以收回用户 test2 的所有权限。

```
REVOKE ALL PRIVILEGES, GRANT OPTION FROM 'test2'@'localhost';
```

收回用户权限需要注意以下几点。

(1) REVOKE 语法和 GRANT 语句的语法格式相似,但具有相反的效果。

(2) 要使用 REVOKE 语句,必须拥有 mysql 数据库的全局 CREATE USER 权限或 UPDATE 权限。

9.3.4　MySQL 的角色管理

角色类似于一个"组",通过它可以将用户集中到一个"组"中,然后对该"组"应用权限,"组"中的用户就自动拥有了角色所具有的权限。例如,可以创建一个"学生"角色,然后给这个"学生"角色赋予权限,那么,所有拥有这个"学生"角色的用户就自动拥有了其所有权限。因此,引入角色的目的是方便管理拥有相同权限的用户。

角色是在 MySQL 8.0 中引入的新功能。在 MySQL 中,角色是权限的集合,可以为角色添加或移除权限。用户可以被赋予角色,同时也被授予角色包含的权限,并且像用户账户一样,角色可以拥有授予和收回的权限。

1. 创建角色

使用 CREATE ROLE 语句创建角色,语法格式如下。

```
CREATE ROLE 'role_name'[@'host_name'] [,'role_name'[@'host_name']]…
```

其中,角色名称的命名规则和用户名类似。如果 host_name 省略,默认为%;role_name 不可省略 ,不可为空。

例如,使用以下语句可以创建一个学生的角色。

```
CREATE ROLE 'students'@'localhost';
```

2. 给角色赋予权限

创建角色之后,系统会自动给角色一个 USAGE 权限,意思是连接登录数据库的权限,默认这个角色没有其他任何权限,角色需要被授权才能获取权限。

给角色授权的语法格式如下。

```
GRANT privileges ON table_name TO 'role_name'[@'host_name'];
```

例如，为 student 角色授予查看所有数据库下所有表的权限。

```
GRANT SELECT ON *.* TO 'student'@'localhost';
```

3. 查看角色的权限

查看角色的权限的语法格式如下。

```
SHOW GRANTS FOR <角色>
```

例如，使用以下语句可以查看 students 角色的权限。

```
SHOW GRANTS FOR 'student'@'localhost';
```

已经创建的角色和用户一样会出现在 user 表中；也可以通过 SELECT 语句查询 user 表，查看角色的权限。

4. 收回角色的权限

角色授权后，可以对角色的权限进行维护，对权限进行添加或收回。使用 GRANT 语句添加权限，与角色授权相同。使用 REVOKE 语句收回角色或角色权限，语法格式如下。

```
REVOKE privileges ON tablename FROM 'rolename';
```

例如，使用以下语句可以收回 student 角色的查询数据库权限。

```
REVOKE SELECT ON *.* FROM 'student'@'localhost';
```

5. 删除角色

当我们需要对业务重新整合时，可能就需要对之前创建的角色进行清理，删除一些不会再使用的角色。删除角色的语句非常简单，语法格式如下。

```
DROP ROLE role [,role2]...
```

注意，如果删除了一个角色，那么该角色中的用户也就失去了通过这个角色所获得的所有权限。

6. 给用户添加角色

角色创建并授权后，要赋给用户并处于激活状态才能发挥作用。可使用 GRANT 语句给用户添加角色，语法格式如下。

```
GRANT role [,role2,...] TO user [,user2,...];
```

可将多个角色同时赋予多个用户，用逗号隔开即可。

例如，使用以下语句为已经创建的用户 'test1'@'localhost' 添加角色 'student'@'localhost'。

```
GRANT test1@localhost to 'student'@'localhost';
```

7. 激活角色

一个角色创建完成后，需要处于激活状态才能发挥作用。激活角色的语法格式如下。

```
SET DEFAULT ROLE <角色> TO <用户>
```

例如,使用以下语句可以激活角色 student。

```
SET DEFAULT ROLE ALL TO 'student'@'localhost';
```

8. 撤销用户的角色

可以为一个用户添加角色,也可以撤销一个用户的角色,语法格式如下。

```
REVOKE <角色> FROM <用户>
```

例如,使用以下语句将 test2 用户的 student 角色撤销。

```
REVOKE 'student'@'localhost' FROM test2@localhost;
```

9.4　SQL Server 的安全性

扫一扫

视频讲解

9.4.1　SQL Server 的身份验证模式

当用户登录数据库系统时,如何确保只有合法的用户才能登录到系统中呢?这是一个最基本的安全性问题,也是数据库管理系统提供的基本功能。在 Microsoft SQL Server 系统中,这个问题是通过身份验证模式和主体解决的。

身份验证模式是 Microsoft SQL Server 系统验证客户端和服务器之间连接的方式。Microsoft SQL Server 2012 提供了两种身份验证模式,即 Windows 身份验证模式和混合模式。在 Windows 身份验证模式中,用户通过 Microsoft Windows 与用户账户连接时,SQL Server 使用 Windows 操作系统中的信息验证账户名和密码。Windows 身份验证模式是默认的身份验证模式,它比混合模式安全。Windows 身份验证模式使用 Kerberos 安全协议,通过强密码的复杂性验证提供密码策略强制、账户锁定支持、支持密码过期等。在混合模式中,当客户端连接到服务器时,既可能采取 Windows 身份验证,也可能采取 SQL Server 身份验证。当设置为混合模式时,允许用户使用 Windows 身份验证和 SQL Server 身份验证进行连接。通过 Windows 用户账户连接的用户可以使用 Windows 验证的受信任连接。如果必须选择混合模式并要求使用 SQL Server 账户登录,则必须为所有 SQL Server 账户设置强密码。

9.4.2　SQL Server 的安全机制

SQL Server 的安全机制主要通过 SQL Server 的安全性主体和安全对象来实现。SQL Server 的安全性主体主要有 3 个级别,分别是服务器级别、数据库级别、架构级别。

1. 服务器级别

服务器级别所包含的安全对象主要有登录名、固定服务器角色等。其中,登录名用于登录数据库服务器,而固定服务器角色用于给登录名赋予相应的服务器权限。

SQL Server 2012 的登录名主要有两种,一种是 Windows 登录名,另一种是 SQL Server 登录名。

Windows 登录名对应 Windows 验证模式,该验证模式所涉及的账户类型主要有 Windows 本地用户账户、Windows 域用户账户、Windows 组。

SQL Server 登录名对应 SQL Server 验证模式,在该验证模式下,能够使用的账户类型主要是 SQL Server 账户。

2. 数据库级别

数据库级别所包含的安全对象主要有用户、角色、应用程序角色、证书、对称密钥、非对称密钥、程序集、全文目录、DDL 事件、架构等。

用户安全对象是用来访问数据库的。如果某人只拥有登录名，没有在相应的数据库中为其创建登录名对应的用户，则该用户只能登录数据库服务器，而不能访问相应的数据库。若此时为其创建登录名所对应的数据库用户，而没有赋予相应的角色，则系统默认为该用户自动具有公共(Public)角色。因此，该用户登录数据库后对数据库的资源只拥有一些公共的权限。如果想让该用户对数据库中的资源拥有一些特殊的权限，则应该将该用户添加到相应角色中。

3. 架构级别

架构级别所包含的安全对象主要有表、视图、函数、存储过程、类型、聚合函数等。架构的作用简单地说就是将数据库中的所有对象分成不同的集合，这些集合没有交集，每个集合称为一个架构。数据库中的每个用户都会有自己的默认架构，这个默认架构可以在创建数据库时由创建者设定，若不设定，则系统默认架构为 dbo。数据库用户只能对属于自己架构中的数据库对象执行相应的数据操作，至于操作的权限则由数据库角色决定。

一个数据库使用者想要登录 SQL Server 服务器上的数据库，并对数据库中的表执行更新操作，则该使用者必须经过如图 9.4 所示的安全验证。

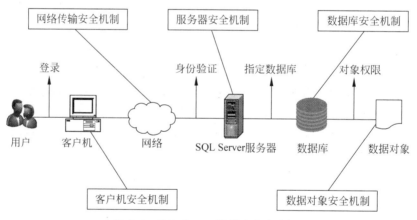

图 9.4　SQL Server 数据库安全验证

9.4.3　SQL Server 的用户管理 ▶

安全控制首先是用户管理，DBMS 通过用户账户对用户的身份进行识别，从而完成对数据资源的控制。

1. 登录用户和数据库用户

在 SQL Server 中有登录用户(Login User)和数据库用户(Database User)两个概念。一个用户必须首先是一个数据库系统的登录用户，然后才可以访问某个具体的数据库。虽然有两道安全防线，但并不意味着要登录两次。一个登录用户只要登录成功，就可以直接访问授权使用的数据库。一个登录用户可以是多个数据库的用户。

登录用户由系统管理员管理，而数据库用户可以由数据库管理员管理。

2. 登录用户的管理

不管用哪种验证方式,用户都必须具备有效的 Windows 用户登录名。SQL Server 有两个常用的默认登录名,即 sa(系统管理员,拥有操作 SQL Server 系统的所有权限,该登录名不能被删除)和 BUILTIN\Administrator(SQL Server 为每个 Windows 系统管理员提供的默认用户账户,在 SQL Server 中拥有系统和数据库的所有权限)。

1)创建新的 SQL Server 登录用户

可以使用系统存储过程 CREATE LOGIN 创建新的登录用户,语法格式如下。

```
CREATE LOGIN login_name
{ WITH PASSWORD = password[ , DEFAULT_DATABASE = database
| DEFAULT_LANGUAGE = language]
|FROM WINDOWS
[ WITH DEFAULT_DATABASE = database
| DEFAULT_LANGUAGE = language]
}
```

其中,login_name 指定创建的登录名,共有 4 种类型的登录名,即 SQL Server 登录名、Windows 登录名、证书映射登录名和非对称密钥映射登录名(这里只介绍前两种),在创建从 Windows 域账户映射的登录名时必须使用[<域名>\<登录名>]格式;password 仅适用于 SQL Server 登录名,指定正在创建的登录名的密码;database 指定将指派给登录名的默认数据库,如果未包括此选项,则默认数据库将设置为 master;language 指定将指派给登录名的默认语言。

(1)创建 Windows 验证模式登录名。

假设本地计算机名为 student_1,S1 是一个已经创建的 Windows 用户,创建 Windows 验证模式下的登录名 S1,默认数据库是 master,命令如下。

```
USE master
GO
CREATE LOGIN[ student_1\S1]
FROM WINDOWS WITH DEFAULT_DATABASE = master
```

(2)创建 SQL Server 验证模式登录名。

创建 SQL Server 登录名 S2,密码为 123456,默认数据库为 master,命令如下。

```
CREATE LOGIN S2
WITH PASSWORD = '123456', DEFAULT_DATABASE = master
```

2)删除登录名

使用 DROP LOGIN 语句删除登录名。例如,以下语句分别删除 Windows 登录名 S1 和 SQL Server 登录名 S2。

```
DROP LOGIN [student_1\S1]
DROP LOGIN S2
```

3. 数据库用户的管理

1)创建数据库用户

使用 CREATE USER 语句创建数据库用户,语法格式如下。

```
CREATE USER user_name
[ { FOR | FROM } LOGIN login_name | WITHOUT LOGIN ]
[ WITH DEFAULT_SCHEMA = schema_name ]
```

其中，user_name 指定数据库用户名；login_name 指定要创建数据库用户的登录名，login_name 必须是服务器中有效的登录名。

例如，使用 SQL Server 登录名 S2（假设已经创建）在 samples 数据库中创建数据库用户 user1，默认架构为 dbo，语句如下。

```
USE samples
GO
CREATE USER user1
FROM LOGIN S2
WITH DEFAULT_SCHEMA = dbo
```

2）删除数据库用户

使用 DROP USER 语句删除数据库用户。例如，删除 samples 数据库中的 user1 用户，语句如下。

```
USE samples
GO
DROP USER user1
```

9.4.4 SQL Server 的角色管理

角色是一个强大的工具，通过它可以将用户集中到一个"组"中，然后对该"组"应用权限。对一个角色授予、拒绝或废除的权限也适用于该角色的任何成员。例如，可以建立一个角色代表单位中一类工作人员所执行的工作，然后给这个角色授予适当的权限。当工作人员开始工作时，只需将他们添加为该角色成员，当他们离开工作时，将他们从该角色中删除，而不必在每个人接受或离开工作时反复授予、拒绝和废除其权限。权限在用户成为角色成员时自动生效。

1. 定义角色

数据库管理员可以为当前数据库创建新的角色，语法格式如下。

```
CREATE ROLE role_name [AUTHORIZATION owner_name]
```

其中，role_name 为要创建的数据库角色名；owner_name 用于指定该数据库角色的所有者。

例如，在 samples 数据库中创建角色 student_role，所有者为 dbo，语句如下。

```
USE samples
GO
CREATE ROLE student_role AUTHORIZATION dbo
```

2. 为用户指定角色

可以将数据库用户指定为数据库角色的成员。例如，使用 Windows 验证模式的登录名 student\S1 创建 samples 数据库的用户 student\S1，并将该用户添加到 student_role 角色中，语句如下。

```
USE samples
GO
CREATE USER [student\S1]
FROM LOGIN [student\S1]
sp_addrolemember 'student_role','student\S1'
```

3. 取消用户的角色

如果某个用户不再担当某个角色,可以取消用户的角色,或者说从角色中删除用户。例如,以下语句取消 S1 用户的 student_role 角色。

```
sp_droprolemember 'student_role','student\S1'
```

4. 删除角色

如果不再需要当前数据库中的某个角色,可以删除该角色。例如,以下语句删除 student_role 角色。

```
DROP ROLE student_role
```

5. SQL Server 的固定角色

1)固定服务器角色

系统管理员负责整个数据库系统的管理,而这种工作往往需要多人来承担,因此 SQL Server 将系统管理员的工作做了分解,并预定义了与之相关的各种角色,这些角色就是固定服务器角色。SQL Server 的固定服务器角色及其功能如表 9.6 所示。

表 9.6 **SQL Server 的固定服务器角色及其功能**

固定服务器角色	功　　能
sysadmin	可以在 SQL Server 中执行任何活动
serveradmin	可以设置服务器范围的配置选项,关闭服务器
setupadmin	可以管理连接服务器和启动过程
securityadmin	可以管理和登录 CREATE DATABASE 权限,还可以读取错误日志和更改密码
processadmin	可以管理在 SQL Server 中运行的进程
dbcreator	可以创建、更改和删除数据库
diskadmin	可以管理磁盘文件
bulkadmin	可以执行 BULK INSERT 语句

固定服务器角色的权限是固定不变的,既不能被删除,也不能增加。在这些角色中, sysadmin 固定服务器角色拥有的权限最多,可以执行系统中的所有操作。

在 SQL Server 中,可以把登录名添加到固定服务器角色中,使登录名作为固定服务器角色的成员继承固定服务器角色的权限。如果希望指定的登录名成为某个固定服务器角色的成员,那么可以使用 sp_ addsrvrolemember 存储过程完成这种操作。

例如,以下语句将创建登录名 JOHN,并指定 JOHN 为 sysadmin 固定服务器角色的成员,那么以 JOHN 登录名登录系统的用户将自动拥有系统管理员权限。

```
CREATE LOGIN JOHN
WITH PASSWORD = '123456', DEFAULT_DATABASE = master
sp_addsrvrolemember 'JOHN ', 'sysadmin'
```

如果要将固定服务器角色的某个成员删除,可以使用 sp_dropsrvrolemember 存储过程。删除固定服务器角色的登录名成员,只是表示该登录名成员不是当前固定服务器角色的成员,但是依然作为系统的登录名存在。

例如,以下语句从 sysadmin 固定服务器角色中删除登录名 JOHN。

```
sp_dropsrvrolemember 'JOHN', 'sysadmin'
```

2）固定数据库角色

就像固定服务器角色一样,固定数据库角色也具有预先定义好的权限。使用固定数据库角色可以大大简化数据库角色的权限管理工作。这些固定数据库角色及其权限如表9.7所示。

表9.7 固定数据库角色及其权限

固定数据库角色	权限描述
db_owner	在数据库中有全部权限
db_accessadmin	可以添加或删除用户 ID
db_securityadmin	可以管理全部权限、对象所有权、角色和角色成员资格
db_ddladmin	可以发出 ALL DDL 语句,但不能发出 GRANT、REVOKE 或 DENY 语句
db_backupoperator	可以发出 DBCC、CHECKPOINT 和 BACKUP 语句
db_datareader	可以选择数据库内任何用户表中的所有数据
db_datawriter	可以更改数据库内任何用户表中的所有数据
db_denydatareader	不能选择数据库内任何用户表中的任何数据
db_denydatawriter	不能更改数据库内任何用户表中的任何数据

每个数据库都有一系列固定数据库角色。虽然每个数据库中都存在名称相同的角色,但各个角色的作用域只是在特定的数据库内。例如,如果 Database1 和 Database2 中都有名为 UserX 的用户,将 Database1 中的 UserX 添加到 Database1 的 db_owner 固定数据库角色中,对 Database2 中的 UserX 是否为 Database2 的 db_owner 角色成员没有任何影响。如果某用户是 db_owner 固定数据库角色的成员,该用户就可以在数据库中执行所有操作。

3）public 角色

除了前面介绍的固定角色之外,SQL Server 还有一个特殊的角色,即 public 角色。public 角色有两大特点:第一,初始状态时没有权限;第二,所有数据库用户都是它的成员。

固定角色都有预先定义好的权限,而且不能为这些角色增加或删除权限。虽然在初始状态下 public 角色没有任何权限,但是可以为该角色授予权限。由于所有数据库用户都是该角色的成员,并且这是自动的、默认的和不可改变的,因此数据库中的所有用户都会自动继承 public 角色的权限。

从某种程度上说,当为 public 角色授予权限时,实际上就是为所有数据库用户授予权限。

9.4.5 SQL Server 的权限管理 ▶

权限是执行操作、访问数据库的通行证,只有拥有了针对某种对象的指定权限才能对该对象执行相应的操作。在 SQL Server 中,不同的对象有不同的权限。表9.8列出了数据库对象的常用权限。

表9.8 数据库对象的常用权限

对象	常用权限
数据库	BACKUP DATABASE、BACKUP LOG、CREATE DATABASE、CREATE DEFAULT、CREATE FUNCTION、CREATE PROCEDURE、CREATE RULE、CREATE TABLE、CREATE VIEW
表	SELECT、DELETE、INSERT、UPDATE、REFERENCES
视图	SELECT、DELETE、INSERT、UPDATE、REFERENCES

1．授予语句权限

要创建数据库或数据库中的对象，必须有执行相应语句的权限。例如，如果一个用户要能够在数据库中创建表，则应该向该用户授予 CREATE TABLE 语句权限。语句授权的语法格式如下。

```
GRANT { ALL | statement [ ,…n ] }TO account [ ,…n ]
```

其中，ALL 表示授予所有可用的权限，只有 sysadmin 角色成员可以使用 ALL；statement 是被授予权限的语句；account 是权限将应用的用户或角色。

例如，系统管理员给用户 Mary 和 John 授予多个语句权限。

```
GRANT CREATE DATABASE, CREATE TABLE TO Mary, John
```

2．授予对象权限

在处理数据或执行存储过程中需要相应对象的操作或执行权限，这些权限可以划分为：

（1）SELECT、INSERT、UPDATE 和 DELETE 语句权限，它们可以应用到整个表或视图；

（2）SELECT 和 UPDATE 权限，它们可以有选择性地应用到表或视图中的某些列上；

（3）INSERT 和 DELETE 语句权限，它们会影响整行，因此只可以应用到表或视图中，而不能应用到单个列上；

（4）EXECUTE 语句权限，即执行存储过程和函数的权限。

数据库对象授权的语法格式如下。

```
GRANT { ALL [ PRIVILEGES ] | permission [ ,…n ] }
{ [ ( column [ ,…n ] ) ] ON { table | view }
| ON { table | view } [ ( column [ ,…n ] ) ]
| ON { stored_procedure | extended_procedure }
| ON { user_defined_function }}
TO security_account [ ,…n ]
[ WITH GRANT OPTION ]
[ AS { group | role } ]
```

各参数说明如下。

（1）ALL 表示授予所有可用的权限。sysadmin 和 db_owner 角色成员及数据库对象所有者都可以使用 ALL。

（2）permission 是当前授予的对象权限。当在表、表值函数或视图上授予对象权限时，权限列表可以包括这些权限中的一个或多个，即 SELECT、INSERT、DELETE、REFERENCES 或 UPDATE。列表可以与 SELECT 和 UPDATE 权限一起提供。如果列表未与 SELECT 和 UPDATE 权限一起提供，那么该权限应用于表、视图或表值函数中的所有列。在存储过程中授予的对象权限只可以包括 EXECUTE。为了在 SELECT 语句中访问某个列，该列上需要有 SELECT 权限；为使用 UPDATE 语句更新某个列，该列上需要有 UPDATE 权限；为创建引用某张表的 FOREIGN KEY 约束，该表上需要有 REFERENCES 权限；为使用引用某个对象的 WITH SCHEMA BINDING 子句创建 FUNCTION 或 VIEW，该对象上需要有 REFERENCES 权限。

（3）column 是当前数据库中授予权限的列名。

（4）table 是当前数据库中授予权限的表名。

（5）view 是当前数据库中被授予权限的视图名。

（6）stored_procedure 是当前数据库中授予权限的存储过程名。

（7）extended_procedure 是当前数据库中授予权限的扩展存储过程名。

（8）user_defined_function 是当前数据库中授予权限的用户定义函数名。

（9）WITH GRANT OPTION 表示给予 security_account 将指定的对象权限授予其他安全账户的能力。WITH GRANT OPTION 子句仅对对象权限有效。

（10）AS {group│role} 指当前数据库中有执行 GRANT 语句权力的安全账户的可选名。当对象上的权限被授予一个组或角色时使用 AS，对象权限需要进一步授予不是组或角色的成员的用户。因为只有用户（而不是组或角色）可执行 GRANT 语句，组或角色的特定成员授予组或角色权力之下的对象的权限。

【例 9.4】 在电力工程抢修数据库中进行以下操作。

（1）将 Out_stock 表的 SELECT 权限授予 public 角色。

```
GRANT SELECT ON Out_stock TO public
```

（2）将 Out_stock 表的 INSERT、UPDATE、DELETE 权限授予用户 Mary、John。

```
GRANT INSERT, UPDATE, DELETE ON Out_stock TO Mary, John
```

（3）将对 Out_stock 表的 get_date 列的修改权限授予用户 Tom。

```
GRANT UPDATE(get_date)ON Out_stock TO Tom
```

【例 9.5】 用户 Jean 拥有 Plan_Data 表。Jean 将 Plan_Data 表的 SELECT 权限授予 Accounting 角色（指定 WITH GRANT OPTION 子句）。用户 Jill 是 Accounting 的成员，他要将 Plan_Data 表上的 SELECT 权限授予用户 Jack，Jack 不是 Accounting 的成员。

因为对 Plan_Data 表用 GRANT 语句授予其他用户 SELECT 权限的权限是授予 Accounting 角色，而不是显式地授予用户 Jill，不能因为已授予 Accounting 角色中的成员该权限，而使 Jill 能够授予表的权限。Jill 必须用 AS 子句获得 Accounting 角色的授予权限。

```
/* 用户 Jean */
GRANT SELECT ON Plan_Data TO Accounting WITH GRANT OPTION
/* 用户 Jill */
GRANT SELECT ON Plan_Data TO Jack AS Accounting
```

3. 收回权限

授予的权限可以由 DBA 或其他授权者使用 REVOKE 语句收回。收回权限的一般语法格式为

```
REVOKE { ALL │ statement [ ,...n ] } FROM account [ ,...n ]
```

其中，各参数的含义同相应的 GRANT 命令。

收回对象权限的语法格式如下。

```
REVOKE [ GRANT OPTION FOR ]
{    ALL [ PRIVILEGES ] │ permission [ ,...n ] }
{ [ ( column [ ,...n ] ) ] ON { table │ view }
│ ON { table │ view } [ ( column [ ,...n ] ) ]
│ ON { stored_procedure │ extended_procedure }
│ ON { user_defined_function }      }
{ TO │ FROM }  account [ ,...n ]
[ CASCADE ] [ AS { group │ role } ]
```

其中,GRANT OPTION FOR 指定要删除的 WITH GRANT OPTION 权限。在 REVOKE 语句中使用 GRANT OPTION FOR 关键字可消除 GRANT 语句中指定的 WITH GRANT OPTION 设置的影响,用户仍然具有该权限,但是不能将该权限授予其他用户。

如果要废除的权限原先不是通过 WITH GRANT OPTION 设置授予的,则忽略 GRANT OPTION FOR(若指定了此参数)并照例废除权限。

如果要废除的权限原先是通过 WITH GRANT OPTION 设置授予的,则指定 CASCADE 和 GRANT OPTION FOR 子句,否则将返回一个错误。CASCADE 指定删除来自 security_account 的权限时,也将删除由 account 授权的任何其他安全账户。在废除可授予的权限时使用 CASCADE。

如果要废除的权限原先是通过 WITH GRANT OPTION 设置授予 account 的,则指定 CASCADE 和 GRANT OPTION FOR 子句,否则将返回一个错误。指定 CASCADE 和 GRANT OPTION FOR 子句将只废除通过 WITH GRANT OPTION 设置授予 account 的权限以及由 account 授权的其他安全账户。

例如,以下语句废除已授予用户 Joe 的 CREATE TABLE 权限,它收回了允许 Joe 创建表的权限。

```
REVOKE CREATE TABLE FROM Joe
```

以下语句废除授予多个用户的多个语句权限。

```
REVOKE CREATE TABLE, CREATE DEFAULT
FROM Mary, John
```

用户 Mary 是 Budget 角色的成员,已给该角色授予了对 Budget_Data 表的 SELECT 权限,已对 Mary 使用 DENY 语句以防止其通过授予 Budget 角色的权限访问 Budget_Data 表。

以下语句删除对 Mary 拒绝的权限,并通过适用于 Budget 角色的 SELECT 权限允许 Mary 对该表使用 SELECT 语句。

```
REVOKE SELECT ON Budget_Data TO Mary
```

4. 禁止权限

在权限管理中常常有这样的情况:一个部门的所有职工都具有相同的角色,但是不同职工的权限有一定的差异。例如,某一角色具备对 Stock 表的 SELECT、INSERT、DELETE 和 UPDATE 权限,但是其中个别员工不具备 DELETE 和 UPDATE 权限。这时可以采取禁止某些用户拥有某些权限的方法,相应的语句是 DENY。

与 GRANT 语句相对应,DENY 语句也有两种格式。

禁止语句权限的语法格式如下。

```
DENY { ALL | statement [ ,...n ] } TO  account [ ,...n ]
```

禁止对象权限的语法格式如下。

```
DENY
{ ALL [ PRIVILEGES ] | permission [ ,...n ] }
{   [ ( column [ ,...n ] ) ] ON { table | view }
| ON { table | view } [ ( column [ ,...n ] ) ]
| ON { stored_procedure | extended_procedure }
| ON { user_defined_function }
}
TO  account [ ,...n ] [ CASCADE ]
```

其中,各项参数的含义和 GRANT、REVOKE 语句相同。

例如,禁止用户 Mary 和 John 对 Out_stock 表的 UPDATE、DELETE 操作,语句如下。

```
DENY UPDATE, DELETEON Out_stock    TO Mary, John
```

而以下语句对所有 Accouting 角色成员禁止 CREATE TABLE 权限。

```
DENY CREATE TABLE TO Accounting
```

如果使用 DENY 语句禁止用户获得某个权限,那么以后将该用户添加到已得到该权限的组或角色时,该用户仍然不能拥有这个权限。如果要解除由于 DENY 语句产生的禁止效果,必须使用 GRANT 语句为禁止的用户或角色显式授予相应的权限。

适当运用 GRANT 和 DENY 语句可以形成层次安全系统,允许权限通过多个级别的角色和成员得以应用,同时又能限制某些用户或角色的权限。

对用户和用户组的权限管理是典型的自主存取控制方式,而改用角色的概念,既可以从自主存取控制的角度管理用户权限,又可以间接实现强制存取控制的功能。

小结

随着计算机网络的发展,数据的贡献日益加强,数据的安全保密也越来越重要。DBMS 是管理数据的核心,因而其自身必须具有一套完整而有效的安全性机制。

实现数据库系统安全的技术和方法有多种,最重要的是存取控制技术、视图技术和审计技术。自主存取控制一般通过 SQL 的 GRANT 和 REVOKE 语句来实现,对数据库模式的授权则由 DBA 在创建用户时通过 CREATE USER 语句来实现。数据库角色是一组权限的集合,使用角色管理数据库权限可以简化授权的过程。

扫一扫
自测题

习题 9

一、选择题

1. "保护数据库,防止未经授权的或不合法的使用造成的数据泄露、更改破坏"是指数据的(   )。

  A. 安全性   B. 完整性   C. 并发控制   D. 恢复

2. 数据库管理系统通常提供授权功能控制不同用户访问数据的权限,这主要是为了实现数据库的(   )。

  A. 可靠性   B. 一致性   C. 完整性   D. 安全性

3. 在数据库的安全性控制中,为了保护用户只能存取他有权存取的数据,需要授权。在授权的定义中,数据对象的(   ),授权子系统就越灵活。

  A. 范围越小   B. 范围越大   C. 约束越细致   D. 范围越适中

4. 在数据库系统中,授权编译系统和合法性检查机制一起组成了(   )子系统。

  A. 安全性   B. 完整性   C. 并发控制   D. 恢复

5. 在数据系统中,对存取权限的定义称为(   )。

  A. 命令   B. 授权   C. 定义   D. 审计

6. 在 SQL Server 中,为便于管理用户及权限,可以将一组具有相同权限的用户组织在一起,这一组具有相同权限的用户称为( )。

    A. 账户   B. 角色

    C. 登录   D. SQL Server 用户

7. 下列选项中不属于实现数据库系统安全性的主要技术和方法的是( )。

    A. 存取控制技术   B. 视图技术

    C. 审计技术   D. 出入机房登记和加锁

8. SQL 中的视图提高了数据库系统的( )。

    A. 完整性   B. 并发控制   C. 隔离性   D. 安全性

9. SQL 中的 GRANT 和 REMOVE 语句主要是用来维护数据库的( )。

    A. 完整性   B. 可靠性   C. 安全性   D. 一致性

二、简答题

1. 什么是数据库的安全性?

2. 数据库的安全性与计算机系统的安全性有什么关系?

3. 试述实现数据库安全性控制的常用方法和技术。

4. 简述 SQL Server 2008 的安全体系结构。

5. 登录账号和用户账号的联系和区别是什么?

6. 什么是角色?角色和用户有什么关系?当一个用户被添加到某一角色中后,其权限发生了怎样的变化?

7. 简述禁止权限和撤销权限的异同。

三、综合题

1. 写出完成下列权限操作的 SQL 语句。

(1)将在 MyDB 数据库中创建表的权限授予用户 user1。

(2)将对 books 表的增、删、改的权限授予用户 user2,并允许其将拥有的权限再授予其他用户。

(3)将对 books 表的查询、增加的权限授予用户 user3。

(4)以用户 user2 登录后,将对 books 表的删除记录权限授予用户 user3。

(5)以 sa 身份重新登录,将授予用户 user2 的权限全部收回。

2. 现有关系模式:学生(学号,姓名,性别,出生年月,所在系),请用 SQL 的 GRANT 和 REVOKE 语句(加上视图机制)完成以下授权定义或存取控制功能。

(1)用户王明对学生表有 SELECT 权限。

(2)用户李勇对学生表有 INSERT 和 DELETE 权限。

(3)用户刘星对学生表有 SELECT 权限,对所在系字段具有更新权限。

(4)用户张新具有修改学生表的结构的权限。

(5)用户周平具有对学生表的所有权限(读、增、改、删数据),并具有给其他用户授权的权限。

3. 对综合题 2 中的每种情况撤销各用户被授予的权限。

第 **10** 章

数据库保护

> 数据库是重要的共享信息资源,必须加以保护。在前面的章节中已经提到数据系统中的数据是由 DBMS 统一管理和控制的。通常,DBMS 对数据库的安全保护功能是通过 4 方面实现的,即安全性控制、完整性控制、并发控制和数据库的备份与恢复,每个方面都各自构成了 DBMS 的一个子系统。数据库的安全性控制和完整性控制已经在前面的章节介绍过,本章将介绍数据库的并发控制技术和备份恢复技术。

扫一扫

视频讲解

10.1 事务

通常,对数据库的几个操作合起来形成一个逻辑单元。例如,客户认为电子资金转账(从账号 A 转一笔款到账号 B)是一个独立的操作,而在 DBS 中这是由几个操作组成的。首先从账号 A 将钱转出,然后将钱转入账号 B。显然,这些操作要么全都发生,要么由于出错(可能账号 A 已透支)而全不发生,也就是说资金转账必须完成或根本不发生。保证这一点非常重要,我们决不允许发生下面的事情:在账号 A 透支的情况下继续转账;或者从账号 A 转出了一笔钱而不知去向,未能转入账号 B。这样就引出了事务的概念。

10.1.1 事务的定义 ▶

定义 10.1 事务(Transaction)是数据库应用中构成单一逻辑工作单元的操作集合。

事务通常由用户程序中的一组操作序列组成。事务的开始和结束都可以由用户显式地控制,如果用户没有显式地定义事务,则由数据库系统按默认规定自动划分事务。在 SQL 中,定义事务的语句有以下 3 条。

```
BEGIN TRANSACTION
COMMIT
ROLLBACK
```

其中,BEGIN TRANSACTION 表示事务的开始;COMMIT 表示事务的提交,即将事务中所有对数据库的更新写回到磁盘上的物理数据库中,此时事务正常结束;ROLLBACK 表示事务的回滚,即在事务运行过程中发生了某种故障,事务不能继续执行,系统将事务中对数据库的所有已完成的更新操作全部撤销,再回滚到事务开始时的状态。

10.1.2 事务的 ACID 性质

为了保证数据的一致性和正确性,数据库系统必须保证事务具有以下 4 个性质。

1. 原子性

事务的原子性(Atomicity)保证事务包含的一组更新操作是原子不可分的,也就是说这些操作是一个整体。事务在执行时应该遵守"要么不做,要么全做"的原则。这一性质即使在系统崩溃之后仍能得到保证,在系统崩溃之后将进行数据库恢复,用来恢复或撤销系统崩溃时处于活动状态的事务对数据库的影响,从而保证事务的原子性。系统对磁盘上的任何实际数据修改之前都会将修改操作信息本身的信息记录到磁盘上,当发生崩溃时,系统能根据这些操作记录当时该事务处于何种状态,以此确定是撤销该事务所做出的所有修改操作,还是将修改的操作重新执行。

2. 一致性

一致性(Consistency)要求事务执行完成后将数据库从一个一致状态转变到另一个一致状态。所谓数据库的一致状态,是指数据库中的数据满足完整性约束,它是一种以一致性规则为基础的逻辑属性。例如,在银行中,"从账户 A 转移金额 R 到账户 B"是一个典型的事务,这个事务包括两个操作,即从账户 A 减去金额 R 和在账户 B 中增加金额 R,如果只执行其中一个操作,则数据库处于不一致状态,事务会出现问题。也就是说,两个操作要么全做,要么全不做,否则就不能成为事务。由此可见,一致性与原子性是密切相关的。事务的一致性属性要求事务在并发执行的情况下仍然满足一致性。它在逻辑上不是独立的,由事务的隔离性来表示。

3. 隔离性

隔离性(Isolation)意味着一个事务的执行不能被其他事务干扰,即一个事务内部的操作及使用的数据对并发的其他事务是隔离的,并发执行的各个事务之间不能互相干扰。它要求即使有多个事务并发执行,看上去每个成功事务就像按串行调度执行一样。这一性质的另一种说法为可串行性,也就是说系统允许的任何交错操作调度等价于一个串行调度。串行调度的意思是每次调度一个事务,在一个事务的所有操作没有结束之前另外的事务操作不能开始。

4. 持久性

系统提供的持久性(Durability)保证要求一旦事务提交,那么对数据库所做的修改将是持久的,无论发生何种机器和系统故障都不应该对其有任何影响。例如,自动柜员机(ATM)在向客户支付一笔钱时就不用担心丢失客户的取款记录。事务的持久性保证事务对数据库的影响是持久的,即使系统崩溃。

通过下面的例子可以理解事务对数据库的访问,以及事务的 4 个性质的体现。

【例 10.1】 设银行数据库中有一转账事务 T,从账号 A 转一笔款(50 元)到账号 B,操作如下。

```
T: READ(A);
A: = A - 50;
WRITE(A);
READ(B);
B: = B + 50;
WRITE(B)
```

（1）原子性：从事务的原子性可以看出，事务中所有操作作为一个整体，不可分割，要么全做，要么全不做。假设由于电源故障、硬件故障或软件出错等造成事务 T 执行的结果只修改了 A 的值而未修改 B 的值，那么就违反了事务的原子性。

事务的原子性保证了事务的一致性。但是，在事务 T 执行的过程中，如某时刻数据库中的 A 值已减了 50，而 B 值尚未增加，显然这是一个不一致的状态。但是，这个不一致状态将很快由于 B 值增加 50 而改变成一致的状态。事务执行中出现的暂时不一致状态是不会让用户知道的，用户也不用为此担忧。

（2）一致性：在事务 T 执行结束后，要求数据库中 A 值减 50，B 值加 50，也就是 A 与 B 的和不变，此时称数据库处于一致状态。如果 A 值减了 50，而 B 值未变，那么称数据库处于不一致状态。事务的执行结果应保证数据库仍然处于一致的状态。

（3）隔离性：多个事务并发执行时相互之间应该互不干扰。例如，事务 T 在 A 值减 50 后，系统暂时处于不一致状态，此时若第 2 个事务插进来计算 A 与 B 之和，则得到错误的数据；甚至第 3 个事务插进来修改 A 和 B 的值，势必造成数据库数据出错。DBMS 的并发控制尽可能提高事务的并发程度，而又不让错误发生。

（4）持久性：一旦事务成功地完成执行，并且告知用户转账已经发生，系统就必须保证以后任何故障都不会再引起与这次转账相关的数据的丢失。

在编写程序时，应把事务 T 用事务开始语句和结束语句加以限制，具体如下。

```
T: BEGIN TRANSACTION
   READ(A);
   A: = A - 50;
   WRITE(A);
   IF(A < 0) ROLLBACK;
   ELSE {READ (B);
       B: = B + 50;
       WRITE(B);
       COMMIT;}
```

ROLLBACK 语句表示在账户 A 扣款透支时拒绝这个转账操作，执行回退操作，数据库的值恢复到这个事务的初始状态。

COMMIT 语句表示转账操作顺利结束，数据库处于新的一致性状态。

10.1.3 事务的状态 ▶

为了精确地描述事务的工作，我们建立一个抽象的事务模型，事务的状态变迁如图 10.1 所示。

图 10.1 事务的状态变迁

1. 活动状态

在事务开始执行时处于活动状态（Active），是初始状态。

2. 局部提交状态

事务的最后一个语句执行之后进入局部提交状态（Partially Committed）。事务虽然执行完了，但是对数据库的修改很可能还留在内存的缓冲区中，所以还不能说事务真正结束，只能先进入此状态。

3. 失败状态

处于活动状态的事务还没到达最后一个语句就中止执行，此时称事务进入失败状态（Failed）；或者处于局部提交状态的事务遇到故障（如发生干扰或未能完成对数据库的修改），也进入失败状态。

4. 异常中止状态

处于失败状态的事务很可能已对磁盘中的数据进行了一部分修改，为了保证事务的原子性，应该撤销（UNDO）该事务对数据库已做的修改。对事务的撤销操作称为事务的回滚（ROLLBACK），它由数据库管理系统的恢复子系统执行。

事务进入异常中止状态（Aborted）时，系统有以下两种选择。

（1）事务重新启动：由硬件或软件错误而不是由事务内部逻辑造成异常中止时，可以重新启动事务，重新启动的事务是一个新的事务。

（2）取消事务：如果发现事务的内部逻辑有错误，那么应该取消原事务，重新改写应用程序。

5. 提交状态

事务进入局部提交状态后，并发控制系统将检查该事务与并发事务是否发生干扰现象（即是否发生错误）。在检查通过后系统执行提交操作，把对于数据库的修改全部写在磁盘上，并通知系统事务成功地结束，进入提交状态（COMMIT）。

事务的提交状态和异常中止状态都是事务的结束状态。

10.2 并发控制

扫一扫

视频讲解

数据库是一个共享资源。数据库系统在同一时刻可以并行运行多个事务，即允许多个用户同时使用。但这样会产生多个用户程序并发存取同一数据的情况，若对并发操作不加控制，可能会存取不正确的数据，破坏数据库的一致性，所以数据库管理系统必须提供并发控制机制。并发控制机制的好坏是衡量一个数据库管理系统性能的重要标志之一。

10.2.1　并发操作与数据的不一致性　▶

当同一数据库系统中有多个事务并行运行时，如果不加以适当控制，可能导致数据的不一致性。

1. 丢失更新

【例10.2】　飞机订票系统。假设某班次剩余16张机票，甲售票点卖掉一张票（事务T1），乙售票点卖掉一张票（事务T2），如果正常操作，即事务T1执行完毕再执行事务T2，则剩余14张机票。将两个事务进行拆分：

- T1(1)：T1读取机票剩余数量R；
- T1(2)：T1修改机票剩余数量$R = R - 1$；
- T2(1)：T2读取机票剩余数量；
- T2(2)：T2修改机票剩余数量$R = R - 1$。

但上述 4 个步骤按照不同的操作顺序会有不同的结果，导致数据库不一致。如果按照 T1(1)→T2(1)→T1(2)→T2(2)的步骤执行，则剩余机票为 15 张，得到了错误的结果，原因在于 T2(2)执行时丢失了 T1 对数据库的更新，如图 10.2 所示。

2. 不可重读

不可重读(Unrepeatable Read)是指事务 T1 读取数据后事务 T2 执行更新操作，使 T1 无法再现前一次读取结果。具体地讲，不可重读包括以下 3 种情况。

(1) 事务 T1 读取某一数据后，事务 T2 对其做了修改，当事务 T1 再次读该数据时得到与前一次不同的值。例如，T1 读取 $R=16$ 进行运算，T2 读取同一数据，对其进行修改后将 $R=15$ 写回数据库。T1 为了对读取值校对重读 R，R 已为 15，与第 1 次读取值不一致，如图 10.3 所示。

(2) 事务 T1 按一定条件从数据库中读取某些数据记录后，事务 T2 删除了其中部分记录，当 T1 再次按相同条件读取数据时，发现某些记录消失了。

(3) 事务 T1 按一定条件从数据库中读取某些数据记录后，事务 T2 插入了一些记录，当 T1 再次按相同条件读取数据时，发现多了一些记录。

3. 污读

读"脏"数据(污读)是指事务 T1 修改某一数据，并将其写回磁盘，事务 T2 读取同一数据后，T1 由于某种原因被撤销，这时 T1 已修改过的数据恢复原值，T2 读到的数据就与数据库中的数据不一致，则 T2 读到的数据就为"脏"数据，即不正确的数据，如图 10.4 所示。

T1	T2
读R=16	
	读R=16
R=R−1	
写回R=15	
	R=R−1
	写回R=15

图 10.2　丢失更新

T1	T2
读R=16	
	读R=16
	R=R−1
	写回R=15
读R=15	
(验算不对)	

图 10.3　不可重读

T1	T2
读R=16	
R=R−1	
写回R=15	
	读R=15
事务回滚，	
R恢复为16	

图 10.4　污读

10.2.2　封锁 ▶

实现并发控制的方法主要有两种，即封锁(Lock)技术和时标(Time Stamping)技术，这里只介绍封锁技术。

所谓封锁，就是事务 T 在对某个数据对象(如表、记录等)操作之前先向系统发出请求，对其加锁。加锁后事务 T 就对该数据对象有了一定的控制，在事务 T 释放它的锁之前，其他的事务不能更新此数据对象。

1. 封锁类型

基本的封锁类型（Lock Type）有两种，即排他锁（Exclusive Locks，X 锁）和共享锁（Share Locks，S 锁）。

（1）排他锁，又称为写锁。若事务 T 对数据对象 A 加上 X 锁，则只允许 T 读取和修改 A，其他任何事务都不能再对 A 加任何类型的锁，直到 T 释放 A 上的锁，这就保证了其他事务在 T 释放 A 上的锁之前不能再读取和修改 A。

（2）共享锁。通过对事务访问数据操作类型的大量统计和分析发现，绝大多数事务对数据的操作都局限于读的操作，如果所有事务都对要读取的数据加 X 锁，则必然极大地降低系统的执行效率。共享锁就是针对此类问题而提出的一种加锁方法。共享锁又称为读锁。若事务 T 对数据对象 A 加上 S 锁，则其他事务只能再对 A 加 S 锁，而不能加 X 锁，直到 T 释放 A 上的 S 锁。这就保证了其他事务可以读 A，但在 T 释放 A 上的 S 锁之前不能对 A 做任何修改。

2. 封锁类型的相容矩阵

在如图 10.5 所示的封锁类型的相容矩阵中，最左边一列表示事务 T1 已经获得数据对象上的锁类型，其中横线表示没有加锁。最上面一行表示事务 T2 对同一数据对象发出的封锁请求。T2 的封锁请求能否被满足用矩阵中的 Y（可满足）和 N（拒绝）表示。

在正常情况下，DBMS 会自动锁住需要加锁的资源以保护数据，这种锁是隐含的，叫作隐含锁。然而，在一些条件下，这些自动的锁在实际应用时往往不能满足需要，必须人工加一些锁，这类锁叫作显式锁。

T1 \ T2	X	S	—
X	N	N	Y
S	N	Y	Y
—	Y	Y	Y

图 10.5　封锁类型的相容矩阵

注：①N＝NO，不相容；Y＝YES，相容的请求；②X、S、—分别表示 X 锁、S 锁、无锁；③如果两个封锁是不相容的，则后提出封锁的事务要等待。

3. 封锁协议

在运用 X 锁和 S 锁这两种基本封锁对数据对象加锁时还需要约定一些规则，如应何时申请 X 锁或 S 锁、持锁时间、何时释放等，称这些规则为封锁协议（Locking Protocol）。对封锁方式规定不同的规则就形成了各种不同的封锁协议，下面介绍保证一致性的三级封锁协议。三级封锁协议分别在不同程度上解决了丢失的修改、不可重读和读"脏"数据等不一致性问题，为并发操作的正确调度提供一定的保证。

（1）一级封锁协议：事务 T 在修改数据 R 之前必须先对其加排他锁（X 锁），直到事务结束才释放。事务结束包括正常结束（COMMIT）和非正常结束（ROLLBACK）。一级封锁协议可防止丢失修改，并保证事务 T 是可恢复的。在一级封锁协议中，如果仅仅是读数据，不对其进行修改，是不需要加锁的，所以它可防止丢失更新问题的出现。图 10.6 所示的飞机售票示例中由于多个事务的并发调度遵守了一级封锁协议，从而防止了丢失更新问题，但不能保证可重读和不读"脏"数据。

（2）二级封锁协议：一级封锁协议加上事务 T 在读取数据 R 之前必须先对其加 S 锁，

读完后即可释放 S 锁。二级封锁协议除了防止丢失修改,还可进一步防止读"脏"数据。图 10.7 所示的协议解决了图 10.4 的污读问题,但是二级协议不能解决不可重读问题,主要原因是对数据对象的共享锁在读完数据后就释放了。

（3）三级封锁协议:三级封锁协议就是在二级封锁协议的基础上规定共享锁必须在事务结束时才释放的要求。一级封锁协议加上事务 T 在读取数据 R 之前必须先对其加 S 锁,直到事务结束才释放。三级封锁协议除防止了丢失修改和不读"脏"数据外,还进一步防止了不可重复读。图 10.8 利用三级封锁协议解决了图 10.3 所示的不可重读问题。

T1	T2	T1	T2	T1	T2
Xlock(R)		Xlock(R)		Slock(R)	
读R=16	Xlock(R)	读R=16		读R=16	Xlock(R)
R=R-1	等待	R=R-1			等待
写回R=15	等待	写回R=1	Slock(R)	读R=16	等待
Unclock(R)	等待		等待	Unlock(R)	Xlock(R)
	Xlock(R)		等待		读R=16
	读R=15		等待		R=R-1
	R=R-1	事务回滚,	等待		写回R=15
	写回R=14	Unlock(R)	Slock(R)		
	Unlock(R)		读R=16		
			Unlock(R)		

图 10.6 无丢失更新问题　　图 10.7 无污读问题　　图 10.8 防止不可重读

上述三级协议的主要区别在于什么操作需要申请封锁,以及何时释放锁(即持锁时间)。

4. 活锁和死锁

1）活锁

如果事务 T1 锁定了数据库对象 A,事务 T2 又请求已被 T1 锁定的 A,但失败而需要等待,此时事务 T3 也请求已被 T1 锁定的 A,也失败而需要等待。当 T1 释放 A 上的锁时,系统批准了 T3 的请求,使 T2 依然等待,此时事务 T4 请求已被 T3 锁定的 A,但失败而需要等待。当 T3 释放 A 上的锁时,系统批准了 T4 的请求,使 T2 依然等待……这就有可能使 T2 总是在等待而无法锁定 A,但总还是有锁定 A 的希望的,这就是活锁的情况。

简单地说,就是在多个事务并发执行过程中可能存在某个有机会获得锁的事务却永远无法获得锁的现象,这种现象称为活锁。对于这个问题可以采用"先来先服务"的策略预防活锁的发生。

2）死锁

系统中有两个或两个以上的事务都处于等待状态,并且每个事务都在等待其中另一个事务解除封锁,它才能继续执行下去,结果造成任何一个事务都无法继续执行,这种现象称为系统进入了死锁(Dead Lock)状态。

如图 10.9 所示,事务 T1 和 T2 分别锁住数据对象 A 和 B,而后 T1 又申请对数据对象 B 加锁,T2 也申请对数据对象 A 加锁,而这两个数据对象都被对方事务所控制未释放,所以双方事务只能相互等待。这样双方因为得不到想要的

T1	T2
Xlock(A)	Xlock(B)
	申请Xlock(A)
	不成功, 等待
申请Xlock(B)	
不成功, 等待	

图 10.9 死锁示例

锁而进入等待,同时也造成双方事务没有机会释放所持有的数据对象 A 和 B 的锁,所以双方事务的等待是永久性的,这就是死锁。

3）死锁的预防

在数据库中,产生死锁的原因是两个或多个事务都已封锁了一些数据对象,然后又都请求对已为其他事务封锁的数据对象加锁,从而出现死等待。防止死锁的发生其实就是要破坏产生死锁的条件。预防死锁通常有以下两种方法。

(1) 一次封锁法:一次封锁法要求每个事务必须一次将所有要使用的数据全部加锁,否则事务不能继续执行。例如,对于图 10.9 的死锁示例,如果 T1 在执行时首先对数据对象 A 和 B 进行加锁,T1 就可以执行下去,而 T2 只能等待。当 T1 执行完毕释放对数据对象 A 和 B 的锁后,T2 继续执行,这样就可以避免死锁的发生。

(2) 顺序封锁法:顺序封锁法是预先对数据对象规定一个封锁顺序,所有事务都按这个顺序实行封锁。例如,对于图 10.8 中的数据对象 A 和 B,规定顺序为 A→B,则事务 T1 和事务 T2 必须先申请对数据对象 A 进行加锁,当事务 T1（或 T2）获得对 A 的锁后,事务 T2（或 T1）申请时只能等待,只有事务 T1（或 T2）释放了对 A 的锁后,事务 T2（或 T1）才能继续执行。这样也不会发生死锁。

4）死锁的诊断与解除

(1) 超时法:如果一个事务的等待时间超过了规定的时限,就认为发生了死锁。超时法的实现简单,但其不足也很明显,一是有可能误判死锁,事务因为其他原因使等待时间超过时限,系统会误认为发生了死锁;二是时限若设置得太长,死锁发生后不能及时发现。

(2) 等待图法:事务等待图是一个有向图 $G=(T,U)$。T 为节点的集合,每个节点表示正运行的事务;U 为边的集合,每条边表示事务等待的情况。若 T1 等待 T2,则在 T1、T2 之间画一条有向边,从 T1 指向 T2。事务等待图动态地反映了所有事务的等待情况。如图 10.10 所示,列出了死锁的两种情况,图 10.10(a) 表示事务 T1 等待事务 T2,而事务 T2 又在等待事务 T1;图 10.10(b) 表示事务 T1 在等待事务 T3,事务 T3 在等待事务 T2,而事务 T2 又在等待事务 T1,从而构成死锁。并发控制子系统周期性地（如每隔 1min）检测事务等待图,如果发现图中存在回路,则表示系统中出现了死锁。

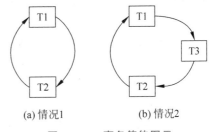

(a)情况1　　　　(b)情况2

图 10.10　事务等待图示

DBMS 中有一个死锁测试程序,每隔一段时间检查并发的事务之间是否发生死锁。如果发生死锁,那么只能抽取某个事务作为牺牲品,把它撤销,做回退操作,解除它的所有封锁,恢复到该事务的初始状态,释放出来的资源就可以分配给其他事务,使其他事务有可能继续下去,这就有可能消除死锁现象。从理论上讲,系统进入死锁状态时可能会有许多事务在相互等待,但是 System R 的实验表明,实际上绝大部分的死锁只涉及两个事务,也就是事务依赖图中的循环里只有两个事务。有时,死锁也被形象地称为“死死拥抱”(Deadly Embrace)。

5. MySQL 中与封锁有关的命令

MySQL 的引擎会根据隔离级别的需要自动加锁和释放锁,称为隐式锁定。对于聚簇索引记录,有一个 trx_id 隐藏列,该隐藏列记录着最后改动该记录的事务 id。那么,如果在当前事务中新插入一条聚簇索引记录后,该记录的 trx_id 隐藏列代表的就是当前事务的事务

id,如果其他事务此时想对该记录添加 S 锁或 X 锁,首先会看一下该记录的 trx_id 隐藏列代表的事务是否是当前的活跃事务,如果是的话,那么就帮助当前事务创建一个 X 锁,然后自己进入等待状态。

用户可以根据需要,对表显式加锁、解锁,相关命令如下。

（1）加读锁（共享锁）有以下两种方式,只读方式锁住 XXX 表,该表只能被查询,不能被修改。如果在加锁时该表上存在事务,则 LOCK 语句挂起,直到事务结束。

- LOCK TABLE XXX READ；
- SELECT...FROM XXX WHERE... LOCK IN SHARE MODE；

（2）加写锁（独占锁）有以下两种方式,读写方式锁住 XXX 表,LOCK TABLE 的会话可以对 XXX 表做修改及查询等操作,而其他会话不能对该表做任何操作,包括查询也要被阻塞。

- LOCK TABLE XXX WRITE；
- SELECT ...FROM XXX WHERE... FOR UPDATE；

（3）释放锁：UNLOCK TABLES。

（4）查询是否对表加锁：SHOW OPEN TABLES WHERE In_use > 0。

6. SQL Server 中与封锁有关的命令

SQL Server 的封锁操作是在相关语句的 WITH(<table_hint>)子句中完成的,该子句可以在 SELECT、INSERT、UPDATE 和 DELETE 等语句中指定表级锁定的方式和范围。常用的封锁关键词如下。

（1）HOLDLOCK：将共享锁保留到事务完成,而不是在相应的表、行或数据页不再需要时立即释放锁。

（2）NOLOCK：不要发出共享锁,并且不要提供排他锁。当此选项生效时,可能会读取未提交的事务或一组在读取中间回滚的页面,有可能发生污读。它仅应用于 SELECT 语句。

（3）ROWLOCK：使用行级锁,而不使用粒度更粗的页级锁和表级锁。

（4）TABLOCK：使用表级锁代替粒度更细的行级锁或页级锁。在语句结束前,SQL Server 一直持有该锁。但是,如果同时指定 HOLDLOCK,那么在事务结束之前锁将被一直持有。

（5）TABLOCKX：使用表的排他锁。该锁可以防止其他事务读取或更新表,并在语句或事务结束前一直持有。

（6）UPDLOCK：读取表时使用更新锁,而不使用共享锁,并将锁一直保留到语句或事务结束。UPDLOCK 的优点是允许用户读取数据（不阻塞其他事务）并在以后更新数据,同时确保自从上次读取数据后数据没有被更改。

（7）XLOCK：使用排他锁并一直保持到由语句处理的所有数据上的事务结束时。

例如,对 Stock 表实施一个排他锁,相应的语句为

```
SELECT * FROM Stock WITH (TABLOCKX)
```

10.2.3 并发操作的调度

1. 事务的调度

事务的执行次序称为"调度"。如果多个事务依次执行,则称为事务的串行调度（Serial

Schedule)；如果利用分时的方法同时处理多个事务，则称为事务的并发调度（Concurrent Schedule）。

数据库技术中事务的并发执行与操作系统中的多道程序设计概念类似。在事务并发执行时，有可能破坏数据库的一致性，或用户读了"脏"数据。

如果有 n 个事务串行调度，可能有 $n!$ 种不同的有效调度。事务串行调度的结果都是正确的，至于依哪种次序执行，视外界环境而定，系统无法预料。

如果有 n 个事务并发调度，可能的并发调度数目远远大于 $n!$。但其中有的并发调度是正确的，有的是不正确的。如何产生正确的并发调度，是 DBMS 的并发控制子系统实现的。如何判断一个并发调度是正确的，这个问题可以用下面的"并发调度的可串行化"概念解决。

2. 并发调度的可串行化

如果多个事务在某个调度下的执行结果与这些事务在某个串行调度下的执行结果相同，那么这个调度就一定正确，因为所有事务的串行调度策略一定是正确的调度策略。虽然以不同的顺序串行执行事务可能会产生不同的结果，但都不会将数据库置于不一致的状态，因此串行调度的执行结果都是正确的。

多个事务的并发执行是正确的，当且仅当其结果与按某一顺序串行执行的结果相同，称这种调度为可串行化（Serializable）的调度。

可串行化是判断并发事务是否正确的准则，根据这个准则可知，对于一个给定的并发调度，当且仅当它是可串行化的才认为它是正确的调度。

例如，假设有两个事务，分别包含以下操作。

(1) 事务 T1：读 B，$A=B-1$，写回 A；

(2) 事务 T2：读 A，$B=A+1$，写回 B。

假设 A、B 的初值为 5，若按 T1→T2 的顺序执行，其结果为 $A=4$，$B=5$；若按 T2→T1 的顺序执行，其结果为 $A=5$，$B=6$。虽然这两种串行调度的执行结果不同，但都属于正确的调度。如果其他任何一种并发调度的执行结果属于上述任意结果，都属于正确的调度。图 10.11 列出了几种调度策略。

为了保证并发操作的正确性，数据库管理系统的并发控制机制必须提供一定的手段保证调度的可串行化。

从理论上讲，在某一事务执行时禁止其他事务执行的调度策略一定是可串行化的调度，这也是最简单的调度策略，但这种方法实际上是不可行的，因为它使用户不能充分共享数据库资源。

可串行化是并行调度正确性的唯一准则，两段锁（Two-Phase Locking，2PL）协议就是保证并发调度可串行化的封锁协议。

3. 两段锁协议

所谓两段锁协议，是指所有事务必须分两个阶段对数据项加锁和解锁。在对任何数据进行读、写操作之前，首先要申请并获得对该数据的封锁；在释放一个封锁之后，事务不再申请和获得任何其他封锁。

两段锁协议规定：

(1) 在对任何数据进行读、写操作之前，事务首先要获得对该数据的封锁；

(2) 在释放一个封锁之后，事务不再获得任何其他封锁。

两段锁的含义是事务分为两个阶段：第 1 阶段是获得封锁，也称为扩展阶段，该阶段不

T1	T2
Slock(B)	
Y=B=5	
Unclock(B)	
Xlock(A)	
A=Y−1	
写回A=4	
Unlock(A)	
	Slock(A)
	X=A=4
	Unclock(A)
	Xlock(B)
	B=X+1
	写回B=5
	Unlock(B)

(a) 可串行化调度1

T1	T2
	Slock(A)
	X=A=5
	Unclock(A)
	Xlock(B)
	B=X+1
	写回B=6
	Unlock(B)
Slock(B)	
Y=B=6	
Unclock(B)	
Xlock(A)	
A=Y−1	
写回A=5	
Unlock(A)	

(b) 可串行化调度2

T1	T2
Slock(B)	
Y=B=5	
	Slock(A)
	X=A=5
Unclock(B)	
	Unclock(A)
Xlock(A)	
A=Y−1	
写回A=4	
	Xlock(B)
	B=X+1
	写回B=6
Unlock(A)	
	Unlock(B)

(c) 不可串行调度3

T1	T2
Slock(B)	
Y=B=5	
Unclock(B)	
Xlock(A)	
	Slock(A)
A=Y−1	等待
写回A=4	等待
Unlock(A)	等待
	X=A=4
	Unclock(A)
	Xlock(B)
	B=X+1
	写回B=5
	Unlock(B)

(d) 可串行化调度4

图 10.11　调度策略

允许释放任何锁；第2阶段是释放封锁，也称为收缩阶段，该阶段不允许申请任何锁。

例如，事务1的封锁序列为

```
Slock A... Slock B... Xlock C... Unlock B... Unlock A... Unlock C;
```

事务2的封锁序列为

```
Slock A...Unlock A...Slock B...Xlock C...Unlock C...Unlock B;
```

则事务1遵守两段锁协议,而事务2不遵守两段锁协议。

可以证明,若并行执行的所有事务均遵守两段锁协议,则对这些事务的所有并发调度策略都是可串行化的。因此得出如下结论:所有遵守两段锁协议的事务,其并行的结果一定是正确的。

需要说明的是,事务遵守两段锁协议是可串行化调度的充分条件,而不是必要条件。即在可串行化的调度中不一定所有事务都必须符合两段锁协议。例如,对于图10.11所示的两个事务的例子,图10.12(a)和图10.12(b)都是可串行化的调度,图10.12(a)的T1和T2都遵循了两段锁协议,而图10.12(b)没有遵循,但它也是可串行化调度。

T1	T2	T1	T2
Slock(B)		Slock(B)	
Y=B=5		Y=B=5	
	Slock(A)		Unclock(B)
	等待	Xlock(A)	
Xlock(A)	等待		Slock(A)
A=Y−1	等待	A=Y−1	等待
写回A=4	等待	写回A=4	等待
Unclock(B)	等待	Unlock(A)	等待
Unlock(A)	等待		X=A=4
	Slock(A)		Unclock(A)
	X=A=4		Xlock(B)
	Xlock(B)		B=X+1
	B=X+1		写回B=5
	写回B=5		Unlock(B)
	Unclock(A)		
	Unlock(B)		

(a) 遵循两段锁协议 　　　　　　　　 (b) 不遵循两段锁协议

图10.12　可串行化调度

另外,要注意两段锁协议和防止死锁的一次封锁法的异同之处。一次封锁法要求每个事务必须一次将所有要使用的数据全部加锁,否则就不能继续执行,因此一次封锁法遵守两段锁协议;但是两段锁协议并不要求事务必须一次将所有要使用的数据全部加锁,因此遵循两段锁协议的事务可能发生死锁,如图10.13所示。

4. 并发操作调度正确性的其他方法

(1) 时标方法。时标和封锁技术之间的基本区别是封锁是使一组事务的并发执行(即交叉执行)同步,使用它等价于这些事务的某一串行操作;时标法也是使一组事务的交叉执行同步,但是使用它等价于这些事务的一个特定的串行执行,即由时标的时序所确定的一个执行。如果发生

T1	T2
Slock(B)	
读B=2	
	Slock(A)
	读A=3
Xlock(A)	
等待	Xlock(B)
等待	等待
	等待

图10.13　遵循两段锁协议的事务发生死锁

冲突，是通过撤销并重新启动一个事务解决的。事务重新启动，则赋予新的时标。

（2）乐观方法。在乐观并发控制中，用户读数据时不锁定数据。在执行更新时，系统进行检查，查看另一个用户读过数据后是否更新了数据。如果另一个用户更新了数据，将产生一个错误。一般情况下，接收错误信息的用户将回滚事务并重新开始。该方法主要用在数据争夺少的环境内，以及偶尔回滚事务的成本超过读数据时锁定数据的成本的环境内，因此称该方法为乐观并发控制。

5. 封锁的粒度

X锁和S锁都是加在某个数据对象上的。封锁的对象可以是逻辑单元，也可以是物理单元。例如，在数据库中，封锁对象可以是属性值、属性值集合、元组、关系、索引项、整个索引、整个数据库等逻辑单元，也可以是页（数据页或索引页）、块等物理单元。封锁对象可以很大，如对整个数据库加锁；也可以很小，如只对某个属性值加锁。封锁对象的大小称为封锁的粒度（Granularity）。

封锁的粒度与系统的并发度控制的开销密切相关。封锁的粒度越大，系统中能够被封锁的对象越少，并发度也就越小，但同时系统开销也就越小；相反，封锁的粒度越小，并发度越大，但系统开销也就越大。因此，在一个系统中同时存在不同大小的封锁单元供不同的事务选择使用是比较理想的。选择封锁粒度时必须同时考虑封锁机构和并发度两个因素，对系统开销与并发度进行权衡，以求得最佳的效果。一般来说，需要处理大量元组的用户事务可以以关系为封锁单元；而对于一个处理少量元组的用户事务，可以以元组为封锁单元提高并发度。

显然，我们需要一种支持多种并发控制粒度的并发控制协议，称为多粒度锁协议。首先定义粒度树，粒度树表示多重粒度的嵌套层次关系，根节点是整个数据库，表示最大的数据项粒度，叶节点是最小的数据项粒度，一个节点 N 的所有子节点都是 N 对应的数据项所包含的具有更小粒度的数据项。图 10.14 给出了一棵三级粒度树。根节点为数据库，数据库的子节点为关系，关系的子节点为元组。

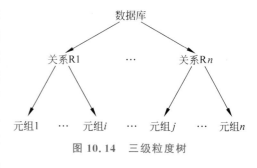

图 10.14 三级粒度树

多粒度封锁协议允许粒度树中的每个节点被独立地加锁，类似于两段锁协议，它使用共享和排斥两种类型的锁，对一个节点加锁意味着这个节点的所有子节点也被加以同样类型的锁。因此，在多粒度封锁中一个数据对象可能以两种方式封锁，即显式封锁和隐式封锁。

显式封锁是应事务的要求直接加到数据对象上的封锁；隐式封锁是该数据对象没有独立加锁，是由于其上级节点加锁而使该数据对象加上了锁。

在多粒度封锁方法中，显式封锁和隐式封锁的效果是一样的，因此系统检查封锁冲突时不仅要检查显式封锁，还要检查隐式封锁。设T要对关系R1的元组 i 加锁，系统必须搜索从根节点到元组 i 的路径上的每个节点，如果有一个节点已经被加上不相容的锁，则T必须等待；如果每个节点都具有相容的锁或没有锁，则T可以对元组 i 加锁。若T要对这个数据库加锁，一个简单的方法是搜索整棵粒度树，检查是否存在已经被加上不相容锁的节点，如果存在，T需等待，否则T可以锁住整个数据库。

一般情况下,对某个数据对象加锁,系统要检查该数据对象上有无显式封锁与之冲突;还要检查其所有上级节点,看本事务的显式封锁是否与该数据对象上的隐式封锁(即由于上级节点已加的封锁造成的)冲突;并要检查其所有下级节点,看上面的显式封锁是否与本事务的隐式封锁(将加到下级节点的封锁)冲突。显然,这样的检查方法效率很低。因此,人们引进了一种新型锁,称为意向锁(Intention Lock)。

6. 意向锁

意向锁的含义是如果对一个节点加意向锁,则说明该节点的下层节点正在被加锁;对任意节点加锁时,必须先对它的上层节点加意向锁。

例如,对任意元组加锁时,必须先对它所在的关系加意向锁。于是,要确定某一事务是否可以对节点 Q 加锁,不需要搜索整棵粒度树,只需要搜索从根到 Q 的路径。例如,在图 10.14 中,事务 T 要对关系 R1 加 X 锁时,系统只要检查从根节点数据库到关系 R1 是否已加了不相容的锁,而不再需要搜索和检查树中的每个元组是否加了 X 锁。

意向锁分为 3 种,即意向共享锁(Intent Share Lock,IS 锁)、意向排他锁(Intent Exclusive Lock,IX 锁)、共享意向排他锁(Share Intent Exclusive Lock,SIX 锁)。

如果对一个数据对象加 IS 锁,表示它的子节点拟(意向)加 S 锁。例如,要对某个元组加 S 锁,则要首先对关系和数据库加 IS 锁。

如果对一个数据对象加 IX 锁,表示它的子节点拟(意向)加 X 锁。例如,要对某个元组加 X 锁,则要首先对关系和数据库加 IX 锁。

如果对一个数据对象加 SIX 锁,表示对它加 S 锁,再加 IX 锁,即 SIX=S+IX。例如,对某张表加 SIX 锁,则表示该事务要读整张表(所以要对该表加 S 锁),同时会更新个别元组(所以要对该表加 IX 锁)。这些锁的相容矩阵如图 10.15 所示。

T1 \ T2	S	X	IS	IX	SIX	—
S	Y	N	Y	N	N	Y
X	N	N	N	N	N	Y
IS	Y	N	Y	Y	Y	Y
IX	N	N	Y	Y	N	Y
SIX	N	N	Y	N	N	Y
—	Y	Y	Y	Y	Y	Y

图 10.15 锁的相容矩阵

注:Y=YES,表示相容的请求;N=NO,表示不相容的请求。

多粒度锁协议规定任何事务 T 都可以使用以下规则对任意的多粒度树节点 Q 加锁。

(1) 必须遵循图 10.15 所示的相容矩阵。

(2) 粒度树的根首先必须被加锁,锁的类型不限。

(3) 仅当 Q 的父节点已经被 T 加上 IX 或 IS 锁时,Q 才可以被 T 加 S 或 IS 锁。

(4) 仅当 Q 的父节点已经被 T 加上 IX 或 SIX 锁时,Q 才可以被 T 加 X、SIX 或 IS 锁。

(5) 仅当 T 还没有释放过任何锁时,T 才可以对节点加锁。

(6) 仅当 Q 的所有子节点都不被 T 加锁时,T 才可以解锁 Q。

显然,多粒度锁协议申请封锁时按自上而下的次序进行;释放封锁时则按自下而上的次序进行。

具有意向锁的多粒度封锁方法提高了系统的并发度,减少了加锁和解锁的开销。这个协议特别适用于以下两种类型事务的混合运行:

(1) 只存取很少小粒度数据项的短事务;

(2) 存取一个或一组完整数据库文件的长事务。

7. 插入和删除操作对并发控制的影响

在前面的并发控制讨论中只考虑了读/写操作,事实上,除了读/写操作,还需要插入和删除数据项。插入和删除操作表示如下。

• DELETE(Q):从数据库删除数据项 Q。

• INSERT(Q):在数据库中建立一个新的数据项 Q,并为 Q 分配初始值。

显然,如果一个事务要删除一个不存在的数据项,将出现错误。

设 Q1 和 Q2 分别是事务 T1 和 T2 的操作,而且它们在调度 S 中被相继执行,令 Q1=DELETE(Q),那么针对 Q2 的不同操作会出现如下情况。

(1) 若 Q2=READ(Q),则 Q1 和 Q2 冲突,若 Q1 先于 Q2,T 产生逻辑错误,否则成功执行 Q2。

(2) 若 Q2=WRITE(Q),则 Q1 和 Q2 冲突,若 Q1 先于 Q2,T 产生逻辑错误,否则成功执行 Q2。

(3) 若 Q2=DELETE(Q),则 Q1 和 Q2 冲突,不管 Q1 和 Q2 的执行顺序如何,T 均产生逻辑错误。

(4) 若 Q2=INSERT(Q),则 Q1 和 Q2 冲突。若在 Q1 和 Q2 执行之前 Q 不存在,那么若 Q1 先于 Q2,T 产生逻辑错误,否则成功执行 Q1 和 Q2;若在 Q1 和 Q2 执行之前 Q 已存在,那么若 Q1 先于 Q2,成功执行 Q1 和 Q2,否则产生逻辑错误。

从上面的分析可以看到,如果遵循两段锁协议,在删除一个数据项之前,该数据项必须被加上排他锁。

类似地,INSERT(Q)也会与 READ(Q)、WRITE(Q)冲突。

8. 插入元组现象

设有关系 student(sno,sname,age),事务 T1 和 T2 分别如下。

```
T1: SELECT AVG(age) FROM student
T2: INSERT INTO student VALUES('001','张伟','19')
```

S 是关于 T1 和 T2 的一个调度,那么可能出现以下冲突情况。

(1) T1 中使用了 T2 中新插入的元组,即 T1 读取了 T2 写的值,于是在一个等价于 S 的可串行化调度中 T2 必须先于 T1 执行。

(2) T1 中没有使用 T2 中新插入的元组,于是在一个等价于 S 的可串行化调度中 T1 必须先于 T2 执行。

事务 T1 和 T2 没有存取公共的元组,但它们之间却存在冲突,这种冲突是由一个插入的元组引起的,称为插入元组现象。如果并发控制协议是在元组粒度级,插入元组现象将无法检测出来。为了避免这种现象,应该在 T1 中防止其他事务在关系 student 中插入新元组,可以采取以下措施之一。

措施一是提高并发控制粒度。假设并发控制粒度是关系而不是元组,这时 T1 将在关系 student 上加共享锁(S 锁),T2 将在关系 student 上加排他锁(X 锁),于是 T1 和 T2 将在一个实际关系上发生冲突,而不是在一个插入元组上发生冲突,这个冲突可以通过并发机制检测出来,缺点是降低了系统的并发性。

措施二是索引锁技术。这个技术要求每个关系上必须至少有一个索引,任何事务要插入元组到一个关系,它必须插入信息到这个关系的所有索引中。如果对索引引用锁协议,则可避免出现插入元组现象。

索引锁协议规则如下。

(1) 每个关系必须至少有一个索引。

(2) 仅当事务 T 持有包含指向元组 t 的索引数据块上的共享锁时,T 才可以对 t 加共享锁。

(3) 仅当事务 T 持有包含指向元组 t 的索引数据块上的排他锁时,T 才可以对 t 加排他锁。

(4) 没有更新关系 R 的所有索引时,事务 T 不能向关系 R 插入元组,T 要更新一个索引数据块,必须获得该块上的排他锁。

(5) 必须遵循两段锁协议。

索引锁协议将由插入元组引起的冲突转换为由索引数据块引起的冲突,而这种冲突可以由并发控制机制检测发现。

10.3　数据库的恢复

扫一扫

视频讲解

在 DBS 运行时,可能会出现各种各样的故障,如磁盘损坏、电源故障、软件错误、机房火灾和恶意破坏等。在发生故障时,很可能丢失数据库中的数据。DBS 的恢复管理系统采取一系列措施保证在任何情况下保持事务的原子性和持久性,确保数据不丢失、不破坏。

数据库系统的数据库恢复机制的目的有两个,一是保证事务的原子性,即确保一个事务被交付运行之后,要么该事务中的所有操作都成功完成,而且这些操作的结果都被永久地存储到数据库中,要么这个事务对数据库没有任何影响,数据库管理系统决不允许一个事务的一部分数据库操作被成功执行,而另一部分数据库操作失败或没有被执行;二是当数据库发生故障后系统能把数据库从被破坏、不正确的状态恢复到最近一个正确的状态。DBMS 的这种能力称为数据库的可恢复性(Recovery),是衡量系统优劣的重要指标。

数据恢复涉及两个关键问题:建立备份数据、利用这些备份数据实施数据库恢复。数据恢复常用的技术是建立数据转储和利用日志文件。下面省略许多细节,介绍数据库恢复的实现技术。

10.3.1　存储器的结构　▶

1. 存储器的类型

从存储器的访问速度、容量和恢复能力角度考查,计算机系统的存储介质可分为 3 类。

(1) 易失性存储器(Volatile Storage):指内存和 Cache。在系统发生故障时,存储的信息会立即丢失,但这类存储器的访问速度非常快。

(2) 非易失性存储器(Nonvolatile Storage):指磁盘和磁带。在系统发生故障时,存储的信息不会丢失。磁盘用于联机存储,磁带用于档案存储。这一类存储器受制于本身的故障,会导致信息的丢失。在当前的技术中,非易失性存储器的访问速度要比易失性存储器慢几个数量级。

（3）稳定存储器（Stable Storage）：这是一个理论上的概念。存储在稳定存储器中的信息是绝不会丢失的。这可以通过对易失性存储器进行技术处理，达到稳定存储器的目标。

2. 稳定存储器的实现

可以通过数据备份和数据银行的方法实现稳定存储器的目标。

1）数据备份

数据备份是指将计算机系统中硬盘上的数据通过适当的形式转录到可脱机保存的介质（如磁带、光盘）上，以便需要时再写入计算机系统中使用。数据库的备份不是简单地做复制，它有一套备份和恢复机制。

目前采用的备份措施在硬件一级有磁盘镜像、磁盘阵列（RAID）、双机容错等；在软件一级有数据复制。

2）数据银行

现在可利用计算机网络把数据传输到远程的计算机存储系统（即数据银行，Data Bank）。对数据的写操作，既要写到本地的存储器中，也要写到远程的数据库中，以防止数据丢失。

3. 数据访问

数据在磁盘上以称为"块"的定长存储单位形式组织。块是内、外存数据交换的基本单位。磁盘中的块称为物理块，内存中临时存放物理块内容的块称为缓冲块，所有缓冲块组成了磁盘缓冲区。

如图 10.16 所示，数据从物理块到缓冲块称为输入（INPUT）操作；数据从缓冲块到物理块称为输出（OUTPUT）操作。执行这两个操作的命令如下。

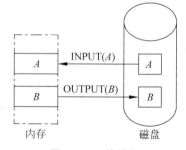

图 10.16　块操作

INPUT(A)：把物理块 A 的内容传输到内存的缓冲块中。

OUTPUT(B)：把缓冲块 B 的内容传输到磁盘中恰当的物理块中。

每个事务 Ti 有一个专用工作区，存放它访问和修改的数据项值。在事务开始时，产生这个工作区；在事务结束（提交或中止）时，工作区被撤销。事务 Ti 在工作区中的数据项 X 用 x_i 表示。

在工作区和缓冲区之间的数据传输用 READ 和 WRITE 命令实现。

READ(X)：把数据项 X 的值送到工作区中的局部变量 x_i。这个操作的执行过程如下。

（1）如果包含 X 的块 B_x 不在内存中，那么发出 INPUT(B_x)命令。

（2）从缓冲块中把 X 值送到 x_i。

WRITE(X)：把局部变量 x_i 的值送到缓冲块中的 X 数据项。这个操作的执行过程如下。

（1）如果包含 X 的块 B_x 不在内存中，那么发出 INPUT(B_x)命令。

（2）把 x_i 值送到缓冲块 B_x 中的 X 处。上述操作模式如图 10.17 所示。

应注意到，在上述两个操作中都只是提到数据块从磁盘到内存的传递，而未提及从内存到磁盘的传输。当缓冲区管理系统需要内存空间或 DBS 希望改变磁盘中的值时，系统才把缓冲块的内容写到磁盘上,也就是发出 OUTPUT 命令。这是因为块 B_x 中可能还有其他数据项需要访问,所以不必急于写回磁盘,这样,实际的输出操作推迟了。

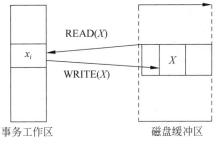

图 10.17　数据的 READ 和 WRITE 操作

如果系统在 WRITE(X) 之后、OUTPUT(B_x) 之前发生故障,那么新的 X 值实际上还未写进磁盘就已经丢失了。可见,WRITE 语句的执行还不一定能保证把值写到磁盘。这个问题是由 DBMS 的恢复子系统解决的。

10.3.2　故障的种类

引起事务故障的原因主要有以下几种。

1. 事务内部的故障

事务内部的故障有的是可以通过事务程序本身发现的(见下面转账事务的例子),有的是非预期的,不能由事务程序处理的。

【例 10.3】　银行转账事务。该事务把一笔金额从一个账户 A 转给另一个账户 B。

```
BEGIN TRANSACTION            -- 开始事务 T
READ(BALANCE_A);             -- 读账户 A 的余额 BALANCE_A
BALANCE = BALANCE - AMOUNT;  -- AMOUNT 为转账金额
WRITE(BALANCE_A)
IF(BALANCE < 0 ) THEN
{  打印'金额不足,不能转账';
   ROLLBACK;                 -- 撤销刚才的修改,恢复事务
ELSE
{  READ(BALANCE_B);          -- 读账户 B 的余额 BALANCE_B
   BALANCE1 = BALANCE1 + AMOUNT;
   WRITE(BALANCE_B);
   COMMIT; }
```

这个例子包括的两个更新操作要么全部完成,要么全部不做,否则就会使数据库处于不一致状态,如只把账户 A 的余额减少了而没有把账户 B 的余额增加。在这段程序中若产生账户 A 余额不足的情况,应用程序可以发现并让事务回滚,撤销已做的修改,恢复数据库到正确状态。

事务内部更多的故障是非预期的,是不能由应用程序处理的,如运算溢出、并发事务发生死锁而被选中撤销该事务、违反了某些完整性限制等。以后,事务故障仅指这类非预期的故障。

事务故障意味着事务没有达到预期的终点(COMMIT 或显式的 ROLLBACK),因此,数据库可能处于不正确状态。恢复程序要在不影响其他事务运行的情况下强行回滚(ROLLBACK)该事务,即撤销该事务已经做出的任何对数据库的修改,使该事务好像根本没有启动一样。这类恢复操作称为事务撤销(UNDO)。

2. 系统故障

系统故障是指造成系统停止运转的任何事件,使系统重新启动,如特定类型的硬件错误(CPU 故障)、操作系统故障、DBMS 代码错误、突然停电等。这类故障影响正在运行的所有事务,但不破坏数据库。这时主存内容,尤其是数据库缓冲区(在内存)中的内容都被丢失,

所有运行事务都非正常终止。发生系统故障时,一些尚未完成的事务的结果可能已送入物理数据库,有些已完成的事务可能有一部分甚至全部留在缓冲区,尚未写回到磁盘上的物理数据库中,从而造成数据库可能处于不正确的状态。为保证数据一致性,恢复子系统必须在系统重新启动时让所有非正常终止的事务回滚,强行撤销(UNDO)所有未完成事务。重做(REDO)所有已提交的事务,以将数据库真正恢复到一致状态。

3. 介质故障

系统故障称为软故障(Soft Crash),介质故障称为硬故障(Hard Crash)。硬故障是指外存故障,如磁盘损坏、磁头碰撞,瞬时强磁场干扰等。这类故障将破坏数据库或部分数据库,并影响正在存取这部分数据的所有事务。这类故障比前两类故障发生的可能性小得多,但破坏性最大。

4. 计算机病毒

计算机病毒是具有破坏性、可以自我复制的计算机程序。计算机病毒已成为计算机系统的主要威胁,自然也是数据库系统的主要威胁。因此,数据库一旦被破坏,仍要用恢复技术对数据库加以恢复。

总结各类故障,对数据库的影响有两种可能性,一是数据库本身被破坏;二是数据库没有破坏,但数据可能不正确,这是由事务的运行被非正常终止造成的。

10.3.3 数据转储技术 ▶

数据转储是数据库恢复采用的基本技术。数据转储就是数据库管理员(DBA)定期地将整个数据库复制到其他存储介质(如磁带或非数据库所在的另外磁盘)上保存形成备用文件的过程。这些备用的数据文件称为后备副本或后援副本。当数据库遭到破坏后,可以将后备副本重新装入,并重新执行自转储以后的所有更新事务。

数据转储是十分耗费时间和资源的,不能频繁进行。数据库管理员(DBA)应该根据数据库使用情况确定一个适当的转储周期和转储策略。数据转储可分为以下几类。

1. 静态转储和动态转储

根据转储时系统状态的不同,转储可分为静态转储和动态转储。

1) 静态转储

静态转储是指在转储过程中系统不运行其他事务,专门进行数据转储工作。在静态转储操作开始时,数据库处于一致状态,而在转储期间不允许其他事务对数据库进行任何存取、修改操作,数据库仍处于一致状态。

静态转储虽然简单,并且能够得到一个数据一致性的副本,但是转储必须等待正运行的事务结束才能进行,新的事务也必须等待转储结束才能执行,这就降低了数据库的可用性。

2) 动态转储

动态转储是指在转储过程中允许其他事务对数据库进行存取或修改操作的转储方式。也就是说,转储和用户事务并发执行。动态转储有效地克服了静态转储的缺点,它不用等待正在运行的事务结束,也不会影响新事务的开始。动态转储的主要缺点是后援副本中的数据并不能保证正确、有效。

由于动态转储是动态进行的,这样后备副本中存储的就可能是过时的数据。因此,有必要把转储期间各事务对数据库的修改活动登记下来,建立日志文件(Log File),使后援副本加上日志文件能够把数据库恢复到某一时刻的正确状态。

2．海量转储和增量转储

1）海量转储

海量转储是指每次转储全部数据库。海量转储能够得到后备副本,利用后备副本能够比较方便地进行数据恢复工作,但对于数据量大和更新频率高的数据库不适合频繁地进行海量转储。

2）增量转储

增量转储是指每次只转储上一次转储后更新过的数据。增量转储适用于数据库较大且事务处理十分频繁的数据库系统。

由于数据转储可在动态和静态两种状态下进行,因此数据转储方法可以分为 4 类,即动态海量转储、动态增量转储、静态海量转储和静态增量转储。

10.3.4 使用日志的数据库恢复技术 ▶

还来看例 9.3 中提到的转账的例子。假设账户 A 和 B 的原有余额分别为 1000 元和 2000 元,A 向 B 转账金额为 50 元,转账成功后账户 A 和 B 的余额应该分别为 950 元和 2050 元。但是,若事务 T 在 WRITE(BALANCE_A)之后、WRITE(BALANCE_B)之前发生系统故障,此时账户 A 的余额为 950 元,账户 B 的余额为 2000 元,数据库处于不一致状态,主存内容丢失。当系统恢复运行后,可能采用以下两种方法之一进行数据库恢复。

方法一：重新运行事务 T。此时账户 A 的余额将变成 900 元,数据库处于错误状态。

方法二：不再运行事务 T。此时账户 A 的余额为 950 元,账户 B 的余额为 2000 元,数据库还是处于错误状态。

显然上述两种简单的数据库恢复方法都不能保证数据库的正确性,问题的根源在于没有等到事务真正提交就已经修改了数据库。正确的数据库恢复技术应该能保证事务的原子性,绝不允许一个事务的部分操作结果写入数据库,而另一部分操作没有正确执行。下面介绍的两种更新技术均能保证事务的原子性。其原理是先把对数据库的更新操作信息写入永恒存储器,然后根据这些信息实施对数据库的更新。

这种技术的基本概念是数据库系统日志,简称为日志。日志文件是用来记录事务对数据库的更新操作的文件。不同数据库系统采用的日志文件格式并不完全一样。概括起来,日志文件主要有两种格式,即以记录为单位的日志文件和以数据块为单位的日志文件。

为保证数据库是可恢复的,日志文件必须遵循两条原则：写日志文件的次序严格按并发事务执行的时间次序;必须先写日志文件,后写数据库。为了确保数据库总能成功恢复,日志必须存储在永恒存储器中。日志记载的信息主要是写操作,与 WRITE(Q)对应。

日志的基本记录有以下 3 种类型。

(1) 第一类型：(T,START),表示事务 T 已经开始。

(2) 第二类型：(T, X, V1, V2),表示事务 T 已经将数据项 X 从原始值 V1 改为新值 V2。无论什么时候,事务执行写操作,总是建立日志记录在前,实施更新数据库在后。有了这个记录,就可以在必要时用新值或原始值去更新数据库,使数据库始终保持正确状态。

(3) 第三类型：(T,COMMIT),表示事务 T 已经提交。

把对数据的修改写到数据库中和把表示这个修改的日志记录写到日志文件中是两个不同的操作。有可能在这两个操作之间发生故障,即这两个写操作只完成了一个。如果先写了数据库修改,而在运行记录中没有登记这个修改,则以后就无法恢复这个修改了。如果先写日志,但没有修改数据库,按日志文件恢复时只不过是多执行一次不必要的 UNDO 操作,并不会影响数据库的正确性。所以,为了安全,一定要先写日志文件,即首先把日志记录写到日志文件中,然后写数据库的修改,这就是"先写日志文件"的原则。

下面讨论两种基于日志的数据库恢复技术,即推迟更新技术和即时更新技术。

1. 推迟更新技术

推迟更新技术要求在一个事务的运行期间用日志记载对数据库的每项更新操作,此时并不更新数据库,仅当这个事务的所有更新操作所对应的日志记录全部写入永恒存储器后(这个时刻称为提交点,这个状态称为部分提交状态)才按照日志信息对数据库实施更新。也就是说,数据库的更新操作推迟到有关日志记录全部建立后才执行。

这个技术遵循以下推迟更新协议。

(1) 每个事务在到达提交点之前不能更新数据库。

(2) 一个事务的所有更新操作对应的日志记录写入永恒存储器之前,该事务不能到达提交点。

如图 10.18 所示,当一个事务进入提交点时,该事务进入部分提交状态。推迟更新技术保证当一个事务部分提交时,这个事务的所有更新技术的信息都已记录在日志中,以保证可以使用日志中有关该事务的数据库更新操作的信息更新数据库。若在一个事务部分提交之前异常结束或发生系统故障,日志中有关这个事务的信息将被删除。

图 10.18 事务执行过程

推迟更新技术执行事务 T 的过程如下。

(1) T 开始执行,记录<T,START>。

(2) T 发出 WRITE(X)操作,记录<T,X,V1,V2>。

(3) T 到达部分提交状态时,记录<T,COMMIT>,并根据日志中形如<T,X,V1,V2>的记录,把数据库中的数据项 X 更新为新值 V2。

(4) 数据库真正地被事务 T 更新,T 进入提交状态。

由于推迟更新技术仅需新值,所以可以简化日志结构为<T,X,V2>。

针对推迟更新技术,DBMS 所采用的恢复机制是 REDO(T)。

```
FOR 日志中每个形如(T,X,V)的记录 DO
    把数据库中数据项 X 的值改为 V;
END FOR
```

注意:REDO 操作必须是幂等的,即执行多次和执行一次的效果相同。

【例 10.4】 在银行数据库系统中,事务 T1 从账号 A 向账号 B 转储 50 元;事务 T2 从账号 C 支出 100 元。两事务分别定义如下。

```
T1: READ(A);          T2:READ(C);
    A: = A - 50;          C: = C - 100;
    WRITE(A);            WRITE(C);
```

```
READ(B);
B: = B + 50;
WRITE(B);
```

设 A、B 和 C 的初值分别为 1000 元、2000 元和 700 元,且 T1 与 T2 按串行调度<T1,T2>执行,日志中所包含的有关 T1、T2 的信息如下。

```
< T1,START >        < T2,START >
< T1,A,950 >        < T2,C,600 >
< T1,B,2050 >       < T2,COMMIT >
< T1,COMMIT >
```

特别要强调的是,数据库中 A、B 的值仅在<T1,COMMIT>写入日志后才能被更改,数据库中 C 的值仅在<T2,COMMIT>写入日志后才能被更改。

日志与数据库的变化过程如下。

```
日志记录              数据库
< T1,START >
< T1,A,950 >
< T1,B,2050 >
< T1,COMMIT >
                    A = 950
                    B = 2050

< T2,START >
< T2,C,600 >
< T2,COMMIT >
                    C = 60
```

故障实例 1:设故障恰好发生在 T1 的 WRITE(B)操作信息被写入日志之后。

日志内容如下。

```
            T1                  T2
< T1,START >
< T1,A,950 >
< T1,B,2050 >
```

数据库中 A、B 的值未改变。

数据库恢复机制:日志中有关事务 T1 的信息被删除,数据库不采取任何恢复行动。

结果:A=1000,B=2000,C=700。

故障实例 2:设故障恰好发生在 T2 的 WRITE(C)操作之后。

日志内容如下。

```
            T1                  T2
< T1,START >
< T1,A,950 >
< T1,B,2050 >
< T1,COMMIT >
                        < T2,START >
                        < T2,C,600 >
```

数据库中 A、B 的值已改变,C 值未改变。

数据库恢复机制:需要执行 REDO(T1)。

结果:A=950,B=2050,C=700。

故障实例 3:设故障恰好发生在<T2,COMMIT>之后。

日志内容如下。

```
          T1                      T2
<T1,START>
<T1,A,950>
<T1,B,2050>
<T1,COMMIT>
                        <T2,START>
                        <T2,C,600>
                        <T2,COMMIT>
```

数据库中 A、B、C 的值已改变。

数据库恢复机制：需要执行 REDO(T1)和 REDO(T2)。

结果：A＝950,B＝2050,C＝600。

2．即时更新技术

即时更新技术要求在执行每个更新操作前把对应的一条日志记录成功地写入永恒存储器。写日志记录和更新操作交替进行,处于活动状态的事务直接在数据库上实施更新。

即时更新协议如下。

（1）在所有＜T,X,V1,V2＞型日志记录安全地存储到永恒存储器之前,事务 T 不能更新数据库。

（2）在所有＜T,X,V1,V2＞型日志记录安全地存储到永恒存储器之前,不允许事务 T 提交。

即时更新技术运行事务 T 的过程如下。

（1）T 开始执行时,记录＜T,START＞。

（2）T 发出 WRITE(X)操作,在日志中记录＜T,X,V1,V2＞,再直接在数据库上执行 WRITE(X)。

（3）T 达部分提交状态时,记录＜T,COMMIT＞。

（4）数据库真正地被事务 T 更新,T 进入提交状态。

故障后的数据库恢复过程是把日志记载的事务分为未提交事务和已提交事务两个集合。

（1）未提交事务：即日志中无 COMMIT 记录的事务。对于该事务集,逆向扫描日志做 UNDO 处理,即将数据项用旧值代替新值。

```
FOR 日志中每个(T,X,V1,V2)记录 DO
    用 V1 覆盖数据项 X 的值
ENDFOR
```

（2）已提交事务：即日志中有 COMMIT 记录的事务。对于该事务集,正向扫描日志做 REDO 处理,即将数据项用新值代替旧值。

```
FOR 日志中每个(T,X,V1,V2)记录 DO
    用 V2 覆盖数据库中数据项 X 的值
ENDFOR;
```

REDO 和 UNDO 都是幂等的操作,即反复执行任意次数都有相同结果。

【例 10.5】 T1 和 T2 同例 10.4。

日志中所包含的有关 T1、T2 的信息如下。

```
< T1, START >                    < T2, START >
< T1, A, 1000, 950 >             < T2, C, 700, 600 >
< T1, B, 2000, 2050 >            < T2, COMMIT >
< T1, COMMIT >
```

日志与数据库的变化过程如下。

```
日志记录                    数据库
< T1, START >
< T1, A, 1000, 950 >
                           A = 950
< T1, B, 2000, 2050 >
                           B = 2050
< T1, COMMIT >
< T2, START >
< T2, C, 700, 600 >
                           C = 60
< T2, COMMIT >
```

故障实例 1：设故障恰好发生在 T1 的 WRITE(B) 操作信息被写入日志之后。

日志内容如下。

```
                T1
< T1, START >
< T1, A, 1000, 950 >
< T1, B, 2000, 2050 >
```

数据库中 A、B 的值已改变。

数据库恢复机制：因为 T1 未真正提交，所以 UNDO(T1)，A、B 被恢复。

结果：A＝1000，B＝2000。

故障实例 2：设故障恰好发生在 T2 的 WRITE(C) 操作写入日志之后。

日志内容如下。

```
         T1                      T2
< T1, START >
< T1, A, 1000, 950 >
< T1, B, 2000, 2050 >
< T1, COMMIT >
                          < T2, START >
                          < T2, C, 700, 600 >
```

数据库中 A、B、C 的值已改变。

数据库恢复机制：因为 T1 已提交，T2 未提交，要执行 UNDO(T2)、REDO(T1)。

结果：A＝950，B＝2050，C＝700。注意，UNDO(T2)需先执行。

故障实例 3：设故障恰好发生在 ＜T2,COMMIT＞ 之后。

日志内容如下。

```
         T1                      T2
< T1, START >
< T1, A, 1000, 950 >
< T1, B, 2000, 2050 >
< T1, COMMIT >
                          < T2, START >
                          < T2, C, 700, 600 >
                          < T2, COMMIT >
```

数据库中 A、B、C 的值已改变。

数据库恢复机制：因为 T1、T2 都已提交，需要执行 REDO(T1)、REDO(T2)。

结果：A=950，B=2050，C=600。

10.3.5 缓冲技术 ▶

1. 日志缓冲技术

在前面的讨论中，我们一直假设每个日志记录在它创建时就立即写入永恒存储器，但通常一个日志记录远远小于永恒存储器的读/写单位，而且永恒存储器的读/写涉及多个物理级的读写操作。这样，经常向永恒存储器写单个日志记录会导致系统开销很大。日志缓冲技术要求日志记录在内存缓冲区集结成块(磁盘读/写单位)后才写入永恒存储器。由于日志记录短小，而且永恒存储器的读/写涉及多个物理级的读/写操作，这样处理可以大幅度节省系统开销。由于考虑到缓冲区的日志记录会因系统故障而丢失，我们在前述数据库恢复协议上增加以下规则。

(1) 任何事务 T 必须在日志记录(T,COMMITS)写入永恒存储器后进入提交状态。

(2) 非(T,COMMITS)型记录必须在(T,COMMITS)型记录写入永恒存储器之前写入永恒存储器。

(3) 主存中的数据库数据必须在有关日志记录写入永恒存储器后才可以更新数据库。

2. 数据库缓冲技术

为了减少系统开销，数据库的读/写也需要使用缓冲技术。如果主存缓冲区的数据块 B1 将要被新的读入数据块 B2 覆盖，而 B1 已被修改，则要求先将有关日志记录存入永恒存储器，然后将 B1 写到永久存储器，最后才允许让 B2 覆盖 B1。

10.3.6 检查点技术 ▶

在利用日志技术进行数据库恢复时，恢复子系统必须搜索日志，确定哪些事务需要 REDO 操作，哪些事务需要 UNDO 操作。一般来说，系统需要检查所有日志记录。这样做有两个问题，一是搜索整个日志将耗费大量的时间，二是很多需要 REDO 处理的事务实际上已经将它们的更新操作结果写到数据库中了，然而恢复子系统又重新执行了这些操作，浪费了大量时间。为了解决这些问题，又发展了具有检查点的恢复技术。这种技术在日志文件中增加一类新的记录——检查点记录(Checkpoint)，增加一个重新开始文件，并让恢复子系统在登录日志文件期间动态地维护日志。

检查点记录包括以下内容。

(1) 建立检查点时刻所有正在执行的事务清单。

(2) 这些事务最近一个日志记录的地址。

重新开始文件用来记录各个检查点记录在日志文件中的地址。图 10.19 说明了建立检查点 C_i 时对应的日志文件和重新开始文件。

动态维护日志文件的方法是周期性地执行如下操作：建立检查点，保存数据库状态。具体步骤如下。

(1) 将当前日志缓冲中的所有日志记录写入磁盘的日志文件。

(2) 在日志文件中写入一个检查点记录。

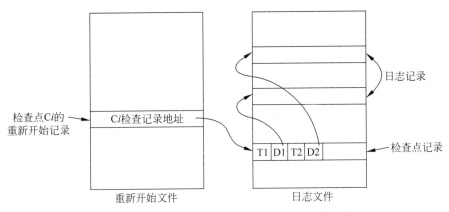

图 10.19 具有检查点的日志文件和重新开始文件

（3）将当前数据缓冲的所有数据记录写入磁盘的数据库中。

（4）把检查点记录在日志文件中的地址写入一个重新开始文件。

恢复子系统可以定期或不定期地建立检查点保存数据库状态。检查点可以按照预定的一个时间间隔建立，如每隔 1h 建立一个检查点；也可以按照某种规则建立检查点，如日志文件写满一半建立一个检查点。

使用检查点方法可以改善恢复效率。当事务 T 在一个检查点之前提交时，T 对数据库所做的修改一定都已写入数据库，写入时间是在这个检查点建立之前或在这个检查点建立之时。这样，在进行恢复处理时，没有必要对事务 T 执行 REDO 操作。

系统出现故障时恢复子系统将根据事务的不同状态采取不同的恢复策略，如图 10.20所示。

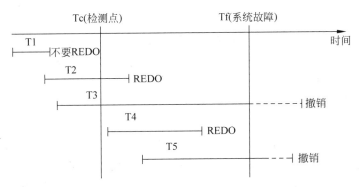

图 10.20 恢复子系统采取的策略

T1：在检查点之前提交。

T2：在检查点之前开始执行，在检查点之后故障点之前提交。

T3：在检查点之前开始执行，在故障点时还未完成。

T4：在检查点之后开始执行，在故障点之前提交。

T5：在检查点之后开始执行，在故障点时还未完成。

T3 和 T5 在故障发生时还未完成，所以予以撤销；T2 和 T4 在检查点之后才提交，它们对数据库所做的修改在故障发生时可能还在缓冲区中，尚未写入数据库，所以要执行 REDO 操作；T1 在检查点之前已提交，所以不必执行 REDO 操作。

系统使用检查点方法进行恢复的步骤如下。

（1）从重新开始文件中找到最后一个检查点记录在日志文件中的地址，由该地址在日志文件中找到最后一个检查点记录。

（2）由该检查点记录得到检查点建立时刻所有正在执行的事务清单 ACTIVE-LIST。建立两个事务队列：

- UNDO-LIST：需要执行 UNDO 操作的事务集合；
- REDO-LIST：需要执行 REDO 操作的事务集合。

把 ACTIVE-LIST 暂时放入 UNDO-LIST，REDO-LIST 暂时为空。

（3）从检查点开始正向扫描日志文件，如有新开始的事务 T_i，把 T_i 暂时放入 UNDO-LIST；如有提交的事务 T_j，把 T_j 从 UNDO-LIST 移到 REDO-LIST，直到日志文件结束。

（4）对 UNDO-LIST 中的每个事务执行 UNDO 操作，对 REDO-LIST 中的每个事务执行 REDO 操作。

10.3.7 恢复策略 ▶

1. 事务故障的恢复

事务故障是指事务在运行至正常终止点前被中止，这时恢复子系统应利用日志文件撤销（UNDO）此事务已对数据库进行的修改。事务故障的恢复是由系统自动完成的，对用户是透明的。系统的恢复步骤如下。

（1）反向扫描文件日志（即从最后向前扫描日志文件），查找该事务的更新操作。

（2）对该事务的更新操作执行逆操作，即将日志记录中"更新前的值"写入数据库。这样，如果记录中是插入操作，则相当于删除操作（因为此时"更新前的值"为空）；若记录中是删除操作，则相当于插入操作；若是修改操作，则相当于用修改前的值代替修改后的值。

（3）继续反向扫描日志文件，查找该事务的其他更新操作，并做同样处理。

（4）如此处理下去，直到读到此事务的开始标记，事务故障恢复就完成了。事务故障是指事务在运行至正常终止点前被中止。恢复方法是由恢复子系统利用日志文件撤销（UNDO）此事务已对数据库进行的修改。

事务故障的恢复由系统自动完成，对用户是透明的，不需要用户干预。

2. 系统故障的恢复

前面已讲过，系统故障造成数据库不一致状态的原因有两个：一是未完成事务对数据库的更新可能已写入数据库；二是已提交事务对数据库的更新可能还留在缓冲区没来得及写入数据库。因此，恢复操作就是要撤销故障发生时未完成的事务，重做已完成的事务。

系统故障的恢复是由系统在重新启动时自动完成的，不需要用户干预。

系统故障的恢复步骤如下。

（1）正向扫描日志文件（即从头扫描日志文件），找出在故障发生前已经提交的事务（这些事务既有 BEGIN TRANSACTION 记录，也有 COMMIT 记录），将其事务标识记入重做（REDO）队列，同时找出故障发生时尚未完成的事务（这些事务只有 BEGIN TRANSACTION 记录，无相应的 COMMIT 记录），将其事务标识记入撤销（UNDO）队列。

（2）对撤销队列中的各个事务进行撤销（UNDO）处理。进行 UNDO 处理的方法是反向扫描日志文件，对每个 UNDO 事务的更新操作执行逆操作，即将日志记录中"更新前的值"写入数据库。

（3）对重做队列中的各个事务进行重做（REDO）处理。进行 REDO 处理的方法是正向扫描日志文件,对每个 REDO 事务重新执行日志文件登记的操作,即将日志记录中"更新后的值"写入数据库。

3. 介质故障的恢复

当发生介质故障和遭病毒破坏时,磁盘上的物理数据库遭到毁灭性破坏。因此,介质故障恢复的前提是定期产生数据库副本,并复制到永恒存储器,以备需要时把数据库恢复到备份的状态。恢复过程如下。

(1) 重新转储后备副本到新的磁盘,使数据库恢复到最近一次转储时的一致状态。对于静态转储的数据库副本,装入后数据库即处于一致性状态;对于动态转储的数据库副本,还需同时装入转储时刻的日志文件副本,利用与恢复系统故障的方法(即 REDO+UNDO)才能将数据库恢复到一致性状态。

(2) 装入有关的日志文件副本(转储结束时刻的日志文件副本),在日志中找出转储以后所有已提交的事务,将其记入 REDO 队列。

(3) 对 REDO 队列中的所有事务进行 REDO 处理,将数据库恢复到故障前某一时刻的一致状态,如图 10.21 所示。

图 10.21　备份和恢复阶段

事务故障和系统故障的恢复由系统自动进行,而介质故障的恢复需要 DBA 配合执行。但 DBA 只需要重装最近转储的数据库副本和有关的各日志文件副本,然后执行系统提供的恢复命令即可,具体的恢复操作仍由 DBMS 完成。在实际中,系统故障通常称为软故障(Soft Crash),介质故障通常称为硬故障(Hard Crash)。

10.4　MySQL 数据库备份与恢复

扫一扫

视频讲解

尽管采取了一些管理措施保证数据库的安全,但是在不确定的意外情况下,总是有可能造成数据的损失。所以,为了保证数据的安全,必须定期对数据进行备份。如果数据库中的数据出现了错误,就需要使用备份好的数据进行数据还原,这样可以将损失降至最低。

MySQL 提供了多种方法对数据进行备份和恢复。

10.4.1　MySQL 数据库备份的类型　▶

根据备份的方法(是否需要数据库离线),可以将备份分为以下几类。

(1) 热备份(Hot Backup):热备份可以在数据库运行中直接备份,对正在运行的数据库操作没有任何的影响,数据库的读写操作可以正常执行。这种方式在 MySQL 官方手册中称为 Online Backup(在线备份)。

按照备份后文件的内容,热备份又可以分为逻辑备份和裸文件备份。

在 MySQL 数据库中,逻辑备份是指备份出的文件内容是可读的,一般是文本内容。内容一般是由一条条 SQL 语句,或者是表内实际数据组成,如 mysqldump 和 SELECT * INTO OUTFILE 的方法。这类方法的优点是可以观察导出文件的内容,一般适用于数据库的升级、迁移等工作；缺点是恢复的时间较长。

裸文件备份是指复制数据库的物理文件，既可以在数据库运行中进行复制（如ibbackup、xtrabackup这类工具），也可以在数据库停止运行时直接复制数据文件。这类备份的恢复时间往往比逻辑备份短很多。

（2）冷备份（Cold Backup）：冷备份必须在数据库停止的情况下进行，数据库的读写操作不能执行。这种备份最简单，一般只需要复制相关的数据库物理文件即可。这种方式在MySQL官方手册中称为Offline Backup（离线备份）。

（3）温备份（Warm Backup）：温备份同样是在数据库运行中进行的，但是会对当前数据库的操作有所影响，备份时仅支持读操作，不支持写操作。

按照备份数据库的内容分类，备份又可以分为以下几类。

（1）完全备份：完全备份是指对数据库进行一个完整的备份，即备份整个数据库。如果数据较多，会占用较大的时间和空间。

（2）部分备份：部分备份是指备份部分数据库，如只备份一张表。部分备份又分为增量备份和差异备份。

增量备份需要使用专业的备份工具，指的是在上次完全备份的基础上，对更改的数据进行备份，即每次只会备份自上次备份之后到备份时间之内产生的数据。因此，每次备份都比差异备份节约空间，但是恢复数据麻烦。

差异备份指的是备份自上一次完全备份以来变化的数据。和增量备份相比，差异备份浪费空间，但恢复数据更简单。

MySQL中进行不同方式的备份还要考虑存储引擎是否支持，如MyISAM不支持热备份，支持温备份和冷备份；而InnoDB支持热备份、温备份和冷备份。

一般情况下，需要备份的数据分为以下几种：表数据、二进制日志、InnoDB事务日志、代码（存储过程、存储函数、触发器、事件调度器）、服务器配置文件。

10.4.2 MySQL 数据库备份 ▶

MySQL备份数据库的方式有多种，最常用的数据库热备份（而且是完全备份）方式是使用mysqldump命令。执行mysqldump命令时，可以将数据库中的数据备份成一个文本文件。数据表的结构和数据将存储在生成的文本文件中。

1. 备份一个数据库

使用mysqldump命令备份一个数据库的语法格式如下。

```
mysqldump - u username - p dbname [tbname ...]> filename.sql
```

其中，username表示用户名称；dbname表示需要备份的数据库名称；tbname表示数据库中需要备份的数据表，可以指定多张数据表，省略该参数时会备份整个数据库；右箭头（>）用来告诉mysqldump命令将备份数据表的定义和数据写入备份文件；filename.sql表示备份文件的名称，文件名前面可以加绝对路径。通常将数据库备份成一个扩展名为.sql的文件。

mysqldump命令备份的文件并非一定要求扩展名为.sql，备份成其他格式的文件也是可以的，如扩展名为.txt的文件。通常情况下，建议备份成.sql文件，因为.sql文件给人第一感觉就是与数据库有关的文件。

例如,下面使用 root 用户备份 samples 数据库中的 Stock 表。打开命令行(cmd)窗口,输入备份命令和密码,运行过程如下。

```
mysqldump － u root － p samples Stock ＞ D:\stock.sql
```

注意：mysqldump 命令必须在 cmd 窗口下执行,要切换到 MySQL Server 的 bin 目录下,如图 10.22 所示。不能登录到 MySQL 服务器中执行。

```
C:\Program Files\MySQL\MySQL Server 8.0\bin>mysqldump -uroot -p samples stock>D:\stock.sql
Enter password: ********
```

图 10.22　执行 mysqldump 命令

2. 备份多个数据库

如果要使用 mysqldump 命令备份多个数据库,需要使用 --databases 参数。备份多个数据库的语法格式如下。

```
mysqldump － u username － P -- databases dbname1 dbname2 ... ＞ filename.sql
```

加上--databases 参数后,必须指定至少一个数据库名称,多个数据库名称之间用空格隔开。

例如,下面使用 root 用户备份 samples 数据库和 mysql 数据库。

```
mysqldump － u root － p -- databases samples mysql ＞ D:\samples.sql
```

执行完后,可以在 D 盘看到名为 samples.sql 的文件,这个文件中存储着 samples 数据库的信息。

3. 备份所有数据库

使用 mysqldump 命令备份所有数据库的语法格式如下。

```
mysqldump － u username － P -- all-databases ＞ filename.sql
```

使用--all-databases 参数时,不需要指定数据库名称。

例如,下面使用 root 用户备份所有数据库。

```
mysqldump － u root － p -- all-databases ＞ D:\all.sql
```

执行完后,可以在 D 盘看到名为 all.sql 的文件,这个文件中存储着所有数据库的信息。

10.4.3　MySQL 数据库恢复 ▶

在 MySQL 中,可以使用 mysql 命令恢复备份的数据。mysql 命令可以执行备份文件中的 CREATE 语句和 INSERT 语句,也就是说,mysql 命令可以通过 CREATE 语句创建数据库和表,通过 INSERT 语句插入备份的数据。

mysql 命令语法格式如下。

```
mysql － u username － P [dbname] ＜ filename.sql
```

其中,username 表示用户名称;dbname 表示数据库名称,该参数是可选参数,如果 filename.sql 文件为 mysqldump 命令创建的包含创建数据库语句的文件,则执行时不需要指定数据库名,指定的数据库名不存在将会报错;filename.sql 表示备份文件的名称。

注意：mysql 命令和 mysqldump 命令一样,都直接在命令行(cmd)窗口下执行。

例如,下面使用 root 用户恢复所有数据库。

```
mysql - u root - p < D:\all.sql
```

注意:如果使用--all -databases 参数备份了所有数据库,那么恢复时不需要指定数据库。因为,其对应的.sql 文件中含有 CREATE DATABASE 语句,可以通过该语句创建数据库。创建数据库之后,可以执行.sql 文件中的 USE 语句选择数据库,然后在数据库中创建表并且插入记录。

10.4.4 导出和恢复表数据 ▶

1. 导出表数据

通过对数据表的导入和导出,可以实现 MySQL 数据库服务器与其他数据库服务器间数据的转移。导出是指将 MySQL 数据表的数据复制到文本文件。数据导出的方式有多种,本节主要介绍使用 SELECTI...INTO OUTFILE 语句导出数据。

SELECT...INTO OUTFILE 语句基本语法格式如下,用 SELECT 查询所需要的数据,用 INTO OUTFILE 导出数据。

```
SELECT 列名 FROM table [WHERE 语句] INTO OUTFILE '目标文件'[OPTIONS]
```

其中,'目标文件'用来指定将查询的记录导出到哪个文件。这里需要注意的是,目标文件不能是一个已经存在的文件;[OPTIONS]为可选参数,OPTIONS 部分的语法包括 FIELDS和 LINES 子句,其常用的取值如下。

(1) FIELDS TERMINATED BY '字符串':设置字符串为字段之间的分隔符,可以为单个或多个字符,默认情况下为制表符\t。

(2) FIELDS [OPTIONALLY] ENCLOSED BY '字符':设置字符为 CHAR、VARCHAR和 TEXT 等字符型字段;如果使用了 OPTIONALLY,则只能为 CHAR 和 VARCHAR 等字符型字段。

(3) FIELDS ESCAPED BY '字符':设置如何写入或读取特殊字符,只能为单个字符,即设置转义字符,默认值为\。

(4) LINES STARTING BY '字符串':设置每行开头的字符,可以为单个或多个字符,默认情况下不使用任何字符。

(5) LINES TERMINATED BY '字符串':设置每行结尾的字符,可以为单个或多个字符,默认值为\n。

注意:FIELDS 和 LINES 两个子句都是自选的,但是如果两个都被指定了,FIELDS 必须位于 LINES 的前面。

例如,下面使用 SELECT...INTO OUTFILE 语句导出 samples 数据库中 Stock 表中的记录。

```
SELECT * FROM samples.Stock INTO OUTFILE
'C:\\ProgramData\\MySQL\\MySQL Server 8.0\\Uploads\\stock.txt'
```

以下语句在导出 Stock 表的数据时,使用 FIELDS 和 LINES 选项,要求字段之间用顿号隔开,字符型数据用双引号括起来,每条记录以"-"开头。

```
SELECT * FROM samples.stock INTO OUTFILE
'C:\\ProgramData\\MySQL\\MySQL Server 8.0\\Uploads\\stock_1.txt'
```

```
FIELDS TERMINATED BY '\,'
OPTIONALLY ENCLOSED BY '\"'
LINES STARTING BY '\ - ' TERMINATED BY '\r\n';
```

注意：导出时可能会出现如图 10.23 所示的错误。

Error Code: 1290. The MySQL server is running with the --secure-file-priv option so it cannot execute this statement

图 10.23　导出错误

这是因为 MySQL 限制了数据的导出路径。MySQL 导入和导出文件只能在 secure-file-priv 变量的指定路径下的文件才可以导入和导出。有以下两种解决办法。

第 1 种方法，使用以下语句查看 secure-file-priv 变量配置。

```
show variables like '% secure %';
```

图 10.24 所示为一个结果示例。

Variable_name	Value
require_secure_transport	OFF
secure_file_priv	C:\ProgramData\MySQL\MySQL Server 8.0\Uploads\

图 10.24　show variables 命令执行结果示例

图 10.24 中，secure_file_priv 的值指定的是 MySQL 导入/导出文件的路径。将 SQL 语句中的导出文件路径修改为该变量的指定路径，再执行导入/导出操作即可。也可以在 my.ini 配置文件中修改 secure_file_priv 的值，然后重启服务即可。

第 2 种方法，如果 secure_file_priv 值为 NULL，则为禁止导出，可以在 MySQL 安装路径下的 my.ini 文件中添加"secure_file_priv＝设置路径"语句，然后重启服务即可。

2. 恢复表数据

可使用 LOAD DATA INFILE 语句恢复先前备份的表数据。

例如，将之前导出的数据备份文件 stock.txt 导入 samples 数据库的 Stock_copy 表中，其中 Stock_copy 的表结构和 Stock 表相同。

首先，通过 Stock 表创建 Stock_copy 表。

```
CREATE TABLE Stock_copy LIKE Stock;
```

然后，通过 LOAD DATA INFILE 语句导入数据。

```
LOAD DATA INFILE
'C:\\ProgramData\\MySQL\\MySQL Server 8.0\\Uploads\\stock.txt '
INTO TABLE Stock_copy;
```

或者按照规定格式从 stock_1.txt 文件导入数据。

```
LOAD DATA INFILE
'C:\\ProgramData\\MySQL\\MySQL Server 8.0\\Uploads\\stock_1.txt '
INTO TABLE Stock_copy
FIELDS TERMINATED BY '\,'
OPTIONALLY ENCLOSED BY '\"'
LINES STARTING BY '\ - ' TERMINATED BY '\r\n';
```

10.4.5　通过二进制日志还原数据库 ▶

日志是数据库的重要组成部分，主要用来记录数据库的运行情况、日常操作和错误信息。在 MySQL 中,日志可以分为二进制日志、错误日志、通用查询日志和慢查询日志。

二进制日志文件会以二进制的形式记录数据库的各种操作,但不记录查询语句。

错误日志文件会记录 MySQL 服务器的启动、关闭和运行错误等信息。

通用查询日志文件记录 MySQL 服务器的启动和关闭信息、客户端的连接信息、更新、查询数据记录的 SQL 语句等。

慢查询日志文件记录执行事件超过指定时间的操作,通过工具分析慢查询日志可以定位 MySQL 服务器性能瓶颈所在。

这几种日志文件中,除了二进制日志文件外,其他日志文件都是文本文件。

使用日志有优点,也有缺点。启动日志后,虽然可以对 MySQL 服务器性能进行维护,但是会降低 MySQL 的执行速度。例如,一个查询操作比较频繁的 MySQL 中,记录通用查询日志和慢查询日志要花费很多的时间。

日志文件还会占用大量的硬盘空间。对于用户量非常大、操作非常频繁的数据库,日志文件需要的存储空间甚至比数据库文件需要的存储空间还要大。因此,是否启动日志、启动什么类型的日志要根据具体的应用来决定。

1. 二进制日志

二进制日志(Binary Log)也可叫作变更日志(Update Log),主要用于记录数据库的变化情况,即 SQL 的 DDL 和 DML 语句,不包含数据记录查询操作。

如果 MySQL 数据库意外停止,可以通过二进制日志文件查看用户执行了哪些操作,对数据库服务器文件做了哪些修改,然后根据二进制日志文件中的记录恢复数据库服务器。

MySQL 8.0 安装完成后会自动开启二进制日志,默认二进制日志文件名为主机名,扩展名为二进制日志的序列号。使用以下命令可以查看 MySQL 中有哪些二进制日志文件。

```
SHOW binary logs;
```

或

```
SHOW master logs;
```

图 10.25 是一个结果示例。

Log_name	File_size	Encrypted
LAPTOP-GDESD0PV-bin.000127	24795	No
LAPTOP-GDESD0PV-bin.000128	13293	No
LAPTOP-GDESD0PV-bin.000129	2817	No
LAPTOP-GDESD0PV-bin.000130	179	No
LAPTOP-GDESD0PV-bin.000131	3220	No

图 10.25 二进制日志文件示例

2. MySQL 使用二进制日志还原数据库

数据库遭到意外损坏时,应该先使用最近的备份文件还原数据库。另外,备份之后,数据库可能进行了一些更新,这时可以使用二进制日志来还原,因为二进制日志中存储了更新数据库的语句,如 UPDATE、INSERT 语句等。二进制日志还原数据库的命令如下。

```
mysqlbinlog filename.number | mysql - u root - p
```

以上命令可以理解成先使用 mysqlbinlog 命令读取 filename. number 中的内容,再使用 mysql 命令将这些内容还原到数据库中。

一般情况下,通过 mysqldump 命令完成数据库的完全备份,通过二进制日志文件完成差异备份;恢复时,先通过 mysql 命令恢复数据库的完全备份,再通过日志文件恢复数据库的差异备份。

使用 mysqlbinlog 命令进行还原操作时,必须是编号(number)小的先还原。例如,图 10.25 中的二进制日志,编号为 000127 的日志文件必须在编号为 000128 的日志文件之前还原。

下面使用二进制日志还原数据库,命令如下。

```
mysqlbinlog LAPTOP - GDESD0PV - bin.000127 | mysql - u root - p
mysqlbinlog LAPTOP - GDESD0PV - bin.000128 | mysql - u root - p
mysqlbinlog LAPTOP - GDESD0PV - bin.000129 | mysql - u root - p
mysqlbinlog LAPTOP - GDESD0PV - bin.000130 | mysql - u root - p
mysqlbinlog LAPTOP - GDESD0PV - bin.000131 | mysql - u root - p
```

需要注意的是,二进制日志虽然可以用来还原 MySQL 数据库,但是其占用的磁盘空间也是非常大的。因此,在备份数据库之后,应该备份并删除之前的二进制日志。如果备份之后发生异常,造成数据库的数据损失,可以通过备份之后的二进制日志进行还原。

10.5 SQL Server 数据库备份与恢复

数据库管理员的一项重要工作是执行备份和还原操作,确保数据库中数据的安全和完整。计算机技术的广泛应用一方面大大提高了人们的工作效率,另一方面又为人们和组织的正常工作带来了巨大的隐患。无论是计算机硬件系统的故障还是计算机软件系统的瘫痪,都有可能对人们和组织的正常工作带来极大的冲击,甚至出现灾难性的后果,备份和还原是解决这种问题的有效机制。备份是还原的基础,还原是备份的目的。

10.5.1 SQL Server 数据库备份

SQL Server 数据库备份包括完整备份、差异备份和日志文件备份。

1. 完整备份

完整备份包含数据库中的全部数据和日志文件信息,也称为全库备份或海量备份。当文件磁盘量较小时,完整备份的资源消耗并不能显现,但是一旦数据库文件的磁盘量非常大,就会明显地消耗服务器的系统资源。因此,对于完整备份,一般需要停止数据库服务器的工作,或在用户访问量较少的时间段进行此项操作。

当执行完整备份时,SQL Server 将备份在备份过程中发生的任何活动,以及把任何未提交的事务备份到事务日志。在恢复备份时,SQL Server 利用备份文件中捕捉到的部分事务日志确保数据一致性。

备份整个数据库的一般语法格式如下。

```
BACKUP DATABASE database_name
    TO { DISK | TAPE } = 'physical_backup_device_name'
```

其中,database_name 指定了一个数据库,从该数据库中对事务日志、部分数据库或完整的数据库进行备份;physical_backup_device_name 指定备份操作时要使用的物理备份设备或物理文件名。

2. 差异备份

差异备份只创建数据库中自上一次数据库备份之后修改过的所有页的副本。差异备份主要用于使用频繁的系统，一旦这类系统中的数据库发生故障，必须尽快使其重新联机。差异备份比完整数据库备份小，因此对正在运行的系统影响较小。

例如，某个站点在星期天晚上执行完整数据库备份；在白天每隔 4h 制作一个事务日志备份集，并用当天的备份重写前一天的备份；每晚则进行差异备份。如果数据库的某个数据磁盘在星期四早上 9:12 出现故障，则该站点可以：

（1）备份当前事务日志；

（2）还原从星期天晚上开始的数据库备份；

（3）还原从星期三晚上开始的差异备份，将数据库回滚到这一时刻；

（4）还原从早上 4:00—8:00 的事务日志备份，将数据库回滚到早上 8:00；

（5）还原故障之后的日志备份，这将使数据库回滚到故障发生的那一刻。

特别要注意的是，差异备份必须基于完整备份，因此差异备份的前提是进行至少一次的完整备份。在还原差异备份之前，必须先还原其完整备份数据。如果按给定备份的要求进行一系列差异备份，则在还原时只需还原一次完整备份和最近的差异备份即可。

差异备份数据库的一般语法格式如下。

```
BACKUP DATABASE database_name
TO { DISK | TAPE } = 'physical_backup_device_name'
WITH DIFFERENTIAL
```

3. 日志文件备份

日志文件备份是指当数据库文件发生信息更改时，其基本的操作记录将通过日志文件进行记录，对于这一部分操作信息进行的备份就是日志文件备份。

执行日志文件备份的前提和基本条件是要求有一个完整备份。日志文件备份的语法格式如下。

```
BACKUP LOG { database_name | @database_name_var }
TO { DISK | TAPE } = 'physical_backup_device_name'
```

【例 10.6】 对 Sample 数据库做备份工作。

（1）在某一个时间点对 Sample 数据库做一个完整备份，备份到 D:\backup\Sample_full.bak 文件。

```
BACKUP DATABASE Sample TO DISK = 'D:\backup\Sample_full.bak'
```

（2）一段时间过去了，Sample 数据库中的内容发生一些变化，需要做一个差异备份。将 Sample 数据库差异备份到 D:\backup\Sample_1.bak 文件。

```
BACKUP DATABASE Sample TO DISK = 'D:\backup\Sample_1.bak'
WITH DIFFERENTIAL
```

（3）又过了一段时间，将 Sample 数据库的日志文件备份到 D:\backup\Sample_log.bak 文件。

```
BACKUP LOG Sample TO DISK = 'D:\backup\Sample_log.bak'
```

4. 备份前的计划工作

为了将系统安全、完整地备份，应该在具体执行备份之前根据具体的环境和条件制订一个完善可行的备份计划,以确保数据库系统的安全。为了制订备份计划,应该重点考虑以下8项内容。

(1) 确定备份的频率。备份的频率就是每隔多长时间备份一次。需要考虑两个因素:一是系统还原时的工作量,二是系统活动的事务量。对于数据库的完整备份,备份频率可以是每月、每周甚至每天;相对于完整备份而言,事务日志备份频率可以是每周、每天甚至每小时。

(2) 确定备份的内容。备份的内容就是要保护的对象,包括系统数据库中的数据和用户数据库中的数据。在每次备份时一定要将应该备份的内容完整地备份。

(3) 确定使用的介质。备份的介质一般选用磁盘或磁带,具体使用哪一种介质,要考虑用户的成本承受能力、数据的重要程度、用户的现有资源等因素。介质确定以后,一定要保持介质的持续性,一般不轻易改变。

(4) 确定备份工作的负责人。备份负责人负责备份的日常执行工作,并且要经常进行检查和督促,这样可以明确责任,确保备份工作得到人力保障。

(5) 确定使用在线备份还是脱机备份。在线备份就是动态备份,允许用户继续使用数据库。脱机备份就是在备份时不允许用户使用数据库。虽然备份是动态的,但是用户的操作也会影响数据库备份的速度。

(6) 确定是否使用备份服务器。在备份时,如果有条件,最好使用备份服务器,这样可以在系统出现故障时迅速还原系统的正常工作。当然,使用备份服务器会增加备份的成本。

(7) 确定备份存储的地方。备份是非常重要的内容,一定要保存在安全的地方。在保存备份时应该实行异地存放,并且每套备份的内容应该有两份以上的备份。

(8) 确定备份存储的期限。对于一般性的业务数据,可以确定一个比较短的期限;但是对于重要的业务数据,需要确定一个比较长的期限,期限越长,需要的备份介质就越多,备份成本也随之增大。

10.5.2　SQL Server 数据库恢复

SQL Server 数据库恢复(还原)就是指加载数据库备份到系统中的进程。针对不同的数据库备份类型,可以采取不同的数据库还原方法。

1. 根据数据库完整备份进行恢复

任何磁盘故障或磁盘错误引起的数据库混乱或崩溃都需要利用备份进行恢复,并且需要首先利用数据库完整备份进行恢复,然后再进行增量恢复或日志恢复。

恢复数据库完整备份的命令是 RESTORE DATABASE,常用语法格式如下。

```
RESTORE DATABASE database_name
FROM {DISK | TAPE } = 'physical_backup_device_name'
[WITH [{NORECOVERY| RECOVERY}] ]
```

其中,NORECOVERY 指定还原操作不回滚任何未提交的事务;RECOVERY 指定还原操作回滚任何未提交的事务,在恢复进程后即可随时使用数据库。

当使用完全数据库备份还原数据库时,系统将自动重建原来的数据库文件,并且把这些文件放在备份数据库时这些文件所在的位置。这种进程是系统自动提供的,因此用户在执行数据库还原工作时不需要重新建立数据库模式结构。

2. 根据差异备份进行恢复

如果存在差异备份,则一般需要进行相应的恢复操作。

恢复差异备份的数据库的命令也是 RESTORE DATABASE,但是需要注意以下几点。

（1）已经使用 RESTORE DATABASE 命令完成了完全备份的恢复,同时指定了 NORECOVERY 子句。

（2）在进行差异备份恢复时需要指定 NORECOVERY 或 RECOVERY。

（3）如果有多个差异备份,则一定要按照备份的先后顺序进行恢复。

3. 根据日志文件进行恢复

利用日志文件可以将数据库恢复到最新的一致状态或任意事务点。

在利用事务日志进行恢复之前,必须注意以下两点。

（1）在恢复事务日志备份前,需首先恢复数据库完整备份或差异备份。

（2）如果有多个日志备份,则按先后顺序进行恢复。

利用日志进行恢复的命令是 RESTORE LOG,常用语法格式如下。

```
RESTORE LOG database_name
FROM {DISK | TAPE } = 'physical_backup_device_name'
[WITH [{ NORECOVERY | RECOVERY}]
    [ [ , ] STOPAT = date_time
    | [ , ] STOPATMARK = 'mark_name' [ AFTER datetime ]
    | [ , ] STOPBEFOREMARK = 'mark_name' [ AFTER datetime ]
]
]
```

其中,STOPAT = date_time 表示将数据库还原到其在指定的日期和时间时的状态; STOPATMARK = 'mark_name' [AFTER datetime]表示恢复到指定的标记,包括包含该标记的事务; STOPBEFOREMARK = 'mark_name' [AFTER datetime]表示恢复到指定的标记,但不包括包含该标记的事务。

注意：所有中间恢复步骤都选择 NORECOVERY 选项,最后一个事务恢复选择 RECOVERY 选项。

【例 10.7】 针对例 10.6 中的备份,将数据库还原到其在 2011 年 4 月 15 日中午 12:00 的状态。

（1）还原完整备份的数据库。

```
RESTORE DATABASE Sample
FROM DISK = 'D:\backup\Sample_full.bak'
    WITH NORECOVERY
```

（2）还原差异备份的数据库。

```
RESTORE DATABASE Sample
FROM DISK = 'D:\backup\Sample_1.bak'
    WITH NORECOVERY
```

（3）还原日志文件备份,并且只还原到 2011 年 4 月 15 日中午 12:00 时的状态。

```
RESTORE LOG Sample
FROM DISK = 'D:\backup\Sample_log.bak'
WITH RECOVERY, STOPAT = 'Apr 15, 2011 12:00 AM'
```

小结

并发控制子系统和恢复子系统是 DBMS 的重要组成部分,本章介绍了这两个子系统的基本原理。

事务是数据库系统运行的基本工作单元,由一组操作序列组成,具有 ACID 性质,即原子性、一致性、隔离性和持久性。

为了保证多个用户同时正确地操作数据库,保证事务的隔离性,并能够保证数据的一致性和正确性,需要对数据库进行并发控制。

恢复是保证数据库安全、可靠的重要手段,是数据库可以连续运行的可靠保证,利用恢复可以保证事务的原子性、一致性和持久性。恢复技术有数据转储、日志文件、缓冲技术、检查点技术。

扫一扫

自测题

习题 10

一、选择题

1. 事务的原子性是指( )。

    A. 事务中包括的所有操作要么都做,要么都不做

    B. 事务一旦提交,对数据库的改变是永久的

    C. 一个事务内部的操作及使用的数据对并发的其他事务是隔离的

    D. 事务必须使数据库从一个一致性状态变到另一个一致性状态

2. 对并发操作若不加控制,可能会带来( )问题。

    A. 不安全   B. 死锁   C. 死机   D. 不一致

3. 事务的一致性是指( )。

    A. 事务中包括的所有操作要么都做,要么都不做

    B. 事务一旦提交,对数据库的改变是永久的

    C. 一个事务内部的操作及使用的数据对并发的其他事务是隔离的

    D. 事务必须使数据库从一个一致性状态变到另一个一致性状态

4. 事务的隔离性是指( )。

    A. 事务中包括的所有操作要么都做,要么都不做

    B. 事务一旦提交,对数据库的改变是永久的

    C. 一个事务内部的操作及使用的数据对并发的其他事务是隔离的

    D. 事务必须使数据库从一个一致性状态变到另一个一致性状态

5. 事务的持久性是指( )。

    A. 事务中包括的所有操作要么都做,要么都不做

    B. 事务一旦提交,对数据库的改变是永久的

    C. 一个事务内部的操作及使用的数据对并发的其他事务是隔离的

    D. 事务必须使数据库从一个一致性状态变到另一个一致性状态

6. 多用户数据库系统的目标之一是使它的每个用户好像正在使用一个单用户数据库,为此,数据库系统必须进行( )。

    A. 安全性控制   B. 完整性控制   C. 并发控制   D. 可靠性控制

7. 若事务 T 对数据 R 已加 X 锁，则其他事务对数据 R(　　)。

    A. 可以加 S 锁，不能加 X 锁　　　　　　B. 不能加 S 锁，可以加 X 锁

    C. 可以加 S 锁，也可以加 X 锁　　　　　D. 不能加任何锁

8. 关于"死锁"，下列说法中正确的是(　　)。

    A. 死锁是操作系统中的问题，在数据库操作中不存在

    B. 在数据库操作中防止死锁的方法是禁止两个用户同时操作数据库

    C. 当两个用户竞争相同资源时不会发生死锁

    D. 只有出现并发操作时才有可能出现死锁

9. 数据库系统并发控制的主要方法是采用(　　)机制。

    A. 拒绝　　　　　　B. 改为串行　　　　　　C. 封锁　　　　　　D. 不加任何控制

10. 数据库运行过程中发生的故障通常有 3 类，即(　　)。

    A. 软件故障、硬件故障、介质故障　　　　B. 程序故障、操作故障、运行故障

    C. 数据故障、程序故障、系统故障　　　　D. 事务故障、系统故障、介质故障

二、简答题

1. 简述事务的概念和事务的 4 个性质。每个性质由 DBMS 的哪个子系统实现？每个性质对 DBS 有什么益处？

2. 并发操作可能会产生哪几类数据不一致性？分别用什么方法避免各种不一致的情况？

3. 简述封锁的概念以及基本的封锁类型。

4. 什么是封锁协议？简述不同级别的封锁协议的主要区别。

5. 数据库恢复的基本原则是什么？具体实现方法是什么？

6. 什么是"脏"数据？如何避免读取"脏"数据？

7. 什么是活锁？试述活锁产生的原因及解决办法。

8. 什么是死锁？试述死锁产生的原因及解决办法。

9. 什么样的并发调度是正确的调度？

10. 设事务 T1、T2、T3 分别如下：

T1：$A:=A+2$；

T2：$A:=A*2$；

T3：$A:=A**2(A\leftarrow A*A)$；

设 A 的初值为 0。

(1) 若这 3 个事务允许并行执行，则有多少可能的正确结果？请一一列举出来。

(2) 请给出一个可串行化调度，并给出执行结果。

(3) 请给出一个非串行化调度，并给出执行结果。

(4) 若这 3 个事务都遵守两段锁协议，请给出一个不产生死锁的可串行化调度。

(5) 若这 3 个事务都遵守两段锁协议，请给出一个产生死锁的调度。

11. 简述数据库日志的内容与作用。

12. 什么是推迟更新协议？推迟更新协议怎样执行一个事务？推迟更新协议怎样在系统故障后修复完成数据库的恢复工作？

13. 什么是即时更新协议？即时更新协议怎样执行一个事务？即时更新协议怎样在系统故障后修复完成数据库的恢复工作？

14. 简述检查点技术及其优点。

第**11**章

非关系数据库系统概述

NoSQL 是非关系数据库的统称,它采用列族、文档或键值对等非关系模型。NoSQL 数据库通常不进行严格的表结构定义,不存在表的连接操作,也不严格遵守 ACID 约束。因此,与关系数据库相比,NoSQL 具有灵活的水平可扩展性,并能支持海量数据的存储和管理。此外,NoSQL 数据库支持 MapReduce 并行计算框架,可以更好地支撑大数据时代的各种数据管理。NoSQL 数据库凭借易扩展、大数据量和高性能及灵活的数据模型在数据库领域获得了广泛的应用。

本章从大数据存储背后的本质出发,对现有的大数据存储研究资料进行全面的归纳和总结。首先简要介绍大数据的基本概念,阐述其与传统数据库的区别,以及 CAP 和 BASE 理论;在此基础上,介绍一些新的 NoSQL 数据库;最后阐述大数据在各行各业的应用和未来的发展趋势及面临的新挑战。

11.1 NoSQL 概述

扫一扫

视频讲解

相较于传统关系数据库,NoSQL 有着更复杂的分类:键值数据库、列式数据库、图数据库以及文档数据库等。这些类型的数据库能够更好地适应复杂类型海量数据的存储。

扫一扫

视频讲解

11.1.1 NoSQL 简介 ▶

1998 年,Carlo Strozzi 提出 NoSQL 一词,用来指代他所开发的一个没有提供 SQL 功能的轻量级关系数据库。顾名思义,此时的 NoSQL 可以被认为是 No SQL 的合成。

2009 年初,Johan Oskarsson 发起了一场关于开源分布式数据库的讨论,Eric Evans 在这次讨论中再次提出了 NoSQL 的概念。此时,NoSQL 主要指代非关系、分布式且可不遵循 ACID 原则的数据存储系统。

同年在亚特兰大举行的 No:sql(east) 讨论会无疑又推进了 NoSQL 的发展。彼时,它的含义已经不仅仅是 No SQL 这么简单,而演变成了 Not Only SQL,即"不仅仅是 SQL"。因此,NoSQL 具有了新的意义:NoSQL 数据库既可以是关系数据库,也可以是非关系数据库,它可以根据需要选择更加适用的数据存储类型。NoSQL 的整体框架如图 11.1 所示。

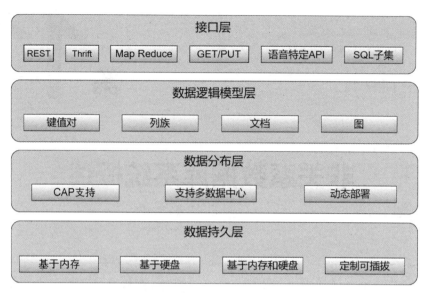

图 11.1　NoSQL 的整体框架

11.1.2　NoSQL 兴起的原因

NoSQL 兴起主要有以下几方面的原因。

第一，关系数据库已经无法满足 Web 2.0 的需求，主要表现在以下几方面。

（1）无法满足海量数据的管理需求。

（2）无法满足数据高并发的需求。

（3）无法满足高可扩展性和高可用性的需求，传统的关系数据库集群也无法解决。

而用传统的关系数据库解决以上问题，会存在以下问题。

（1）复杂性高：部署、管理、配置很复杂。

（2）数据库复制难：传统的关系数据库主备之间采用复制方式，只能是异步复制，当主库压力较大时可能产生较大延迟，主备切换可能会丢失最后一部分更新事务，这时往往需要人工介入，备份和恢复不方便。

（3）扩容复杂：如果系统压力过大，需要增加新的机器来扩容，这个过程就涉及数据重新划分，整个过程比较复杂，且容易出错。

（4）动态数据迁移难：如果某个数据库压力过大，需要将其中部分数据迁移出去，迁移过程需要总控节点整体协调，以及数据库节点的配合。这个过程很难做到自动化。

第二，One size fits all 模式很难适用于截然不同的业务场景，主要表现在以下几方面。

（1）关系模型作为统一的数据模型，既被用于数据分析，也被用于在线业务。但这两者一个强调高吞吐，另一个强调低延时，已经演化出完全不同的架构，用同一套模型抽象显然是不合适的。

（2）Hadoop 系统就是针对数据分析。

（3）MongoDB、Redis 等非关系数据库就是针对在线业务，两者都抛弃了关系模型。

第三，关系数据库的关键特性包括完善的事务机制和高效的查询机制。但是，关系数据库引以为傲的两个关键特性，到了 Web 2.0 时代却成了鸡肋，主要表现在以下几方面。

（1）Web 2.0 网站系统通常不要求严格的数据库事务。

（2）Web 2.0 并不要求严格的读写实时性。

（3）Web 2.0 通常不包含大量复杂的 SQL 查询（去结构化，存储空间换取更好的查询性能）。

11.1.3　NoSQL 与传统关系数据库的比较

1. 关系数据库

1）关系数据库的优势

关系数据库相比于其他模型的数据库，具有以下优势。

（1）容易理解。相对于网状、层次等模型，关系模型中的二维表结构非常贴近逻辑世界，更容易理解。

（2）便于维护。由于丰富的完整性，使数据冗余和数据不一致的概率大大降低。

（3）使用方便。操作关系数据库时，只需使用 SQL 在逻辑层面进行操作即可。

2）关系数据库存在的问题

传统的关系数据库具有高稳定性、操作简单、功能强大、性能良好的特点，也积累了大量成功的应用案例。20 世纪 90 年代的互联网领域，一个网站的访问量用单个数据库就已经足够，而且当时静态网页占绝大多数，动态交互类型的网站相对较少。随着 Web 2.0 网站的快速发展，微博、论坛、微信等逐渐成为引领 Web 领域的潮流主角。在应对这些超大规模和高并发的纯动态网站时，传统的关系数据库遇到了很多难以克服的问题。同时，根据用户个性化信息，高并发的纯动态网站一般可以实时生成动态页面和提供动态信息。鉴于这种数据库高并发读写的特点，它基本上无法使用动态页面的静态化技术，因此数据库并发负载往往会非常高，一般会达到每秒上万次的读写请求。然而，关系数据库只能应付上万次 SQL 查询，同时面对上万次的 SQL 写数据请求，硬盘的输入/输出端就显得无能为力了。

此外，在以下两方面，关系数据库也存在问题。

（1）海量数据的高效率存储及访问。对于关系数据库，Web 2.0 网站的用户每天都会产生海量的动态信息，因此在对一张数据量以亿计的记录表中进行 SQL 查询时，效率是极其低下的。

（2）数据库的高可用性和高可扩展性。由于 Web 架构的限制，数据库无法再添加硬件和服务节点扩展性能和负载能力，尤其对于需要提供 24 小时不间断服务的网站，数据库系统的升级和扩展只能通过停机来实现，而这样的决定将会给企业带来巨大的损失。

2. NoSQL 数据库

1）NoSQL 数据库的优势

虽然 NoSQL 只应用在一些特定的领域上，但它足以弥补关系数据库的缺陷。NoSQL 主要具有以下 4 点优势。

（1）NoSQL 数据库比关系数据库更容易扩展。虽然 NoSQL 数据库种类繁多，但由于它们能够去掉关系数据库的关系特性，从而使数据之间无关系，这样就非常容易扩展，进而为架构层面带来了高可扩展性。

（2）NoSQL 数据库比一般数据库具有更大的数据量，而且性能更高。这主要得益于它的无关系性，整个数据库的结构简单。例如，在针对 Web 2.0 的交互频繁应用时，由于关系数据库的 Cache 是大粒度的，性能不高，故关系数据库使用 Query Cache 时，每次表更新 Cache 就会失效；然而，NoSQL 数据库中的 Cache 是记录级的，是一种细粒度的 Cache，所以就这个层面来说,NoSQL 数据库的性能就高很多。

(3) NoSQL 数据库具有灵活的数据模型。NoSQL 数据库不需要事先为要存储的数据建立字段,它可以随时存储自定义的数据格式。而在关系数据库中,增、删字段却是一件非常麻烦的事情。这一点在大数据时代更为明显。

(4) NoSQL 数据库的高可用性。在不影响其他性能的情况下,NoSQL 数据库也可以轻松地实现高可用的架构,如 Cassandra 模型和 HBase 模型就可以通过复制模型实现高可用性。

2) NoSQL 数据库的实际应用缺陷

NoSQL 数据库在实际应用中存在以下几方面的缺陷。

(1) 缺乏强有力的商业支持。目前 NoSQL 数据库绝大多数是开源项目,没有权威的数据库厂商提供完整服务,在使用 NoSQL 产品时,如果出现故障和问题,则只能依靠自己解决,因此在这方面需要承担较大的风险。

(2) 成熟度不高。NoSQL 数据库的实际应用相比传统关系数据库还较少,NoSQL 产品在企业中也并未得到广泛的应用。

(3) NoSQL 数据库难以体现实际情况。由于 NoSQL 数据库不存在与关系数据库中关系模型一样的模型,因此相关数据库设计难以体现业务的实际情况,这也就增加了数据库设计与维护的难度。

3) NoSQL 数据库的应用现状

NoSQL 数据库存在了 10 多年,有很多成功案例,受欢迎程度更是不断提高,其中原因主要有以下两方面。

(1) 随着社会化网络和云计算的发展,以前只在高端组织才会遇到的一些问题,现在已经普遍存在了。

(2) 现有的方法随着需求一起扩展,同时很多组织不得不考虑成本的增加,这就要求寻找性价比更高的方案。

4) 关系数据库与 NoSQL 数据库结合

分布式存储系统更适合使用 NoSQL 数据库,现有 Web 2.0 网站会遇到的问题也会迎刃而解。但是,NoSQL 数据库在实际应用中的缺陷又让用户难以放心。这使很多开发人员考虑将关系数据库与 NoSQL 数据库相结合,在强一致性和高可用性场景下,采用 ACID 模型;而在高可用性和扩展性场景下,采用 BASE 模型。虽然 NoSQL 数据库可以对关系数据库在性能和扩展性上进行弥补,但目前 NoSQL 数据库还难以取代关系数据库,所以才会根据需要把关系数据库和 NoSQL 数据库结合起来使用,各取所长。

采用混合架构的案例:亚马逊公司使用不同类型的数据库支撑其电子商务应用。对于"购物篮"这种临时性数据,亚马逊采用键值存储能更加高效地存储,当前的产品和订单信息则适合存放在关系数据库中,大量的历史订单信息则适合保存在类似 MongoDB 的文档数据库中。

同时,关系数据库和 NoSQL 数据库各有优缺点,彼此无法取代,两者各自适合的应用场景也不同。关系数据库适用于电信、银行等领域的关键业务系统,需要保证强事务一致性;NoSQL 数据库适用于互联网企业、传统企业非关键业务(如数据分析)。

图 11.2 所示为数据库系统分类,从中可更好地了解它们之间的关系。

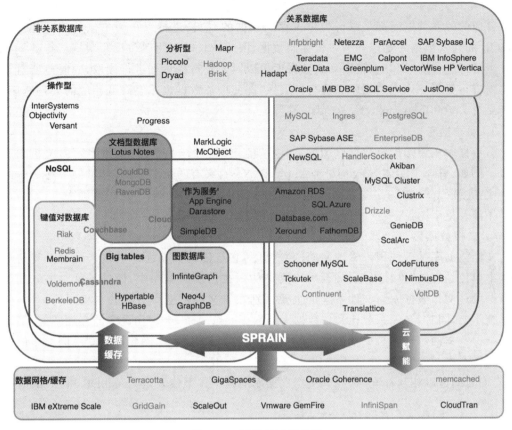

图 11.2 数据库系统分类

11.1.4 NoSQL 的四大类型 ▶

NoSQL 数据库虽然数量众多,但是总结起来,典型的 NoSQL 数据库主要分为键值 (Key-Value)数据库、列式(Column-Oriented)数据库、图数据库和文档数据库 4 类,如图 11.3 所示。

1. 键值数据库

键值存储是最常见的 NoSQL 数据库存储形式。键值数据库存储的优点是处理速度非常快,缺点是只能通过键的完全一致查询获取数据。根据数据的保存方式,可分为临时性、永久性和两者兼具 3 类。临时性键值存储是在内存中保存数据,可以进行非常快速的保存和读取处理,数据有可能丢失,如 memcached。永久性键值存储是在硬盘中保存数据,可以进

图 11.3 典型的 NoSQL 数据库分类

行非常快速的保存和读取处理,虽然无法与临时性键值存储相比,但数据不会丢失,如 TokyoTyrant、ROMA 等。两者兼具的键值存储可以同时在内存和硬盘中保存数据,进行非常快的保存和读取处理,并且保存在硬盘上的数据不会消失,即使消失也可以恢复,适合处理数组类型的数据,如 Redis。

2. 列式数据库

普通的关系数据库都是以行为单位存储数据的，擅长进行以行为单位的读写处理。而 NoSQL 的列式数据库是以列为单位存储数据，因此擅长以列为单位读写数据。行数据库可以对少量行进行读取和更新，而列式数据库可以对大量行少量列进行读取，同时对所有行的特定列进行更新。列式数据库具有高扩展性，即使增加数据也不会降低相应的处理速度，主要产品有 Bigtable、Apache Cassandra 等。

3. 图数据库

图数据库主要是指将数据以图的方式存储。实体被作为节点，实体之间的关系则被作为边。例如，有 3 个实体 Steve Jobs、Apple 和 Next，会有两条 Founded by 的边将 Apple 和 Next 连接到 Steve Jobs。图数据库主要适用于关系较强的数据，但适用范围很小，因为很少有操作涉及整个图，主要产品如 Neo4j、GraphDB、OrientDB 等。

4. 文档数据库

文档数据库是一种用来管理文档的数据库，它与传统数据库的本质区别在于其信息处理基本单位是文档，可长可短，甚至可以无结构。在传统数据库中，信息是可以被分割的离散数据段。文档数据库与文件系统的主要区别在于文档数据库可以共享相同的数据，而文件系统不能，同时，文件系统比文档数据库的数据冗余复杂，会占用更多的存储空间，更难以管理维护。文档数据库与关系数据库的主要区别在于文档数据库允许建立不同类型的非结构化或任意格式的字段，并且不提供完整性支持。但是，它与关系数据库并不是相互排斥的，它们之间可以相互补充、扩展。文档数据库的两个典型代表是 CouchDB 和 MongoDB。

11.1.5 CAP 理论

CAP(Consistency，Availability，Tolerance of Network Partition)、BASE 和最终一致性是 NoSQL 数据库存在的三大基石。

CAP 理论是由 Brewer 教授提出的：一个分布式系统不能同时满足一致性、可用性和分区容错性。所谓的 CAP 理论如图 11.4 所示。

C(Consistency)为一致性，是指任何读操作总是能够读到之前完成的写操作的结果，也就是在分布式环境中，多点的数据是一致的，或者说，所有节点在同一时间具有相同的数据。

A(Availability)为可用性，是指快速获取数据，可以在一定时间内返回操作结果，保证每个请求无论成功或失败都有响应。一定时间内是指系统操作之后的结果应该在给定的时间内反馈，如果超时则被认为不可用，或者操作失败。例如，进入系统时进行账号登录，在输入相应的登录密码之后，如果等待时间过长（如 3min），系统还没有反馈登录结果，登录者将一直处于等待状态，无法进行其他操作。返回结果也是很重要的因素。假如在登录系统之后，结果是出现 java. lang. error…之类的错误信息，这对于登录者来说相当于没有返回结果，他无法判断自己登录的状态是成功还是失败，或者需要重新操作。

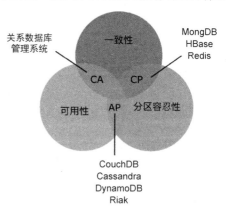

图 11.4　CAP 理论

P(Tolerance of Network Partition)为分区容忍性,是指当出现网络分区的情况时（即系统中的一部分节点无法和其他节点进行通信),分离的系统也能够正常运行,也就是说,系统中任意信息的丢失或操作失败不会影响系统的继续运作。

当处理CAP的问题时,可以有以下几个明显的选择。

（1）CA:也就是强调一致性(C)和可用性(A),放弃分区容忍性(P),最简单的做法是把所有与事务相关的内容都放到同一台机器上。很显然,这种做法会严重影响系统的可扩展性。传统的关系数据库(MySQL、SQL Server和PostgreSQL)都采用了这种设计原则,因此扩展性都比较差。

（2）CP:也就是强调一致性(C)和分区容忍性(P),放弃可用性(A),当出现网络分区的情况时,受影响的服务需要等待数据一致,因此在等待期间就无法对外提供服务。

（3）AP:也就是强调可用性(A)和分区容忍性(P),放弃一致性(C),允许系统返回不一致的数据。

CAP理论指出,在分布式环境下设计和部署系统时,只能满足上述3个特性中的两个,不能满足全部3个。所以,设计者必须在3个特性之间作出选择。

如果放弃分区容忍性,即使将所有与事务有关的数据放到一台机器上,避免分隔带来的负面影响,也会严重影响系统的扩展性。

如果放弃可用性,一旦遇到分区容忍故障,受影响的服务需要等待数据一致,并且在这个等待的时间段内,系统是无法对外提供服务的。

如果放弃一致性,这里放弃的一致性指的是放弃数据的强一致性,保留最终一致性。

CAP中3个特性的不同选择如表11.1所示。

表11.1 不同场景的CAP特性选择

序号	选择	特 点	例 子
1	CA	两阶段提交、缓存验证协议	传统数据库、集群数据库、LDAP、GFS
2	CP	悲观加锁	分布式数据库、分布式加锁
3	AP	冲突处理、乐观	DNS、Coda

如果理解CAP理论只是指多个数据副本之间读写一致性的问题,那么它对于关系数据库与NoSQL数据库来说是完全一样的,它只是运行在分布式环境中的数据管理设施在设计读写一致性问题时需要遵循的一个原则而已,却并不是NoSQL数据库具有优秀的水平可扩展性的真正原因。如果将CAP理论中的一致性(C)理解为读写一致性、事务与关联操作的综合,则可以认为关系数据库选择了一致性与可用性,而NoSQL数据库则全都选择了可用性与分区容忍性,但并没有选择一致性与分区容忍性的情况存在。也就是说,传统关系数据管理系统注重数据的强一致性,但是对于海量数据的分布式存储和处理,它的性能不能满足人们的需求,因此现在许多NoSQL数据库牺牲了强一致性提高性能。

总之,CAP理论是为了探索适合不同应用的一致性(C)与可用性(A)之间的平衡。在没有发生分隔时,可以满足完整的一致性与可用性,以及完整的ACID事务支持。也可以通过牺牲一定的一致性获得更好的性能与扩展性。在有分隔发生时,选择可用性,集中关注分隔的恢复,需要分隔前、中、后期的处理策略,及合适的补偿处理机制。

CAP理论对于非关系数据库的设计有很大的影响,这才是用CAP理论支持NoSQL数据库设计的正确认识。这种认识正好与被广泛认同的NoSQL的另一个理论基础相吻合,即BASE。

11.1.6 BASE ▶

BASE 的含义是指 NoSQL 数据库设计可以通过牺牲一定的数据一致性与容忍性换取高性能的保持甚至是提高，即 NoSQL 数据库都应该是牺牲一致性来换取分区容忍性，而不是牺牲可用性，可用性（A）正好是所有 NoSQL 数据库都普遍追求的特性。BASE 是缩写，更有趣的是，BASE 缩写的英文含义是"碱"，而 ACID 缩写的英文含义是"酸"，所以 BASE 与 ACID 是完全对立的两个模型。

（1）基本可用（Basically Available）：系统能够基本运行、一直提供服务，支持分区失败（如 Sharding 碎片划分数据库）。

（2）软状态（Soft-State）：系统不要求一直保持强一致状态，状态可以有一段时间不同步，异步。

（3）最终一致性（Eventual Consistency）：系统需要在某一时刻后达到一致性要求，最终数据是一致的就可以了，而不是时时一致。

因此，BASE 可以定义为 CAP 理论中 AP 的衍生。在单机环境下，ACID 是数据的属性；而在分布式环境下，BASE 就是数据的属性。BASE 思想主要强调基本的可用性，即如果需要高可用性，也就是纯粹的高性能，那么就要以一致性或容忍性为牺牲。

同时，BASE 思想的主要实现有：按功能划分数据库；Sharding 碎片。

11.1.7 最终一致性 ▶

在引入最终一致性之前，先来介绍强一致性、弱一致性。

强一致性：无论更新操作是在哪个数据副本上执行的，之后所有读操作都会获得最新数据。

弱一致性：用户读到某一操作对系统特定数据的更新需要一段时间，这段时间称为"不一致性窗口"。

最终一致性是弱一致性的一种特例。在这种一致性系统下，保证用户最终能够读到某操作对系统特定数据的更新。

BASE 是通过牺牲一定的数据一致性与容忍性换取高性能的保持甚至性能提高的。这里所说的"牺牲一定的数据一致性"并不是完全不管数据的一致性，否则数据将出现混乱，那么即使系统可用性再高，分布式性能再好，也没有任何利用价值。牺牲一致性是指放弃关系数据库中要求的强一致性，只要系统能够达到最终一致性即可。

一致性可以从两个不同的视角来看，即客户端和服务端。从客户端角度来看，一致性指的是多并发访问时更新过的数据如何获取的问题。从服务端角度来看，一致性指的是更新如何复制分布到整个系统，以保证数据最终一致。一致性是因为有并发读写才出现的问题，因此在理解一致性的问题时，一定要结合考虑并发读写的场景。从客户端角度来看，多进程并发进行访问时，更新过的数据在不同进程如何获取不同策略，决定了不同的一致性。对于关系数据库，要求更新过的数据都能被后续的访问看到，这是强一致性。如果能容忍后续的部分或全部都访问不到，则表现为弱一致性。如果要求一段时间后能够访问到更新后的数据，则为最终一致性。

根据更新数据后各进程访问到数据的方式和所花时间的不同，最终一致性模型又可以划分为以下 5 种模型。

（1）因果一致性：假设存在 A、B、C 3 个相互独立的进程，并对数据进行操作。如果进程 A 在更新数据操作后通知进程 B，那么进程 B 将读取进程 A 更新的数据，并一次写入，以保证最终结果的一致性。在遵守最终一致性规则条件下，系统不保证与进程 A 无因果关系的进程 C 一定能够读取该更新操作。

（2）"读己之所写"一致性：当某用户更新数据后，他自己总能够读取到更新后的数据，而且绝不会看到之前的数据。但是，其他用户读取数据时，则不能保证能够读取到最新的数据。

（3）会话一致性：这是"读己之所写"一致性模型的实用版本，它把读取存储系统的进程限制在一个会话范围之内。只要会话存在，系统就保证"读己之所写"一致性。也就是说，提交更新操作的用户在同一会话中读取数据时能够保证数据是最新的。

（4）单调读一致性：如果用户已经读取某数值，那么任何后续操作都不会再返回到该数据之前的值。

（5）单调写一致性：系统保证来自同一个进程的更新操作按时间顺序执行，也叫作时间轴一致性。

以上 5 种最终一致性模型可以进行组合，如"读己之所写"一致性与单调读一致性就可以组合实现，即读取自己更新的数据并且一旦读取到最新数据将不会再读取之前的数据。从实践的角度来看，这两者的组合对于此架构上的程序开发会减少额外的烦恼。至于系统选择哪种一致性模型，或者是哪种一致性模型的组合取决于应用对一致性的需求，而所选取的一致性模型会影响到系统处理用户请求及对副本维护技术的选择。

考虑系统一致性的需求，分布式存储在不同节点的数据将采用不同的数据一致性技术。例如，在关系管理系统中一般会采用悲观方法（如加锁），而在一些强调性能的系统中则会采用乐观方法。

11.2 典型 NoSQL 数据库介绍

11.2.1 Redis 数据库（键值数据库）

Redis 数据库可以提供多种语言的应用程序编程接口（API），是一个开源的、可基于内存、支持网络、使用 ANSIC 语言编写的可持久化的日志型键值数据库。Redis 数据库是一个 Key-Value 的存储系统，但它支持相对更多的值类型的存储，包括 String（字符串）、List（链表）、Set（集合）、Zset（Sorted Set，有序集合）和 Hash（哈希表）。以上这些数据类型支持很多更具丰富性的原子性的操作，如 ADD/REMOVE、PUSH/POP 及取并集、交集和差集等。Redis 数据库的数据都缓存在内存中，以便提高效率，Redis 数据库会周期性地把更新的数据写入磁盘或把修改操作写入追加的记录文件，并以此为基础实现 Master-Slave（主从）同步，从而达到数据可以从主服务器向任意数量的从服务器同步，从服务器可以是关联其他从服务器的主服务器，这使得 Redis 数据库可执行单层树复制。从服务器可以有意无意地对数据进行写作。由于完全实现了发布/订阅机制，使得从数据库在任何地方同步树时，可订阅一个频道并接收主服务器完整的消息发布记录。同步对读取操作的可扩展性和数据冗余很有帮助。

Redis 数据库提供的 5 种数据类型如图 11.5 所示。

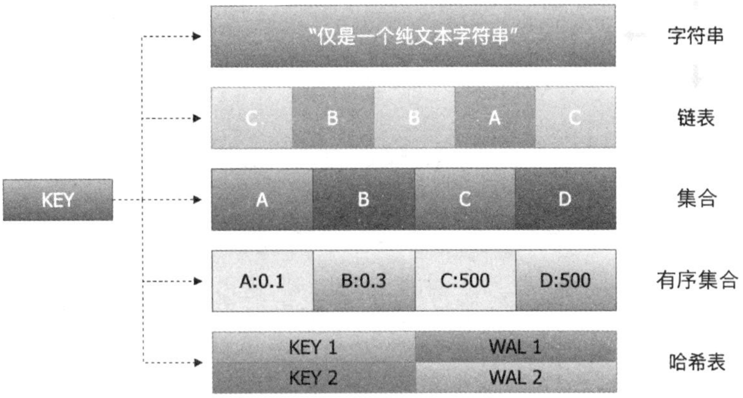

图 11.5　Redis 数据类型

1. 字符串

字符串(String)是 Redis 数据库中最基本的数据类型，也是其余 4 种数据类型的基础，即它们都是由字符串类型组成的。一个 Redis 字符串可以包含任何种类型的数据，如 JPEG 图像、序列化的 Ruby 对象。

2. 链表

链表(List)是简单的字符串列表，实际上是使用双向链表的方式实现的。List 的主要功能是 POP、PUSH、取得一个范围内的所有值等。List 是一个链表结构，在操作中是把 Key 理解为链表的名字。一般的操作是向列表两端添加、删除以及获取元素等。Redis 链表访问元素的特点是：元素越接近链表的两端，获取该元素的速度越快；若通过索引访问元素，速度很慢，特别是在链表很长的情况下；若需要访问队列开头或结尾的前若干元素，则访问数据的速度与队列的长度无关。

3. 集合

集合(Set)是一个无序的字符串集合。不允许相同成员存在是 Redis 集合的特性，即向集合中添加相同的元素，只会存在一个元素，也就是说，集合中的元素存在互异性。集合的这一特性使得在向集合添加元素的过程中不需要检验集合中是否已经存在此元素。利用 Set 数据结构可以存储一些集合性的数据，还可以实现交集、并集以及差集等运算操作。

4. 有序集合

有序集合(Zset)与 Set 类似，是不包含相同字符串的集合。与 Set 相比，Zset 增加了一个权重参数，集合中的每个元素按照权重参数进行有序排列。有序集合的这一特性使得对集合进行添加、删除以及更新元素的操作速度很快，而且对有序集合的中间元素的访问速度也是非常快的。通常，有序集合被用来索引存储在 Redis 数据库中的数据。

5. 哈希表

哈希表(Hash)是字符串字段和字符串值之间的映射，可以将 Hash 类型看作具有 String Key 和 String Value 的 Map 容器。该类型适合存储值对象的信息，将一个对象存储在 Hash 类型中比将对象的每个字段存成单个 String 类型占用的内存更少，而且对整个对象的存取操作更加简单方便。

11.2.2　HBase 数据库（列式数据库）

HBase 是基于 HDFS(Hadoop Distributed File System)的一个开源列存储模型的分布式数据库产品。它利用 HDFS 作为其文件存储系统，是一个提供高可靠性、高性能、列存储、可伸缩以及实时读写的数据库系统。它利用 Hadoop MapReduce 处理海量数据，并利用 Zookeeper 作为协同服务。

HBase 数据库中表的特点主要表现在以下 5 方面。

（1）大：单张表可以有上亿行，上百万列。

（2）面向列：面向列（族）的存储和权限控制，列（族）独立检索。

（3）稀疏：对于为空（NULL）的列，不占用存储空间。因此，表也可以设计得非常稀疏。

（4）每个单元格（Cell）中的数据可以有多个版本，默认情况下版本号自动分配，是单元格插入时的时间戳。

（5）HBase 中的数据都是字符串，没有类型。

HBase 以表的形式存储数据。表由行和列组成。列划分为若干列族（Column-family），HBase 的逻辑视图如表 11.2 所示。

表 11.2　HBase 的逻辑视图

Row Key	Column-family1		Column-family2			Column-family3
	Column1	Column2	Column1	Column2	Column3	Column1
Key1	T1:abc T2:good		T4:test T3:hello T2:world			
Key2	T3:abc T1:day		T4:dog T3:hello		T2:fox T3:cat	
Key3		T2:news T1:apple				T2:bing.com T3:baidu.com

1. HBase 中数据表的物理存储方式

HBase 中数据表的物理存储方式具体如下。

（1）表中的所有行都按照 Row Key 的字典序排列。

（2）表在行方向上分割为多个区域（Region）。

（3）Region 按大小分割，每张表一开始只有一个 Region，但随着数据不断插入表，Region 会不断增大。当增大到一个阈值时，Region 就会等分成两个新的 Region。当表中的行不断增多时，就会有越来越多的 Region 与之相对应。

（4）Region 是 HBase 数据库中分布式存储和负载均衡的最小单元。最小单元是指不同的 Region 可以分布在不同的区域服务器（Region Server）上，但是一个 Region 不会拆分到不同的 Region Server。

（5）Region 虽然是分布式存储的最小单元，但它并不是存储的最小单元。事实上，Region 由一个或多个 Store 组成，每个 Store 保存一个 Column-family，而每个 Store 又由一个 MemStore 和零到多个 StoreFile 组成。

HBase 的整体系统结构如图 11.6 所示。

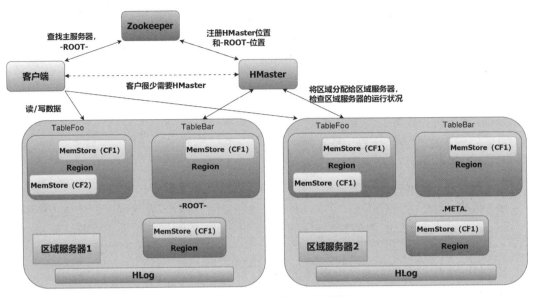

图 11.6　HBase 的整体系统结构

2．HBase 数据库的特点

（1）适合海量 PB 级的数据。

（2）支持动态伸缩，扩展容易。

（3）适合读操作，不适用写操作。

（4）分布式、并发数据处理，效率很高。

（5）传统关系数据库不适用。

（6）适用于廉价设备。

11.2.3　Neo4j 数据库（图数据库）

Neo4j 是一个用 Java 实现的、完全兼容 ACID 的图数据库，数据以一种针对图网络进行过优化的格式保存在磁盘上。Neo4j 的内核是一种极快的图形引擎，具有数据库产品期望的所有特性，如恢复、两阶段提交、符合 CA 等。使用数据结构中图（Graph）的概念进行建模，使 Neo4j 的数据模型在表达能力上非常强，链表、树和哈希表等数据结构都可以抽象成图来表示。Neo4j 数据库中两个最基本的概念是节点和边。节点表示实体，边则表示实体之间的关系。节点和边都可以有自己的属性。不同实体通过各种不同的关系关联起来，形成复杂的对象图。Neo4j 数据库提供了在对象图上进行查找和遍历的功能，同时具有一般数据库的基本特性，包括事务支持、高可用性和高性能等。Neo4j 数据库已经在很多生产环境中得到了应用。

对于很多应用，对象模型本身就是一个图结构。对于这样的应用，使用 Neo4j 这样的图数据库进行存储是最合适的，因为在进行模型转换时代价最小。以基于社交网络的应用为例，用户作为应用中的实体，通过不同的关系关联在一起，如亲人关系、朋友关系和同事关系等。不同的关系有不同的属性，如同事关系所包含的属性包括所在公司的名称、开始的时间和结束的时间等。对于这样的应用，使用 Neo4j 数据库进行数据存储，不仅实现起来简单，后期的维护成本也比较低。

Neo4j 数据库的基本使用包括节点和关系的使用、对节点进行索引，同时还支持非常复杂的图遍历操作。

1. 节点和关系

Neo4j 数据库中最基本的概念是节点(Node)和关系(Relationship)。节点表示实体,由 org. neo4j. graphdb. Node 接口表示。在两个节点之间,可以有不同的关系,关系由 org. neo4j. graphdb. Relationship 接口表示。每个关系由起始节点、终止节点和类型 3 个要素组成。

起始节点和终止节点的存在说明了关系是有方向的,类似于有向图中的边。所有关系都是有类型的,用来区分节点之间意义不同的关系。在创建关系时,需要指定其类型。关系的类型由 org. neo4j. graphdb. RelationshipType 接口表示。节点和关系都可以有自己的属性。每个属性是一个简单的名值对。属性的名称是 String 类型的,而属性的值则只能是基本类型、String 类型以及基本类型和 String 类型的数组。一个节点或关系可以包含任意多个属性。

2. 使用索引

当 Neo4j 数据库中包含的节点比较多时,要快速查找满足条件的节点会比较困难。Neo4j 数据库提供了对节点进行索引的能力,可以根据索引值快速地找到相应的节点。

3. 图的遍历

在图上进行最实用的操作是图遍历。通过遍历操作,可以获取与图中节点之间的关系相关信息。Neo4j 数据库支持非常复杂的图遍历操作。在进行遍历之前,需要对遍历的方式进行描述。遍历的方式的描述信息由以下要素组成。

(1) 遍历的路径:通常用关系的类型和方向表示。

(2) 遍历的顺序:常见的遍历顺序有深度优先和广度优先两种。

(3) 遍历的唯一性:可以指定在整个遍历中是否允许经过重复的节点、关系或路径。

(4) 遍历过程的决策器:用来在遍历过程中判断是否继续进行遍历,以及选择遍历过程的返回结果。

(5) 起始节点:遍历过程的起点。

Neo4j 应用示例如图 11.7 所示。

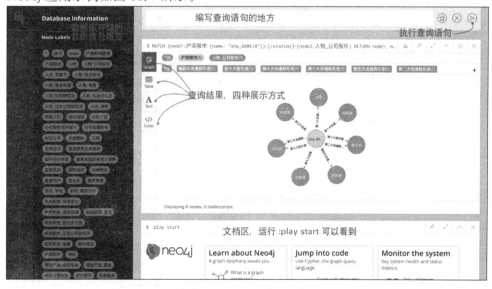

图 11.7　Neo4j 应用示例

11.2.4　MongoDB（文档数据库）▶

MongoDB 是一个介于关系与非关系数据库之间的产品，在非关系数据库中它的功能最为丰富，与关系数据库最为接近。MongoDB 支持的是一种类似于 JSON 的 BSON 格式的数据，其结构很松散，因而能够存储相对复杂的数据类型。支持的查询语言极其强大是 MongoDB 一个最大的特点，MongoDB 的语法与面向对象的查询语言有些类似，基本能够实现类似关系数据库单表查询中绝大多数的功能，同时还能对数据建立索引进行支持。MongoDB 的特点是易使用、易部署、高性能，非常容易存储数据。

MongoDB 的主要功能与特性如下。

（1）面向集合存储，容易存储对象类型的数据。

（2）支持动态查询。

（3）模式自由。

（4）支持完全索引，包含内部对象。

（5）支持复制与故障恢复。

（6）支持查询。

（7）使用高效的二进制数据存储，包括大型对象（如视频等）。

（8）自动处理碎片，以支持云计算层次的扩展性。

（9）支持 Java、Ruby、PHP、C++、Python 等多种语言。

（10）文件存储格式为 BSON（一种 JSON 格式的扩展）。

（11）能够通过网络访问。

"面向集合"（Collection-Oriented）是指数据被分组存储于数据集中，被称作一个集合（Collection）。在数据库中每个集合都有唯一的标识名，而且能够包含无穷数目的文档。集合的概念与关系数据库中的表相似，不一样的是它无须定义任何模式，即模式自由（Schema-Free），也就是存储在 MongoDB 中的文件，关于它的任何结构定义，用户并不需要知道。文档主要以键值对的形式存储在集合中，键是字符串类型，用于唯一地标识一个文档，多种复杂的文件类型均可以是值，这种存储形式叫作 BSON（Binary Serialized Document Format）。

MongoDB 的基本概念如下。

（1）文档是 MongoDB 中数据的基本单元，非常类似于关系数据库中的行，但更具有表现力。

（2）集合（Collection）可以看作一个动态模式（Dynamic Schema）的表。

（3）MongoDB 的一个实例可以拥有多个相互独立的数据库（Database），每个数据库都拥有自己的集合。

（4）每个文档都有一个特殊的键（_id），这个键在文档所属的集合中是唯一的。

（5）MongoDB 自带了一个简单但功能强大的 Shell，可用于管理 MongoDB 的实例或数据操作。

下面介绍 MongoDB 中几个常用的名词。

1. 文档

文档是 MongoDB 的核心概念，文档就是键值对的有序集合。以 BSON 表现的一个文档如下。

```
{
    "greeting": "Hello, world!"
}
```

在绝大多数情况下,文档的键是字符串(少数例外),键可以使用任意的 UTF-8 字符。键不能含有\0(空字符),这个字符用于表示键的结尾;. 和 $ 具有特殊意义,只能在特定环境下使用,通常这两个字符是被保留的,如果使用不当,驱动程序会有提示。

MongoDB 不但区分类型,还区分大小写。例如,以下两个文档是不同的。

```
{
    "foo": "bar"
}
```

和

```
{
    "Foo": "bar"
}
```

另外一个重要事项是 MongoDB 的文档不能有重复的键。例如:

```
{
    "greeting": "Hello, world!",
    "greeting": "Hello, MongoDB!"
}
```

文档中的键值对是有序的。例如,以下两个文档是不同的。

```
{
    "x": 1,
    "y": 2
}
```

和

```
{
    "y": 2,
    "x": 1
}
```

2. 集合

集合就是一组文档。如果将 MongoDB 中的一个文档比喻为关系数据库中的一行,那么一个集合就相当于一张表。

3. 动态模式

集合是动态模式的,这意味着一个集合中的文档可是各式各样的。例如,以下两个不同的文档就可以出现一个集合中。

```
{
    "greeting": "Hello, world!"
},
{
    "foo": 5
}
```

这两个文档,除了值不同外,键也不同。但是,不建议像上面这样做,同样的文档,一般还是放在一个特定的集合中更好,不管是从速度、效率还是结构上来讲,都要更好。

4．命名

集合使用名称进行标识，集合名称可以是满足以下条件的任意 UTF-8 字符串。

（1）集合名称不能是空字符串（""）。

（2）集合名称中不能包含\0 字符（空字符），这个字符表示集合名称的结束。

（3）集合名称不能以 system. 开头，这是为系统集合保留的前缀。例如，system. users 这个集合保存着数据库的用户信息，而 system. namespaces 集合保存着所有数据库集合的信息。

（4）用户创建的集合的名称中不能包含字符 $，因为某些系统生成的集合名称中有 $。

5．子集合

组织集合的一种惯例是使用.分隔不同命名空间的集合，如一个具有博客功能的应用可能包含两个集合，分别是 blog. posts 和 blog. authors。

6．数据库

在 MongoDB 中，多个文档组成集合，而多个集合可以组成数据库，一个 MongoDB 可以承载若干数据库，每个数据库拥有 0 个或多个集合，每个数据库都有独立的权限，即便是在磁盘上，不同的数据库也放置在不同的文件中。

数据库通过名称来标识，这点与集合类似，数据库名可以是满足以下条件的任意 UTF-8 字符串。

（1）数据库名不能是空字符串；

（2）数据库名不能含有 /、\、.、""、*、<、>、:、|、?、$（一个空格）、\0（空字符）。

（3）数据库名区分大小写，即使在不区分大小写的文件系统中也是如此，简单起见，所有数据库名均为小写。

（4）数据库名最多为 64 字节。

在这里需要注意，数据库最终会变成文件系统中的文件，而数据库名就是相应的文件名，这是数据库名有如此多限制的原因。

另外，有一些数据库名是保留的，可以直接访问这些有特殊语言的数据库，具体如下。

（1）admin：从身份验证的角度来讲，这是 root 数据库，如果有一个用户添加到这个数据库，则这个用户将拥有所有数据库的权限。

（2）local：这个数据库永远都不可以复制，且一台服务器上所有本地集合都可以存储在这个数据库中。

（3）config：MongoDB 用户分片设置时，分片信息会存储在 config 数据库中。

把数据库名称添加到集合名称前，得到集合的完全限定名，即命名空间（Namespace），命名空间的长度不得超过 121 字节，实际应用中应该小于 100 字节。

MongoDB 可以在多个站点部署，其主要场景如下。

（1）网站实时数据处理。MongoDB 非常适合实时地插入、更新与查询，并具备网站实时数据存储所需的复制及高度伸缩性。

（2）缓存。由于性能很高，MongoDB 适合作为信息基础设施的缓存层。在系统重启之后，由 MongoDB 搭建的持久化缓存层可以避免下层的数据源过载。

（3）高伸缩性。MongoDB 非常适合由数十或数百台服务器组成的数据库，它的路线图中已经包含对 MapReduce 引擎的内置支持。

MongoDB 不适用的场景如下。

(1) 要求高度事务性的系统。

(2) 传统的商业智能应用。

(3) 复杂的跨文档(表)级联查询。

11.3 大数据应用

大数据应用自然科学的知识解决社会科学中的问题,在许多领域具有重要的应用。早期的大数据技术主要应用在大型互联网企业中,用于分析网站用户数据以及用户行为等。现在,传统企业、公用事业机构等有大量数据需要处理的组织和机构,也越来越多地使用大数据技术以便满足各种功能需求。除了常见的商业智能和企业营销外,大数据技术也开始较多地应用于社会科学领域,并在数据可视化、关联性分析、经济学和社会科学领域发挥重要的作用。大数据应用基本上呈现出互联网领先,其他行业积极效仿的态势,而各行业数据的共享开放已逐渐成为趋势。

11.3.1 大数据在电力行业的应用 ▶

电网作为国家基础性能源设施,为国民经济发展提供动力支撑,与社会发展和人民生活息息相关,是国民经济健康稳定持续快速发展的重要条件。电力大数据的爆炸性增长并不是简单的数据增多的问题,而是全新的思维定式改变的问题。积极应用大数据技术,推动中国电力大数据事业发展,重塑电力"以人为本"的核心价值,重构电力"绿色和谐"的发展方式,对真正实现我国电力工业更安全、更经济、更绿色和更和谐的发展具有极大的现实意义。

电力生产销售的"实时性",使电力行业不得不靠基础设施的过度建设满足电力供应的冗余性和稳定性。这种过度建设带来的发展方式是机械的,也是不经济的。在我国电力需求日益攀升的今天,经济性的可持续发展理念必然是电力行业无法回避的问题。电力行业对大数据的需求,其迫切性将大大超越其他基础能源行业。首先,在电力生产环节,风光储等新能源的大量接入,打破了传统相对"静态"的电力生产,使电力生产的计量和管理日趋复杂。其次,电能的不可储存性使电力工业面临极其复杂的安全形势。电能的"光传输"特性,瞬间的电网失衡会造成无法挽回的损失。依靠"人工+设备+经验判断"的半自动生产经营方式,电力系统的生产经营人员将面临无法承受之重。最后,在电力经营环节,随着下一代电力系统的逐步演进,高度灵活的数据驱动的电力供应链将逐步取代传统的静止的电力供应链。这种灵活性来自电力系统管理者对电力设施真正运行状态的洞察力。通过获取质量更好、粒度更细的数据,才能真正提高电力行业对当前电力供应链的"能见度",电力生产供需管理才能变得更为有效。电力经营管理者可以通过这些信息记录了解电力基础设施的历史、可靠性和成本,整体优化电网,进而完成高度准确和精确的预测需求;电力消费者可以通过对功耗的实时了解,有意识地调整自己的用电方式,能够带来显著的能源节约。

电力行业各环节的大数据应用前景如表 11.3 所示。

表 11.3　电力行业各环节的大数据应用前景

环节	薄　弱　点	大数据应用前景
发电环节	• 能源结构以火电为主 • 可再生能源并网有待加强 • 可持续性发展思路有待加强 • 电源结构需进一步优化调整	• 进一步深化推广风电和太阳能等新能源发电功率预测和运行智能控制技术 • 提升新能源接入和分布式储能的能力 • 促进大规模风电和光伏等可再生能源的科学合理利用 • 减少能量损失，优化发电厂运行效率，解决能源利用率低的问题
输电环节	• 线路运行维护与装备管理较粗放 • 线路巡检、评估诊断和辅助决策的技术手段和模型不够完善 • 线路运行态势、气象与环境监测面不够	• 变电自动化系统信息共享程度有待提高，效能综合利用还有提升空间 • 设备智能化巡检模式有待改进，加快计划检修向智能化状态检修的过渡 • 一次装备的智能化水平有待提高
变电环节	• 变电自动化系统信息共享程度有待提高，效能综合利用还有提升空间 • 设备智能化巡检模式有待改进，加快计划检修向智能化状态检修的过渡 • 一次装备的智能化水平有待提高	• 提升变电站的智能化管理水平，通过全网、全区域实时信息共享和分析实现变电侧的实的控制和智能调节，实现变电设备信息和运行维护策略与电力调度的智慧互动
配电环节	• 在基于配网自动化的智能配电方面建设已经开展，在横向集成方面工作开展迅速，但智能化程度尚待进一步提高 • 配电网能量流、信息流和业务流的双向互动和高度整合有待加强	• 实现对用户负荷和用电情况的深入了解，提高对客户用电需求和负荷模式的认知水平 • 优化配网规划和供电计划，提高配网监测、保护和控制水平，提高事故的响应程度 • 优化配网运行管理水平，提升供电可靠率
用电环节	• 用电环节已基本实现营销信息化，初步完成横向集成和纵向贯通，但数据共享机制尚未完全建立 • 企业同外部的信息集成共享和交互机制尚待进一步加强	• 建立面向经营与管理的科学营销决策支持平台，实现市场运营、营销及客户服务、设备全寿命周期管理等各类主题的分析及预测，提高营销服务的综合分析预测能力 • 实现客户用电管理优化、用能实时分析和预测等高级应用，提供用电增值服务
调度环节	• 电网高度技术水平，如电网在线安全分析、控制手段需要进一步完善提高 • 对大容量风光储等新能源、间歇性电源的预测和调控能力有待加强	• 建设以数据驱动的智能调度体系，实现运行信息全景化、数据传输网络化、安全评估动态化、调度决策精细化、运行控制自动化、机网协调最优化 • 提升调度驾驭电网能力、资源优化配置能力、科学决策管理能力和灵活高效调控能力

　　未来的智能电力系统不仅承载电力流，也将承载信息流和业务流，"三流合一"的智能电力系统的价值也将随之跃升，而这种跃升显然具有大数据的时代特征。网络中传输的不只是电能，更重要的还有数据，电力从业人员也需要积极主动地探索如何科学合理地释放数据能量，推动传统电力工业的升级，适应未来经济社会的发展需要。电力大数据的价值已经相当庞大，但如果实现进一步延伸，将电力大数据与人们生产生活数据与政府企业等多行业数据相结合，将产生更多、更大的价值增值潜力，实现数据价值在电力系统外部的流动和发展。

11.3.2 大数据在政府中的应用 ▶

大数据另一个重要的应用领域是社会或政府。目前的城市面临着人口、就业和环境等各方面问题,许多宏观数据也是大数据分析的重要应用范畴。美国等发达国家的政府部门在开展大数据应用方面起到重要的表率作用。例如,美国能源部联合国防部等 6 个联邦政府部门或机构投资了 2 亿美元,开展大数据的政府应用;美国国防部开展了与网络安全相关的若干大数据项目,进行情报搜集和分析;美国国家卫生研究院着手建立健康与疾病相关的数据集、基因组信息系统、公众健康分析系统以及老龄化电子图书数据库等医疗大数据系统。

早在 2009 年,联合国就启动了全球脉搏项目,跟踪和监控全球各地区的社会经济数据,采用大数据技术进行分析处理,以便更加及时地对危机作出反应。日本 2012 年开始对大数据进行专项调查,并将调查结果发布在《信息通信白皮书》中。2013 年,日本总务省对大数据的发展现状进一步深入开展宏观和微观层面的调查,针对大数据的生成、流通与存储环节进行宏观的定量研究。在我国,大数据也已上升到战略高度,应用案例也越来越多,在大数据研究方面的成果也逐步体现。

11.3.3 大数据在金融行业的应用 ▶

近年来,我国金融科技快速发展,在多个领域已经走在世界前列。大数据、人工智能、云计算、移动互联网等技术与金融业务深度融合,大大推动了我国金融业转型升级,助力金融更好地服务实体经济,有效促进了金融业整体发展。在这一发展过程中,又以大数据技术发展最为成熟,应用最为广泛。从发展特点和趋势来看,"金融云"快速建设落地奠定了金融大数据的应用基础,金融数据与其他跨领域数据的融合应用不断强化,人工智能正在成为金融大数据应用的新方向,金融行业数据的整合、共享和开放正在成为趋势,给金融行业带来了新的发展机遇和巨大的发展动力。

金融行业一直比较重视大数据技术的发展。相比于常规商业分析手段,大数据可以使业务决策具有前瞻性,让企业战略的制定过程更加理性化,实现生产资源优化分配,依据市场变化迅速调整业务策略,提高用户体验以及资金周转率,降低库存积压的风险,从而获取更高的利润。

大数据在金融行业典型的应用场景如下。

大数据在银行业的应用主要表现在两方面。一是信贷风险评估,以往银行对企业客户的违约风险评估多基于过往的信贷数据和交易数据等静态数据,内外部数据资源整合后的大数据可提供前瞻性预测。二是供应链金融,利用大数据技术,银行可以根据企业之间的投资、控股、借贷、担保及股东和法人之间的关系,形成企业之间的关系图谱,利于企业分析及风险控制。

大数据在证券行业的应用主要表现在 3 方面。一是股市行情预测,大数据可以有效拓宽证券企业量化投资数据维度,帮助企业更精准地了解市场行情,通过构建更多元的量化因子,投研模型会更加完善。二是股价预测,大数据技术通过收集并分析社交网络(如微博、朋友圈、专业论坛等渠道)上的结构化和非结构化数据,形成市场主观判断因素和投资者情绪打分,从而量化股价中人为因素的变化预期。三是智能投资顾问,智能投资顾问业务提供线上投资顾问服务,其基于客户的风险偏好、交易行为等个性化数据,依靠大数据量化模型,为客户提供低门槛、低费率的个性化财富管理方案。

大数据在互联网金融行业的应用表现在两方面。一是精准营销，大数据通过用户多维度画像，对客户偏好进行分类筛选，从而达到精准营销的目的。二是消费信贷，基于大数据的自动评分模型、自动审批系统和催收系统可降低消费信贷业务违约风险。

大数据应用于金融行业的经典案例如下。

为实时接收电子渠道交易数据，整合银行内系统业务数据，交通银行通过规则欲实现快速建模、实时告警与在线智能监控报表等功能，以达到实时接收官网业务数据，整合客户信息、设备画像、位置信息、官网交易日志、浏览记录等数据的目的。该系统通过为交通银行信用卡中心构建反作弊模型、实时计算、实时决策系统，帮助拥有海量历史数据、日均增长超过两千万条日志流水的信用卡中心形成电子渠道实时反欺诈交易监控能力。利用分布式实时数据采集技术和实时决策引擎，帮助信用卡中心高效整合多系统业务数据，处理海量高并发线上行为数据，识别恶意用户和欺诈行为，并实时预警和处置；通过引入机器学习框架，对少量数据进行分析、挖掘构建并周期性更新反欺诈规则和反欺诈模型。系统上线后，银行迅速监控电子渠道产生的虚假账号、伪装账号、异常登录、频繁登录等新型风险和欺诈行为；系统稳定运行，日均处理逾两千万条日志流水，实时识别出近万笔风险行为并进行预警。数据接入、计算报警、案件调查的整体处理时间从数小时降低至秒级，监测时效提升近 3000 倍，系统上线 3 个月已帮助挽回数百万元的风险损失。

百度搜索技术也全面注入百度金融。百度金融使用的梯度增强决策树算法可以分析大数据高维特点，在知识分析、汇总、聚合、提炼等多方面有其独到之处，其深度学习能力利用数据挖掘算法能够较好地解决大数据价值密度低等问题。百度"磐石"系统基于每日 100 亿次搜索行为，通过 200 多个维度为 8.6 亿个账号精确画像，高效划分人群，能够为银行、互联网金融机构提供身份识别、反欺诈、信息检验、信用分级等服务。该系统累计为百度内部信贷业务拦截数十万欺诈用户、拦截数十亿不良资产、减少数百万人力成本，累计合作近 500家社会金融机构，帮助其提升了整体风险防控水平。

金融大数据应用面临的挑战及对策如下。

大数据技术为金融行业带来了裂变式的创新活力，其应用潜力有目共睹，但在数据应用管理、业务场景融合、标准统一、顶层设计等方面存在的瓶颈也有待突破。

（1）数据资产管理水平仍待提高，主要体现在数据质量不高、获取方式单一、数据系统分散等方面。

（2）应用技术和业务探索仍需突破，主要体现在金融机构原有的数据系统架构相对复杂，涉及的系统平台和供应商较多，实现大数据应用的技术改造难度很大。同时，金融行业的大数据分析应用模型仍处于起步阶段，成熟案例和解决方案仍相对较少，需要投入大量的时间和成本进行调研和试错。系统误判率相对较高。

（3）行业标准和安全规范仍待完善。金融大数据缺乏统一的存储管理标准和互通共享平台，对个人隐私的保护还未形成可信的安全机制。

（4）顶层设计和扶持政策还需强化，体现在金融机构间的数据壁垒较为明显，各自为战问题突出，缺乏有效的整合协同。同时，行业应用缺乏整体性规划，分散、临时、应激等特点突出，信息价值开发仍有较大潜力。

以上问题，需要国家出台促进金融大数据发展的产业规划和扶持政策，同时也需要行业分阶段推动金融数据开放、共享和统一平台建设，强化行业标准和安全规范。只有这样，大数据技术才能在金融行业中稳步应用发展，不断推动金融行业的发展提升。

11.3.4 大数据在交通行业的应用 ▶

智能交通产业是现代信息技术与传统交通技术相结合的产物,而交通大数据是大数据技术在智能交通领域内的应用产业。随着社会经济的快速发展、城市规模的不断扩大以及城市智能化进程的加快,机动车拥有量及道路交通流急剧增加,交通供给与需求之间的矛盾渐显,交通拥堵、停车困难、环境恶化等交通问题不断加剧,影响了城市的可持续发展及人民生活水平的提高,阻碍了社会经济的发展。在工业化进程中,最初解决交通问题的途径是大规模改扩建交通基础设施,但是土地资源日益紧张,用于改扩建交通基础设施的空间越来越小,交通在快速发展过程中所带来的负面效应日益显现。

在当前大数据时代背景下,海量数据所产生的价值不仅能为企业带来商业价值,也能为社会产生巨大的社会价值。随着智能交通技术的不断发展,凭借各种交通数据采集系统,交通领域积累的数据规模庞大,飞机、列车、水陆路运输逐年累计的数据从过去的 TB 级别达到目前的 PB 级别,同时伴随近几年大数据挖掘与分析等技术迅速发展,对海量的交通数据进行挖掘分析是交通领域发展的重要方向,得到了各地政府和企业的高度重视。在较完善的交通基础设施之上,通过多种设备、技术产生的海量交通数据,结合大数据分析、挖掘等多种技术衍生相关产业。智能交通产业是现代信息技术与传统交通技术相结合的产物,而交通大数据产业是大数据技术在智能交通领域内的应用产业。

自 2011 年大数据技术快速发展,必然为交通领域带来了破解难题的重大机遇。因为大数据技术可以将各种类型的交通数据进行有效整合,挖掘各种数据之间的联系,提供更及时的交通服务。但大数据技术能够体现自身的优势是建立在海量交通数据之上的,所以需要通过大数据交易方式将多源交通数据汇集在一起显现其潜在价值。目前,交通大数据的交易需求日益显现,并且在交通管理优化、车辆和出行者的智能化服务以及交通应急和安全保障等方面都已经产出了应用成果。例如,百度将自身的地图生态开放给交通运输部,完善并增加其交通数据规模。百度地图的日请求次数大约有 70 亿次,拥有大量的用户出行数据,交通运输部可以根据百度提供的数据提高数据的可靠性,作为可靠的参考样本,进而作好决策;其他一些大数据服务企业利用自身搜集的交通数据及交易的数据,分析用户出行数据,预测不同城市间的人口流动情况,如春运期间的交通调整等。

大数据技术在交通领域具有较高的应用价值。

(1)提高交通运行效率。大数据技术能提高交通运营效率、道路网的通行能力、设施效率,以及调控交通需求分析。

(2)提高交通安全水平。大数据技术的实时性和可预测性有助于提高交通安全系统的数据处理能力。

(3)提供环境监测方式。大数据技术在减轻道路交通堵塞、降低汽车运输对环境的影响等方面有重要的作用。

可见,准确把握大数据在智能交通领域内的优势,对提高交通效率,解决交通拥堵,确保交通运输安全,减少环境污染等,进而在新的高度和起点上改善中国的交通状况起着非常重要的作用。

大数据在交通行业应用的基本特征如下。

(1)解决行政区域限制问题。行政区域的划分是我国为了有效统治和管理各个区域的一种措施,这种措施导致各个地方政府为达到各自管辖区域利益的最大化,使交通数据处于碎片化、割裂化状态。而交通大数据的虚拟性有利于跨区域管理交通数据。

（2）具有信息集成和组合效率的优势。我国大部分城市的各类交通运输管理主体分散在不同部门，呈现出交通数据孤立、分裂的现象。涉及交通的有关部门都有自己的信息管理系统，但这些数据信息通常只存在于垂直业务和单一应用中，与邻近业务系统缺乏数据互通共享，这种现象造成交通数据分散、内容单一等多种问题。大数据有助于建立综合性立体的交通信息体系，通过将不同范围、不同区域、不同领域的交通数据加以综合，构建综合交通信息集成模式，发挥整体性交通功能，从而创造新价值。

（3）可以配置交通资源。传统的交通管理主要依靠人工方式进行规划和管理，难以实现交通动态化管理。通过对交通大数据分析，可以辅助交通管理部门制定出合理的解决方案。一方面，可以降低交通管理部门运营的人力物力成本；另一方面，可以促进交通数据信息的合理利用。

（4）提升交通预测能力。传统的改善交通问题方式是加大基础设施投入，增加道路里程，提高交通运行能力，但这种做法不仅会受到土地资源的限制，而且规划的方案是否能满足交通远景需求有待商榷。通过大数据技术对各个交通部门数据进行准确提炼和构建预测模型后，可以对交通未来运行状态有效模拟；在交通实时预测领域，大数据具有快速处理信息能力，对于车辆碰撞、车辆换道、驾驶员行为状态检测等有较高的预测性。

11.3.5　大数据应用的发展趋势

近年来大数据技术加速发展，与各个专业领域的结合越来越紧密，在不远的将来必然会渗透到各行各业中，并全面提高社会生产力。

1. 大数据与人工智能在应用层面的融合

在大数据诞生以前，很难通过机器得到智慧。各个行业的智慧发现都是依赖各行业的专家。一个专家的能力与其经验、知识的积累密切相关，他所积累的知识越多，作出正确抉择的可能性越大。但人类专家的工作不仅效率低下，而且准确性也较差，特别是在经验或数据缺乏的情况下，专家们往往依靠直觉作判断，更加剧了结果的不准确性。从数据中获得智能，当前有两条独立但又相互关联的技术路线。其一是大数据的分析挖掘技术，其二是基于机器学习的人工智能技术。无论是分析挖掘技术还是机器学习技术，都是依托海量数据进行建模，并最终输出智慧。从应用的角度来看，这两条路线逐渐趋向融合，并可以在技术层面进行演进与替代。例如，对于电信领域的智能运维，当前是基于分析挖掘技术对网络数据进行分析，定位网络故障，形成自动化运维闭环。未来可以采用深度学习技术，对网络数据进行建模，对网络故障进行更加准确的定位。从自动化运维角度看，并不关心底层使用的技术是分析挖掘还是深度学习，所能感知的只是分析准确度的提高。

在未来各类应用系统中，分析挖掘与人工智能并存演进将是普遍存在的现象，当前基于大数据技术构建的大多数应用系统，未来都或多或少地存在向人工智能系统演进的可能性。例如，金融反洗钱反诈骗、智慧医疗、互联网舆情监测等，都可以同时受益于大数据与人工智能的技术进步，提供越来越智能的分析，提高生产效率。

2. 大数据与各专业领域的结合

全球知名咨询公司麦肯锡提出："数据，已经渗透到当今每个行业和业务职能领域，成为重要的生产因素。人们对于海量数据的挖掘和运用，预示着新一波生产率增长和消费者盈余浪潮的到来。"各类行业的生产系统每天都在产生海量数据，如智慧城市的政务数据、物联网传感器数据等。这些生产系统在长期的建设过程中,呈现系统碎片化与数据碎片化的现实状况。而大数据通过与这些生产系统的对接,对这些生产系统的数据进行提取、筛选与保存,将解决生产系统碎片化与数据碎片化的问题。同时,大数据系统可以完成原有生产系统无法完成的数据综合分析,提高生产系统的效率。

我国智慧城市发展的一个瓶颈在于信息孤岛效应,各政府部门不愿公开、分享数据,造成数据之间的割裂,无法产生数据的深度价值。城市运行体征是通过数据量化表现出来的,政府信息化的高速发展已使政府产生了几百 TB 的数据,但数据本身没有任何意义,只有经过一定的系统分析之后,才能发挥数据的价值。但这些数据散存在政府各个部门中,需要收集各部门有关城市运行体征的数据,帮助城市管理者进行数据汇总、分析,最终对城市体征的量化形态即各类数据进行管理,供政府管理者使用,这些数据才能产生价值。而大数据系统与这些部门系统的对接,可以解决智慧城市中信息孤岛的问题。

随着物联网的发展,传感器产生的数据越来越多,积累的历史数据也越来越多。这自然而然就产生了对数据的实时分析、历史数据的价值挖掘等需求。某种意义上,甚至可以说物联网技术在推进着大数据相关技术的发展。对于最近热门的区块链技术,当前区块链与大数据还是两个相对独立的领域,虽然区块链当前还存在并发交易能力不够等问题,但未来大数据与区块链技术的结合将是必然的。未来大数据与区块链技术的融合,很可能是一种技术互补形式的融合。例如,区块链的可信任性、安全性和不可篡改性等特性可以加强大数据系统的安全隐私与鉴权系统;区块链技术能够帮助解决复制数据威胁,有利于建立可信任环境,促进数据资产交易的发展。

大数据系统与各行业生产系统深度结合,才能保持长久生命力,并具备经济可行性。两者相互促进,共同演进,最后甚至有可能统一成一套系统。

3. 隐私与安全成为数据应用的基础门槛

看到大数据所带来的好处时,也要正视大数据所伴随的隐私与安全问题。当前大数据平台与大数据应用已经向各行各业渗透,如果不能解决数据的隐私与安全问题,将会对大数据的应用产生极大的负面影响。大众对个人隐私泄露的担忧阻碍着大数据应用的发展。

在个人隐私保护方面,欧洲走在了世界的前列。经过多年的争论,2016 年 5 月 4 日,欧盟公布了《一般数据保护法规》(*The EU General Data Protection Regulation*,简称 GDPR)。这是一部具有跨时代意义的隐私保护法规,也是个人隐私保护领域保护最严格、范围最广、处罚最严厉的法规。它不仅适用于欧盟境内的公司,非欧盟公司只要收集、处理、监控欧盟内自然人的信息,就会受到 GDPR 的管辖。GDPR 于 2018 年 5 月 25 日正式实施,在欧盟境内开展业务的公司(包括外国企业)必须确保自己的行为、产品、所建系统等符合 GDPR 的规定。

在数据安全方面,毋庸置疑,当前基于纯开源系统构建的大数据系统的安全性非常脆弱。2016 年 12 月 10 日,京东 12GB 用户数据被明码标价售卖,被泄露的数据包括用户名、密码、邮箱、电话号码、身份证等多个维度,数据多达数千万条。2016 年 12 月 27 日,黑客组织利用配置存在漏洞的开源 MongoDB 数据库展开了一系列勒索行为,上万个无需身份验证的开放式 MongoDB 数据库被黑客攻破,其数据库内容会被加密,受害者必须支付比特币赎金才能找回自己的数据。2017 年 1 月 12 日,全球使用广泛的开源全文索引引擎 Elasticsearch 被攻击勒索,攻击者删除 Elasticsearch 所有索引信息,并要求受害者支付比特币赎回被删除的数据。此次攻击被删除的数据至少有 500 亿条,被删除的数据至少有 450TB。在勒索事件发生后,有 1% 的 Elasticsearch 用户启用了验证插件,另外有 2% 则关闭了 Elasticsearch。这一系列的大规模数据安全事件，为大数据应用的发展投下了浓郁的阴影。特别是对于部分开源组件，大多数应用者缺乏对开源组件进行安全加固的能力，仅仅是"拿来主义"，这样的系统更是风险重灾区。

中兴通讯的大数据 DAP 平台基于开源系统做了隐私与安全加固，不仅在系统内置了隐私脱敏算法，还系统化地进行安全扫描与加固，消除纯开源组件的安全隐患。隐私与安全是大数据应用必须面对的问题。在业界的不懈努力下，这些问题将逐步得到解决，为大数据在各个行业的大规模应用扫除障碍。随着大数据向各个传统行业的渗透，未来的大数据技术将会无处不在地为人类服务。就如同文字融入我们生活的每个细节中后，我们就难以意识到文字是一项伟大的发明，未来大数据与各个行业应用将相互交织，人类在享受大数据所带来的便利时，或许都难以意识到大数据技术的存在。

小结

本章主要介绍了 NoSQL 数据库的相关知识，从 NoSQL 的诞生历史、发展需求阐述了 NoSQL 产生的必然性。NoSQL 数据库可以较好地满足大数据时代的各种非结构化数据的存储需求，开始得到越来越广泛的应用。但是，需要指出的是，传统的关系数据库和 NoSQL 数据库各有所长，彼此都有各自的市场空间，不存在一方完全取代另一方的问题，在很长的一段时期内，二者都会共同存在，满足不同应用的差异化需求。

现有的 NoSQL 数据库主要包括键值数据库、列式数据库、文档数据库和图数据库 4 种类型，不同产品都有各自的应用场合，本章对每个类型的 NoSQL 数据库都详细地进行了介绍。本章介绍了组成 NoSQL 数据库的三大理论基石——CAP 理论、BASE 和最终一致性，它们是理解 NoSQL 数据库的基础。本章最后介绍了大数据在电力、金融、政府、交通等行业的应用现状和前景，并对大数据应用的发展趋势做了详尽的阐述。

扫一扫

自测题

习题 11

1. 什么是 NoSQL？

2. 什么是关系数据库？

3. 关系数据库的优点与缺陷是什么？

4. NoSQL 的优点与缺陷是什么？

5. 关系数据库与 NoSQL 之间的区别与联系是什么？

6. 什么是 NoSQL 的三大基石？

7. CAP 的 3 个特性是什么？

8. 分布式系统为什么不能同时满足 CAP 理论的 3 个特性？

9. ACID 与 BASE 的区别是什么？

10. NoSQL 的典型分类是什么？

11. 什么是键值数据库？

12. Bigtable 的特点是什么？它属于 NoSQL 四大分类中的哪一类？

13. 什么是 HBase？它的特点有什么？

14. 什么是图数据库？

15. 典型的文档数据库有哪些？请简单描述这些文档数据库的特点与工作原理或场景。

APPENDIX A

附录 A

MySQL的安装与使用

附录 A 介绍了 MySQL 8.0 版本的安装、配置以及通过客户端 Workbench 8.0 管理数据库的简单操作,具体内容请扫描下方二维码学习。

扫一扫

文档

SQL Server 2012的安装与使用

附录 B 详细介绍了 SQL Server 2012 的安装和使用,具体内容请扫描下方二维码学习。

扫一扫

文档

APPENDIX C

附录 **C**

实验(MySQL版)

具体实验内容请扫描下方二维码学习。

扫一扫

文档

附录 D
APPENDIX D

实验(SQL Server版)

实验 1　通过 SQL Server Management Studio 创建及管理数据库
实验 2　通过 SQL 语句创建与管理数据表
实验 3　单表查询
实验 4　复杂查询
实验 5　视图的创建与使用
实验 6　存储过程
实验 7　触发器和数据库完整性
实验 8　数据库安全

具体实验内容请扫描下方二维码学习。

扫一扫

文档

参 考 文 献

[1] 王珊,萨师煊.数据库系统概论[M].5版.北京：高等教育出版社,2014.
[2] 施伯乐,丁宝康,汪卫.数据库系统教程[M].3版.北京：高等教育出版社,2008.

图书资源支持

感谢您一直以来对清华版图书的支持和爱护。为了配合本书的使用，本书提供配套的资源，有需求的读者请扫描下方的"书圈"微信公众号二维码，在图书专区下载，也可以拨打电话或发送电子邮件咨询。

如果您在使用本书的过程中遇到了什么问题，或者有相关图书出版计划，也请您发邮件告诉我们，以便我们更好地为您服务。

我们的联系方式：

清华大学出版社计算机与信息分社网站：https://www.shuimushuhui.com/

地　　址：北京市海淀区双清路学研大厦 A 座 714

邮　　编：100084

电　　话：010-83470236　010-83470237

客服邮箱：2301891038@qq.com

QQ：2301891038（请写明您的单位和姓名）

资源下载： 关注公众号"书圈"下载配套资源。

资源下载、样书申请

书圈

图书案例

清华计算机学堂

观看课程直播